普通高等教育"十一五"国家级规划教材 （高职高专教育）

PUTONG GAODENG JIAOYU SHIYIWU GUOJIAJI GUIHUA JIAOCAI

U0743250

ZIDONG KONGZHI LILUN

自动控制理论

主　编　向贤兵

副主编　谢碧蓉　蒲晓湘

编　写　曾　蓉　唐顺志

主　审　张丽香　张广辉

中国电力出版社

CHINA ELECTRIC POWER PRESS

内 容 提 要

本书为普通高等教育"十一五"国家级规划教材（高职高专教育）。

全书共分六章，包括自动控制概论、控制系统的数学模型、线性系统的分析方法、线性系统的性能分析、线性系统的性能改善方法（控制系统的校正）、采样控制系统分析等内容。每章后分别介绍了 MATLAB 在自动控制理论中的一些应用，以及如何利用计算机辅助设计方法解决自动控制领域的一些系统分析和设计问题。同时，各章均提供了一定数量的习题，以帮助读者理解基本概念并掌握分析和设计方法。

本书可作为高职高专院校与成人高校自动化类、电力技术类、机电类等各专业的教材，也可供相关专业的师生和从事自动化工作的工程技术人员参考。

图书在版编目（CIP）数据

自动控制理论/向贤兵主编. —北京：中国电力出版社，2007.8（2025.7重印）

普通高等教育"十一五"国家级规划教材.高职高专教育

ISBN 978-7-5083-5863-5

Ⅰ.自... Ⅱ.向... Ⅲ.自动控制理论-高等学校：技术学校-教材Ⅳ.TP13

中国版本图书馆 CIP 数据核字（2007）第 118335 号

中国电力出版社出版、发行

（北京市东城区北京站西街 19 号　100005　http://www. cepp. sgcc. com. cn）

北京天泽润科贸有限公司印刷

各地新华书店经售

*

2007 年 8 月第一版　　2025 年 7 月北京第八次印刷

787 毫米×1092 毫米　16 开本　11.75 印张　285 千字

定价 **40.00** 元

前　言

　　随着科学技术的发展，自动控制技术已经广泛应用于工业、农业及国防，近年来在经济、生态、社会科学领域也多有应用；同时，在人类征服大自然，改善居住、生活条件等方面也发挥了非常重要的作用。自动控制理论是研究自动控制共同规律的技术科学，是自动化学科的重要理论基础，专门用于研究有关自动控制系统的基本概念、基本原理和基本方法。

　　本书是依据高职高专对自动控制理论课程的要求，结合高职高专教育培养目标编写而成的。在编写过程中，充分考虑到高职高专教学课时少，而自动控制理论内容丰富的特点，以及目前高职高专学生的知识水平和能力结构的现状，力求做到理论知识"少而精，够用为度"，注重培养学生解决实际问题的能力。

　　本书具有以下几个特点：

　　(1) 体系结构新颖。突破了传统自动控制理论的结构体系，将系统分析方法和系统的性能分析分开，以系统的性能分析为目的，突出了分析方法的综合运用。

　　(2) 减少了深奥、难以理解的理论推导过程，充分考虑了高职高专教育重适用、重实践的特点。如在控制系统性能改善（校正）部分，以工业生产中广泛应用的 PID 控制代替超前-滞后校正装置进行分析，既注重了教学内容的针对性与实用性，又降低了学习难度。

　　(3) 引进基于 MATLAB 的控制系统计算机辅助分析与设计技术，可以更好地帮助学生理解和掌握自动控制理论，培养学生现代化的分析与设计能力。

　　(4) 为了方便学生熟悉专业词汇、阅读相关英文文献，本教材后附有常用控制理论术语中英文对照表。

　　参加本书编写的人员有唐顺志（第一章）、曾蓉（第二章）、谢碧蓉（第三章）、蒲晓湘（第四章）、向贤兵（第五、六章，附录及各章有关 MATLAB 的内容）。本书由重庆电力高等专科学校向贤兵担任主编并统稿，谢碧蓉、蒲晓湘担任副主编。本书配有电子课件辅助教学，详情请登录 http://jc.cepp.com.cn。

　　太原电力高等专科学校张丽香教授与重庆发电厂张广辉副教授仔细审阅了全稿，并提出了许多宝贵的意见，在此表示衷心的感谢。

　　由于作者水平所限，书中难免存在不足和疏漏之处，恳请广大读者批评指正。

编者

2007 年 6 月

目　　录

第一章 自 动 控 制 概 论

内 容 提 要

自动控制理论(Automatic Control Theory)是自动化学科的重要理论基础,专门研究有关自动控制系统的基本概念、基本原理和基本方法。本章介绍开环控制和闭环控制、控制系统的基本原理和组成、控制系统的类型,以及对控制系统的基本要求。同时,对控制系统计算机辅助设计及 MATLAB 语言进行了简单的介绍。

第一节 控 制 理 论 的 发 展

20 世纪中叶以来,由于工业的发展和军事技术上的需要,自动控制技术得到了迅速的发展和广泛的应用。如今,自动控制技术不仅广泛应用于工业控制中,在军事、农业、航空、航天、航海、核能利用等领域也发挥着重要的作用。导弹能够正确地命中目标,人造卫星能按预定的轨道运行并返回地面,宇宙飞船能准确地在月球着陆并重返地球,都是由于自动控制技术高速发展的结果。在工业生产过程中,诸如对压力、温度、湿度、流量、频率以及原料、燃料成分比例等方面的控制,也都是自动控制技术的重要组成部分。

所谓自动控制(Automatic Control),就是在没有人直接参与的情况下,通过控制装置使被控制对象或生产过程自动地按照预定的规律运行,使之达到预期的状态或性能要求。自动控制理论则是研究自动控制规律的技术科学。自动控制理论的发展大致可以分为如下三个阶段。

一、经典控制理论的发展

一般认为,自动控制技术萌芽于 1765 年俄国人波尔佐诺夫发明蒸汽锅炉水位控制器和 1784 年英国人瓦特(Watt)发明蒸汽机离心飞锤式调速器。从那时起,100 多年来,随着社会生产力的发展和需要,自动控制技术和理论也得到不断的发展和提高。奈奎斯特(Nyquist)于 1932 年提出稳定性的频率判据,伯德(Bode)于 1940 年在频率法中引入对数坐标系并于 1945 年写了《网络分析和反馈放大器设计》一书,哈里斯(Harris)于 1942 年引入传递函数概念,伊万思(Evans)于 1948 年提出根轨迹法,维纳(Wiener)于 1949 年出版了《控制——关于在动物和机器中控制和通信的科学》一书,他们的研究工作和著作,以及前人的工作,至此才奠定了经典控制理论(Classical Control Theory)的基础,到 20世纪 50 年代趋于成熟。经典控制理论的特点是以传递函数为数学工具,采用频率域方法,研究单输入—单输出线性定常控制系统的分析和设计。但经典控制理论存在一定的局限性,即对复杂多变量系统、时变和非线性系统显得无能为力。

二、现代控制理论的发展

20 世纪 50 年代末 60 年代初,由于空间技术发展的需要,对自动控制的精密性和经济指标提出了极其严格的要求;同时,数字计算机,特别是微型机的迅速发展,为控制理论的发展提供了有力的工具。在它们的推动下,控制理论有了重大的发展,如庞特里亚金

（Pontryagin）的极大值原理，贝尔曼（Bellman）的动态规划理论，卡尔曼（Kalman）的能控性能观测性和最优滤波理论（卡尔曼滤波）等，这些都标志着控制理论已从经典控制理论发展到现代控制理论阶段。现代控制理论（Modern Control Theory）的特点是采用状态空间法（时域方法），研究多输入—多输出控制系统、时变和非线性控制系统的分析与设计。

三、智能控制理论的发展

20世纪70年代以来，随着技术革命和大规模复杂系统的发展，促使控制理论开始向第三个发展阶段，即第三代控制理论——大系统理论和智能控制理论发展。智能控制理论（Intelligent Control Theory）的研究是以人工智能的研究为方向，引导人们去探讨自然界更为深刻的运动机理。当前的研究方向有自适应控制、模糊控制、人工神经元网络以及混沌理论等，并且有许多研究成果产生。智能控制理论的研究和发展，启发与促进了人们的思维方式，也标志着信息与控制学科的发展远没有止境。

值得指出的是，现代控制理论、大系统理论和智能控制理论，虽然解决了经典控制理论不能解决的理论和工程问题，但这并不意味着经典控制理论已经过时，相反，在自动控制技术的发展中，由于经典控制理论便于工程应用，今后还将继续发挥其理论指导的作用，同时它也是进一步学习现代控制理论和其他高等控制理论的基础。

本书主要讲解经典控制理论的基本内容。

第二节　自动控制的基本概念

一、人工控制与自动控制

在现代工业生产过程中，有很多物理量（如流量、温度、压力、液位等）要求保持恒定或按一定的规律变化。但是，这些工业设备在运行中负荷经常变化，还存在着各种干扰，使这些物理量偏离给定值或给定的运动规律。为此，需要调整相应的另一些物理量以适应负荷的变化以及抵消干扰的影响。例如，工业锅炉，要求保持蒸汽压力恒定，但是，锅炉在运行过程中的用汽量（即负荷）经常变化，而且还存在着各种随机干扰，使蒸汽压力偏离恒定值。在这种情况下，就要不断地改变给煤量（同时也相应地改变进风量），才能使蒸汽压力恒定。

起初由人对这些物理量进行控制，即人工控制。在长期的生产实践中，人们总结出控制规律及人在控制中的作用，逐渐用一些装置代替人的职能，这就实现了自动控制。下面以汽包水位控制系统为例，弄清汽包水位的人工控制、自动控制及两者之间的关系，进而阐明自动控制系统的工作原理。

（一）人工控制

如图1-1（a）所示是锅炉汽包水位人工控制的示意图。图中 W、D 分别为给水流量和蒸汽流量（负荷），水位 h 是反映汽包流入量与流出量是否平衡的标志，控制的任务就是以一定的精度来保持汽包中水位为某一期望（给定）的数值。

在人工控制中，人是通过眼、脑、手这3个器官来进行水位控制的。

（1）操作人员通过眼睛观察汽包水位的变化。

（2）利用大脑分析观察的结果，将观察到的实际水位 h 与其给定值 h_0 进行比较，判断是否存在偏差，以及偏差的大小和方向（水位比给定值高还是低），并决定是否需要对给水

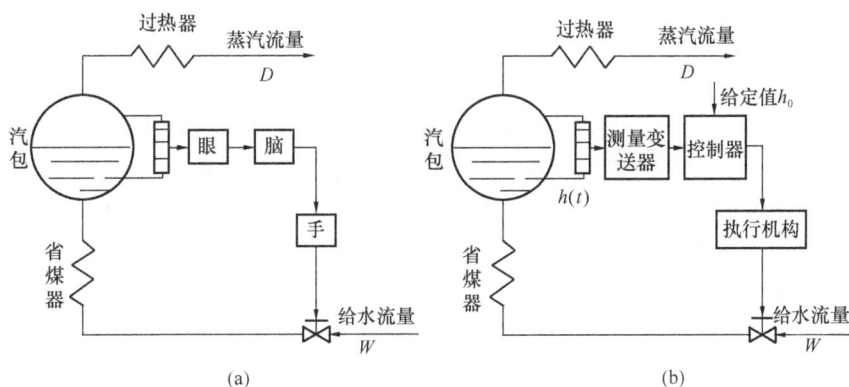

图 1-1　锅炉汽包水位控制示意图

(a) 人工控制；(b) 自动控制

控制阀进行操作，开大还是关小以及按什么规律进行操作（是缓开，还是猛开，还是先过调再回调等）。

（3）手则根据大脑的指挥命令去操作给水控制阀，使流入量与流出量相适应，维持汽包水位在正常范围内。

可见，人工控制就是不断地观察被控制物理量的实际值，并和给定值相比较，求出实际值和给定值的偏差，根据偏差的极性和大小改变另一物理量，使被控制物理量的实际值等于或接近给定值。

在如图 1-1（a）所示的人工控制中，从扰动发生，到被控量重新恢复到给定值，其间要经过一段过渡过程，即要经过一段时间。这个过渡过程时间的长短及被控量偏差的大小，决定于操作人员的运行经验。这些经验包括对被控对象特性的了解，以及根据被控对象特性确定的控制规律。倘若运行人员还不了解被控对象的特性，要想正确进行控制是不可能的。

（二）自动控制

随着生产的发展，人工控制已远远不能满足生产的要求。如果用一整套自动控制装置来代替人工控制中操作人员的作用，使生产过程不需要操作人员的直接参与而能自动地执行控制任务，就实现了自动控制。图 1-1（b）所示为锅炉汽包水位自动控制的示意图。

实现自动控制作用所需的自动控制装置主要包括 3 个部分。

（1）测量部件（变送器）：用来测量被控量的大小，并将被控量转变成某种便于传送且与被控量大小成正比（或某种函数关系）的信号。这时，测量部件代替了人眼。

（2）运算部件（控制器）：控制器接收测量部件输出的与被控量大小成比例的信号，把它与被控量的给定值进行比较，当被控量与给定值之间存在偏差时，根据偏差的大小和方向，按预定的运算规律进行运算，并根据运算结果发出控制指令。在这里，控制器代替了人脑。

（3）执行机构（执行器）：根据控制器送来的控制指令，驱动控制机构，改变控制量。执行器起到了人手的作用。

可以看出，人工控制系统和自动控制系统非常相似，只要用一些装置模仿和代替人的功能，就可以将一个人工控制系统变成自动控制系统。

人工控制系统和自动控制系统的共同点是：比较给定信号和实际信号，利用给定信号和实际信号的偏差产生控制作用以减小偏差。在自动控制系统中，偏差是通过反馈建立起来的。所谓反馈就是把系统的输出信号（或经过变换的信号）返回到输入端，与输入信号进行比较，产生偏差信号，并根据偏差信号的大小和极性产生控制作用，使偏差减小或消除。可见，自动控制系统是建立在反馈的基础上的，所以又称反馈控制系统。

不难理解，人工控制效果的好坏主要取决于操作人员的操作经验。同理，并不是自动控制设备一经安装好就能执行控制任务、实现自动控制的。为使自动控制系统能满意地进行工作，必须研究控制系统的运动规律，研究被控对象的动态特性，研究如何根据被控对象特性组成自动控制系统。这些是本书将要讨论的核心问题。

二、常用术语

在自动控制领域，经常使用一些专业术语，下面介绍几个常用术语。

（1）被控对象（Controlled Object）：被控制的生产设备或生产过程。如水箱、汽包、电加热炉等。

（2）被控量（Controlled Variable）：表征生产过程是否正常而需要控制的物理量。如汽轮机的转速、给水压力、汽包水位等。

（3）给定值（Set Point 或 Set Value）：根据生产工艺要求，被控量应该达到的数值。例如汽包水位的希望值为 h_0，h_0 即汽包水位 h 的给定值。

（4）扰动（Disturbance）：引起被控量偏离其给定值的各种原因。如给水流量的变化会引起汽包水位的变化，给水流量的变化称为扰动。

（5）控制机构（Control Mechanism）：改变对象流入量或流出量的机构，如图 1-1 所示的给水控制阀。

（6）控制作用（Control Action）：控制机构在执行器带动下施加给被控对象的作用。

（7）控制量（Control Variable）：由控制作用来改变，以控制被控量的变化，使被控量恢复为给定值的物理量。如图 1-1 所示，汽包水位的控制是通过改变给水流量来实现的，给水流量就是汽包水位控制系统中的控制量。

（8）系统（System）：一般来说，系统是指由若干个互相关联的单元（环节）组成的并用来达到某种特定目标的有机整体。就这个意义而言，系统当然可指电力系统、通信系统、机械系统等物理系统，政治组织、经济结构和生产管理等非物理系统，计算机网、交通运输网、交响乐团等人机系统以及自然界中的生物系统。而且随着科学技术的不断发展，系统的规模越来越大，内部结构也日益复杂。

三、自动控制系统的组成

（一）自动控制系统的组成

由前面可知，汽包水位自动控制系统由被控对象和自动控制装置两个基本部分组成，也就是说，自动控制系统包括起控制作用的自动控制装置（如变送器、控制器、执行器等）和在自动控制装置控制下运行的生产设备（即被控对象）。在控制过程中，这两部分是相互作用的。当被控量受到扰动而变化后，其值与给定值之差作用于控制器，使控制器动作。控制器的动作通过执行器去改变给水控制阀的开度，使给水量变化，给水量的变化又反过来作用于被控对象，从而使被控量逐步趋近其给定值。

自动控制系统中的各装置是通过信号的传递和转换相互联系起来的。

（二）自动控制系统的方框图

锅炉汽包水位自动控制系统中的信号传递关系可用如图 1-2 所示的示意图直观地表示出来，像这种能直观地表达自动控制系统中各设备之间相互作用与信号传递关系的示意图称为自动控制系统的方框图。方框图（Block Diagram）是研究自动控制系统的重要工具。

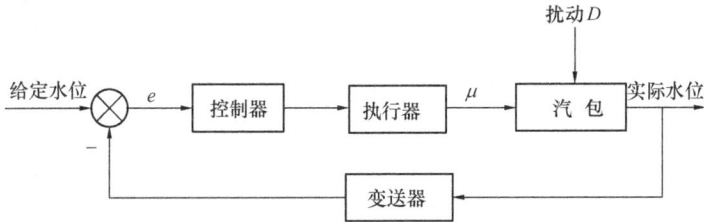

图 1-2　自动控制系统组成框图

方框图中的每一个方框都是一个环节。环节表示系统中的一个元件或一个设备，或者几个设备的组合体。也就是说，自动控制系统所包含的各种部件和设备都是系统中的环节，如阀门、变送器等。

方框图中，环节的输入信号是引起环节输出信号变化的原因，而环节的输出信号的变化则是输入信号变化的结果，两者是因果关系。如汽包水位变化的原因可以是给水流量或蒸汽流量的变化，故给水流量和蒸汽流量都是汽包这一环节的输入信号。水位是这个环节的输出信号。

方框图中，每个方框表示一个动态环节，其输入信号与输出信号之间的因果关系是不可逆的。如上例中，汽包的给水流量 W 或蒸汽流量 D 的变化都能引起水位变化，但水位的变化不能反过来影响汽包的给水流量 W 或蒸汽流量 D，即信号只能沿箭头方向传递，具有单向性。

方框图中，信号线只是环节之间信号的传递关系，不代表实际物料的流动。例如蒸汽流量 D 是"汽包"环节的输入信号，这是从蒸汽流量 D 的变化会直接引起水位发生变化这一因果关系的意义来说的，故方框图与实际的生产流程图是有本质区别的。

自动控制系统的方框图一般是一个闭合回路。图 1-2 所示的实际水位 h 通过测量变送器、控制器和执行器等环节，反过来影响水位本身。所以，这个系统中的信号是在闭合回路中传递的，这种系统称为闭环系统或称为反馈系统。

画方框图时，应按照在系统中工作的顺序，将每个功能部件（环节）用一个方框表示，传递信号的输入量和输出量用带箭头的线段表示，如图 1-2 所示。习惯上把表示被控对象的方框放在最右边，其输出量即是被控量，而把给定值信号和比较环节放在最左边。中间部分的环节方框依工作顺序连接。

第三节　基本控制方式

自动控制的基本方式包括开环控制（Open Loop Control）、闭环控制（Close Loop Control）和复合控制（Compound Control）。

一、开环控制

开环控制是指系统的输出量对控制作用没有影响的系统，如图 1-3 所示。也就是说，在

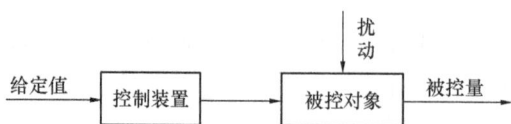

图 1-3　开环控制系统方框图

开环控制系统中，既不需要对输出量进行测量，也不需要将输出量反馈到系统的输入端与输入量进行比较。或者说，控制装置与被控对象之间只有顺向作用，而没有逆向联系。例如，洗衣机就是开环控制系统的一个实例，在洗衣机中，浸湿、洗涤和漂洗过程都是按照一种时间顺序进行的，洗衣机不必对输出信号，即衣服的清洁程度进行测量。

开环控制的特点是：系统结构和控制过程均很简单，但抗干扰能力差，一般仅用于控制精度不高且对控制性能要求较低的场合；由于开环控制系统均无须将输出量与参考输入量进行比较，因此对应于每个参考输入量，一般只有一个固定的工作状态与之对应。这样，系统的精确度便取决于标定的精确度，当出现扰动时，开环系统就不能完成既定任务了。

在实践中，只有当输入量与输出量之间的关系已知，并且既不存在内部扰动，也不存在外部扰动时，才能采用开环控制系统。因此，开环控制的使用有一定的局限性。

二、闭环控制

闭环控制（亦称为反馈控制，Feedback Control）如图 1-4 所示，是指能对输出量与输入量进行比较，并且将它们的偏差作为控制手段，以保持两者之间预定关系的系统。在闭环控制系统中，控制装置与被控对象之

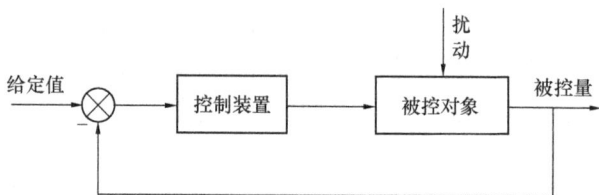

图 1-4　闭环控制系统方框图

间不仅有顺向作用，而且还有逆向联系。作为输入信号与反馈信号之差的误差信号被传送到控制装置，以便减小误差，并且使系统的输出达到期望值。

通常，把输出量送回到输入端并与输入信号比较的过程称为反馈。若反馈的信号是与输入信号相减而使偏差值越来越小，则称为负反馈；反之，则称为正反馈。

闭环控制系统的特点是：由于采用了反馈，因而可使系统的响应对外部干扰和系统内部的参数变化不敏感，系统可达到较高的控制精度和较强的抗干扰能力。这样，对于给定的被控对象，就有可能采用不太精密且成本较低的元件来构成比较精确的控制系统，这在开环情况下，是不可能做到的。

但正由于存在反馈，闭环控制也有其不足之处，这就是被控量可能出现振荡，严重时会使系统无法工作。这是由于被控量出现偏离之后，经过反馈便形成一个修正偏离的控制作用。但在这个控制作用和它所产生的修正偏离的效果之间，一般是有时间延迟的，因此被控量的偏离不能立即得到修正，从而有可能使被控量处于振荡状态。如果系统参数选择不当，不仅不能修正偏离，反而会使偏离越来越大，系统无法工作。自动控制系统设计的重要课题之一，就是要解决闭环控制中的这个"振荡"或"发散"问题。

如果要求实现复杂且精度较高的控制任务，可将开环控制和闭环控制方式适当地结合起来，组成一个比较经济且性能较好的控制系统——复合控制系统。

三、复合控制

复合控制就是开环控制和闭环控制相结合的一种控制方式。实质上，它是在闭环控制回

路的基础上，附加一个输入信号或扰动作用的前馈通道，来提高系统的控制精度。前馈通道通常由对输入信号的补偿装置或对扰动作用的补偿装置组成，分别称为按输入信号补偿和按扰动作用补偿的复合控制系统，如图 1-5 所示。

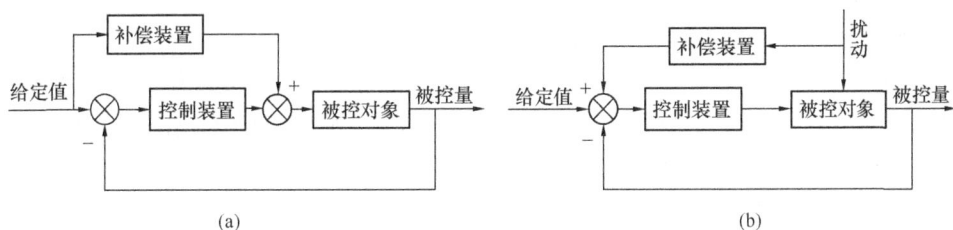

图 1-5　复合控制系统方框图

(a) 按输入作用补偿；(b) 按扰动作用补偿

复合控制中的前馈通道相当于开环控制，因此，对补偿装置的参数稳定性要求较高；否则，会由于补偿装置参数本身的漂移而减弱其补偿效果。此外，前馈通道的引入，对闭环回路性能的影响不大，但却可以大大提高系统的控制精度，因此获得了广泛的应用。

第四节　自动控制系统的分类

由于生产过程不同，生产设备不同，被控对象具有不同的性质。因此，自动控制系统的类型也是多种多样的，可以从不同的角度进行分类，每种分类都反映了自动控制系统的某些特点。

一、按给定值的变化规律分类

1. 定值控制系统（Fixed Set Point Control System）

被控量的给定值在系统工作过程中保持不变，使被控量保持不变的系统称为定值控制系统。如汽包水位控制系统就属于定值控制系统。

2. 程序控制系统（Programmed Control System）

被控量的给定值是时间的已知函数，这类控制系统称为程序控制系统。如耐火材料生产中的炉温程序升温、机械加工中的程序控制机床等均属此类控制。

3. 随动控制系统（Servo Control System）

被控量的给定值是时间的未知函数，这类系统称为随动控制系统（或称为伺服系统）。如跟踪卫星的雷达天线控制系统、工业自动化仪表中的显示记录仪等均属此类控制。

4. 比值控制系统（Ratio Control System）

这种控制系统是维持两个变量之间的比值保持一定数值。例如锅炉燃烧过程中，要求空气量随燃料量的变化而成比例变化，这样才能保证经济燃烧。因此，对于锅炉燃烧经济性的控制，要求采用比值控制系统。

二、按控制信号的馈送方式分类

1. 前馈控制系统（Feedforward Control System）

前馈控制系统的控制设备和控制对象之间在信号传递上没有形成闭合回路，它是直接根据扰动进行控制的，也称为开环控制系统，如图 1-3 所示。在扰动作用于被控对象，使输出量发生变化的同时，扰动也被直接送入控制器，控制器根据扰动的大小发出一个控制指令去克服扰动对输出量的影响。如果控制作用大小整定合适，就有可能抵消扰动的影响，使输出保持不变。但是，由于没有输出量的反馈，故它无法克服其他扰动的影响。这种控制在生产过程中一般不单独采用。

2. 反馈控制系统（Feedback Control System）

反馈控制系统即闭环控制系统，系统中的被控量信号反馈到输入端作为控制器产生控制作用的依据，如图 1-4 所示。只要被控量的偏差存在，控制设备就不停地向被控对象施加控制作用，直到被控量符合要求为止。工业自动控制系统大都属于负反馈控制系统。

3. 前馈—反馈控制系统（Compound Control System）

在反馈控制的基础上，加入对主要扰动的前馈控制，构成前馈—反馈控制系统，或称为复合控制系统，如图 1-5 所示。前馈—反馈控制系统综合了前馈控制和反馈控制各自的优点。当外界扰动作用于控制系统时，在输出量还没有反应之前，先按开环原理进行粗调，尽量使控制作用在一开始就抵消扰动对被控对象的大部分影响，使被控量不发生变化或者变化很小。如果控制作用不是恰到好处，被控量有了一些偏差，则可以通过反馈回路进行细调。因此，这类系统对于特定的扰动作用来说，能获得比一般反馈控制系统更好的控制效果。

三、按系统的特性分类

1. 线性控制系统（Linear Control System）

系统中各组成部分或元件特性可以用线性微分方程来描述，称这种系统为线性系统。线性控制系统的特点是满足叠加原理。即系统存在几个输入时，系统的输出等于各个输入分别作用于系统的输出之和；当系统输入增加或缩小时，系统的输出也按同样比例增加或缩小，

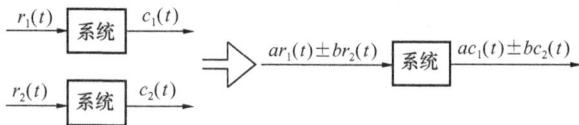

图 1-6　线性控制系统的叠加原理

如图 1-6 所示。

2. 非线性控制系统（Nonlinear Control System）

当系统中存在非线性元件或具有非线性特性，就要用非线性微分方程来描述，这类系统就称为非线性系统。非线性系统不满足叠加原理。

四、按控制系统信号的形式来分类

1. 连续控制系统（Continuous Control System）

当系统中各部分的信号均是时间变量 t 的连续函数时，此类系统称为连续控制系统。连续系统的运动状态或特性一般用微分方程来描述。模拟式工业自动化仪表和用模拟式仪表来实现自动化的过程控制系统均属此类系统。

2. 离散控制系统（Discrete Control System）

当系统中某处或多处的信号为在时间上离散的脉冲序列或数码形式时，这种系统称为离散控制系统或离散时间控制系统。离散系统和连续系统的区别仅在于信号只在特定的离散瞬时是时间的函数。离散时间信号可由连续信号通过采样开关获得，具有采样的控制系统又称为采样控制系统。用数字计算机实现生产过程的直接数字控制（DDC）系统就是一个典型的采样控制系统，如图 1-7 所示。

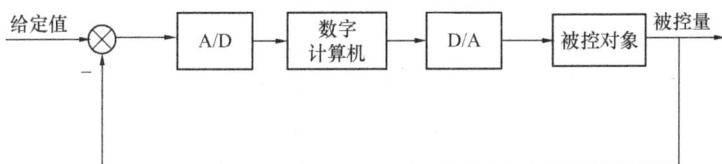

图 1-7　数字计算机采样控制系统

离散系统的运动状态或特性一般用差分方程来描述，其分析和研究方法也不同于连续系统。

自动控制系统的分类还可列举很多，这里不一一赘述。本书主要讨论闭环随动控制系统和闭环定值控制系统的分析、综合校正方法，且重点放在线性定常连续系统上。对于线性离散控制系统，也用一定篇幅进行分析和讨论。

第五节　自动控制系统的基本要求

一、控制系统的过渡过程

当自动控制系统受到某一扰动后，被控量将偏离原来的稳态值而产生偏差，系统的控制作用又使其趋近于原来的稳态值，这一过程称为控制系统的过渡过程（Transient Process）。对于定值控制系统，受到扰动后，被控量的变化总是先偏离给定值，经历一个变化过程后，又趋近于给定值；以后，只要系统不受到新的扰动，系统中的参数就不再发生变化。因此，控制系统存在两种状态，即被控量处于平衡状态时的静态过程（又称为稳态）和被控量处于变化时的动态过程（又称为暂态、瞬态）。

显然，在不同形式和幅度的扰动作用下，自动控制系统的过渡过程是不一样的。人们可以通过对过渡过程曲线的研究来评价控制系统的控制性能。自动控制系统在阶跃信号作用下，其过渡过程可能具有如图 1-8 所示的几种不同形式。

（1）单调过程。被控量 $y(t)$ 单调变化（即没有"正"、"负"的变化），缓慢地到达新的平衡状态（新的稳态值），如图 1-8（a）所示。一般这种动态过程具有较长的时间。

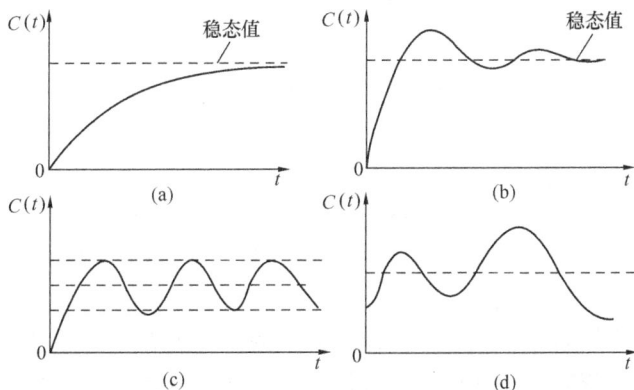

图 1-8　自动控制系统的过渡过程曲线

（a）单调过程；（b）衰减振荡过程；（c）等幅振荡过程；（d）发散振荡过程

（2）衰减振荡过程。被控量 $C(t)$ 的动态过程是一个振荡过程。但是振荡的幅度不断地衰减，到过渡过程结束时，被控量会达到新的稳态值，如图 1-8（b）所示。

（3）等幅振荡过程。被控量 $C(t)$ 的动态过程是一个持续等幅振荡的过程，始终不能达到新的稳态值，如图 1-8（c）所示。这种过程如果振荡的幅度较大，生产过程不允许，认为是一种不稳定的系统；如果振荡的幅度较小，生产过程允许，认为是稳定的系统。

（4）发散振荡过程。被控量 $C(t)$ 的动态过程不但是一个振荡的过程，而且振荡的幅度越来越大，以致会大大超过被控量允许的误差范围，如图 1-8（d）所示，这是一种典型的不稳定过程，设计自动控制系统要绝对避免产生这种情况。

一般来说，自动控制系统如果设计合理，其动态过程多属于如图 1-8（b）所示的情况。为了满足生产过程的要求，我们希望控制系统的动态过程不仅是稳定的，并且希望过渡过程时间（又称调节时间）越短越好，振荡幅度越小越好，衰减得越快越好。

二、自动控制系统的基本要求

从生产过程的要求来看，不仅希望过渡过程是稳定的，而且希望自动控制系统能随时保持被控量与给定值相等，不受任何扰动的影响。但实际上扰动经常发生，被控量总会发生变化而产生偏差。从生产的要求和控制系统的实际出发，一般从稳定性、准确性和快速性 3 个方面来衡量控制系统的控制品质。

1. 稳定性（Stability）

过渡过程的稳定性是对控制系统的最基本要求，稳定性满足要求是控制系统能被采用的必要条件，只有稳定的控制系统才能完成自动控制的工作。在实际生产过程中，不仅要求系统是稳定的，而且要求系统具有一定的稳定性裕度，以保证系统在被控对象参数或控制设备参数发生变化时还能稳定地工作。

2. 准确性（Accuracy）

在工业生产中，不仅要求控制系统的过渡过程稳定，还要求被控量能稳定在给定值附近，尽可能使之等于给定值。过渡过程的准确性指被控量偏差的大小，包括动态偏差和静态偏差（亦称稳态误差）。

（1）动态偏差（Dynamic Deviation）：指整个过渡过程中被控量与给定值之间的最大偏差。通常要求控制系统保证在受到最大扰动情况下，其动态偏差不超过生产过程所允许的范围。

（2）静态偏差（Steady State Deviation）：指过渡过程结束后被控量与给定值之间的残余偏差。不同的生产过程对静态偏差有不同的要求，一般要求静态偏差越小越好。

3. 快速性（Speedability）

快速性是指过渡过程持续时间的长短，一般用过渡过程时间（又称调节时间）表示。过渡过程时间就是从扰动引起被控量发生变化开始到被控量重新恢复到稳态值为止所经历的时间。

对一个好的自动控制系统来说，最好稳态误差为零，但在实际生产过程中往往做不到，只能要求稳态误差越小越好。一般把过渡过程曲线衰减到与稳态值之差不超过稳态值的 2%～5% 时所经历的时间作为过渡过程时间。过渡过程时间越短，过渡过程进行越快，说明控制系统克服扰动的能力越强。

必须指出，不同的生产过程对稳定性、准确性和快速性这 3 个性能指标的要求是不同的。对一个控制系统同时要求这 3 个指标都很高往往是很困难的。理论和实践分析都表明：这 3 个控制性能指标往往是相互矛盾的，例如提高了系统的稳定性，往往会使被控量的偏差增加，控制时间增长。实际应用中，必须根据具体的生产过程特点及工艺要求综合考虑。一般来说，总是在首先满足稳定性要求的前提下，尽可能地提高系统的准确性和快速性。

第六节　CACSD 及 MATLAB 语言简介

一、控制系统计算机辅助设计简介

在自动控制理论发展的初期，由于计算机技术还未出现，使得大量的计算与绘图工作需要人手工来完成，从而影响了人们对控制系统的分析与设计。随着计算机的出现与普及，计算机技术已广泛应用于各个领域，控制系统计算机辅助设计技术就是在这一背景下产生的。

控制系统计算机辅助设计（Computer-Aided Control System Design，CACSD）是一门以计算机为工具进行控制系统设计与分析的技术。大部分从事控制系统分析和设计的技术人员常常会为巨大、烦琐的计算机工作量而苦恼，但如果借助计算机本身强大的计算和绘图功能，则可大大地提高控制系统分析和设计的效率。

近 30 年来，随着计算机技术的飞速发展，控制系统计算机辅助设计技术也得到了很大的发展，出现了种类繁多的 CACSD 软件。目前，MATLAB 语言已成为应用最广的 CACSD 语言。在本书中，将应用 MATLAB 语言及其控制系统工具箱作为辅助工具，帮助进行控制系统的分析和设计。由于 MATLAB 的很多功能是通过函数实现的，因此也将介绍相关函数的使用。

MATLAB 语言是由美国 New Mexico 大学的 Cleve Moler 于 1980 年开始开发的。1984 年，由 Cleve Moler 等人创立的 Math Works 公司推出了第一个商业版本，随后不断改进，推出新的版本，当前已推出了 MATLAB R2007a。本书以 MATLAB R2007a 为例进行介绍，所有程序均在 MATLAB R2007a 平台下调试完成。

作为自动化专业的学生很有必要学会应用这一强大的工具，并掌握利用 MATLAB 对控制理论内容进行分析和研究的技能，以达到加深对课堂上所讲内容理解的目的。另外，我们希望通过使用这一软件工具把学生从烦琐枯燥的计算负担中解脱出来，而把更多的精力用到思考本质问题和研究解决实际生产问题上去。

通过学习，学生应达到以下基本要求：

（1）能用 MATLAB 软件求解复杂的自动控制理论题目。

（2）能用 MATLAB 软件设计控制系统满足具体的性能指标要求。

（3）能灵活应用 MATLAB 的 CONTROL SYSTEM 工具箱和 S1MULINK 仿真软件，分析系统的性能。

需要强调的是，本书介绍的经典控制理论是在计算机还未出现或未广泛应用的情况下出现的，很多内容在计算机上采用诸如 MATLAB 这样的软件来解决已变得十分简单。虽然有像 MATLAB 这样的强大软件可以直接使用，但这并不意味着可以放弃控制理论的学习，而一味依赖于强大的软件来解决所遇到的问题。因为这样既不能很好地理解软件本身，也不能解决工具箱没有提供解法的问题。有了扎实的理论基础，才可以更好地利用强大的工具，提高工作效率，解决新问题。

二、MATLAB 使用简介

（一）MATLAB 的命令窗口

MATLAB 的命令窗口是用户使用 MATLAB 进行工作的窗口，同时也是实现 MATLAB 各种功能的窗口。用户可以直接在 MATLAB 命令窗口内输入命令，实现其相应的功能。当启动 MATLAB 时，将首先进入 MATLAB 的命令窗口，如图 1-9 所示。

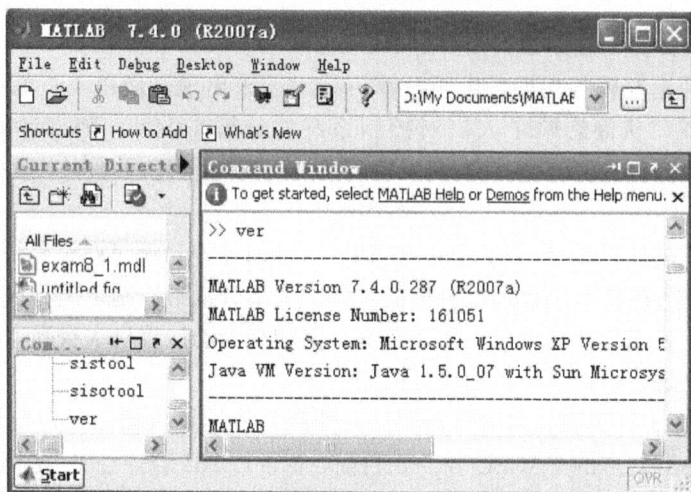

图 1-9　MATLAB 命令窗口

MATLAB 命令窗口除了能够直接输入命令和文本外，还包括菜单命令和工具栏。

通过 MATLAB 的菜单命令，可以保存工作空间中的变量；打开 M 文件编辑/调试器；新建图形窗口和模型窗口等。

MATLAB 工具栏为用户提供了常用命令的快捷方式，不同按钮的功能可以从菜单命令中找到相应的选项。

（二）MATLAB 中的命令和函数

MATLAB 的命令和函数是分析和设计控制系统时经常采用的。MATLAB 具有许多预先定义的函数，供用户在求解许多不同类型的控制问题时调用。

在附录 C 中，列举了一些 MATLAB 的命令和函数，供大家在使用时参考。

当遇到一些比较复杂的问题，应用单个 MATLAB 提供的命令和函数无法解决时，也可以自己编制 M 文件。建立一个新的 M 文件的方法是在 MATLAB 主菜单 File 下选择 New→M-file 命令，然后会出现 MATLAB 提供的编辑器：MATLAB Editor/Debuger，如图 1-10 所示。

在该编辑器中输入程序代码后，在 File 菜单下选择 Save 命令，出现保存文件对话框，指定文件名以保存输入的内容，这样就建立了一个新的 M 文件。

M 文件包括脚本文件和函数文件。脚本文件是一些 MATLAB 的命令和函数的组合，类似 DOS 下的批处理文件。函数文件是有输入输出参数的 M 文件。函数文件与脚本文件的

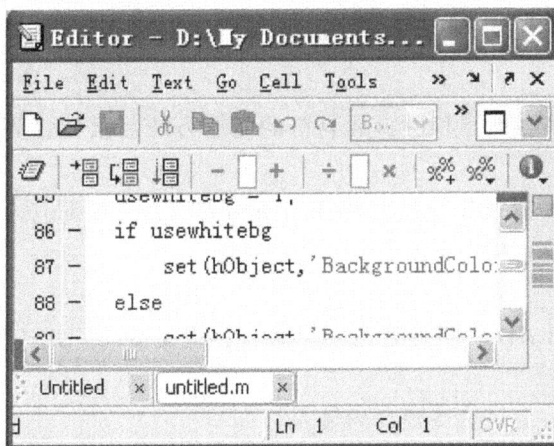

图 1-10 M 文本编辑器

相似之处在于它们都是一个有 ".m" 扩展名的文本文件。

（三）MATLAB 中的变量

MATLAB 不要求用户在输入变量的时候进行声明，也不需要指定其阶数。当用户在 MATLAB 工作空间内输入一个新的变量时，MATLAB 会自动给该变量分配适当的内存。若输入的变量已经存在，则 MATLAB 将使用新输入的变量替换原有的变量。

MATLAB 中变量的命名规则如下：

（1）应以字母开头。

（2）由字母、数字和下划线组成。

（3）不大于 31 个。

（4）组成变量的字母区分大小写。

为了得到工作空间内的变量清单，可以通过键盘在命令窗口输入命令 "whos"，于是工作空间内的所有变量便会显示在屏幕上。

命令 clear 能从工作空间中清除所有非永久性变量。如果只要从工作空间中清除某个特定变量，比如 "x"，则应输入命令 "clear x"。

（四）MATLAB 的运算符

MATLAB 的运算符包括算术运算符、关系运算符、逻辑运算符和操作符。由于 MATLAB 中的基本运算单元为矩阵，故其算术运算符较复杂，如表 1-1 所示。

表 1-1 算 术 运 算 符

操作符	解释	操作符	解释
＋	加	.∧	数组乘方
－	减	\	矩阵左除
*	矩阵乘	.\	数组左除
.*	数组乘	/	矩阵右除
∧	矩阵乘方	./	数组右除

在此要特别注意矩阵运算和数组运算的区别。例如，a＝[1 2]，b＝[3 4]，若执行 c

=a∗b，MATLAB 将给出出错信息，因为 a∗b 是矩阵运算，而矩阵 a 的行数和矩阵 b 的列数并不相等。若执行 c=a.∗b，这是数组运算，MATLAB 将给出结果 c=［3 8］，为 a 和 b 的对应元素相乘。

MATLAB 中的关系运算符和逻辑运算符的使用方法与其他计算机语言中的使用方法相似。

在 MATLAB 中，一些操作符具有特殊的使用方法，下面对几个比较重要的符号作一介绍。

1. 冒号 "："

冒号 "：" 是 MATLAB 最重要的运算符之一，也是 MATLAB 最常用的运算符之一。冒号主要用于输入行向量。

例如，当在 MATLAB 的命令窗口内输入

≫ a＝1：5

此处符号 "≫" 是 MATlAB 命令窗口的提示符（下同），符号 "≫" 之后是用户输入的内容。

输入回车后，显示如下

a＝1 2 3 4 5

当在 MATLAB 的命令窗口内输入

≫ b＝1：.2：2

输入回车后，显示如下

b＝1.0000 1.2000 1.4000 1.6000 1.8000 2.0000

其中，产生向量 a 时，其增量为 1；产生向量 b 时，其增量为 0.2。

2. 分号 "；"

分号 "；" 除了在矩阵中用来分隔行以外，如果出现在一条语句的末尾，则说明除了这条语句外，还有语句等待输入。这时，MATLAB 将不给出运行的中间结果，当所有语句输入完毕，回车后，将显示最终的运行结果。例如在 MATLAB 的命令窗口内输入

≫a＝［1 2；3 4］

a＝

$$1 \quad 2$$
$$3 \quad 4$$

此时分号 "；" 起到分行的作用，同时 a 可以显示出来。

若在 MATLAB 的命令窗口内输入

≫ a＝［1 2；3 4］；此时 a 将不显示出来，但 a 已存在于 MATLAB 的工作空间。

3. 方括号 "［］"

方括号 "［］" 可以用来输入矩阵，也可以用方括号删除矩阵的行或列。

4. 省略号 "……"

在输入程序时，经常会遇到较长的命令行而在一行中无法完整输入该命令行。此时，可以在未完的语句末端输入 6 个点 "……" 来表示将在下一行继续输入。例如，输入如下命令：≫ a＝1＋1/2＋1/4＋1/8＋1/16＋1/32＋1/64＋1/128……

＋1/256＋1/512；

可以注意到，在第一行的末端添加了"……"。这样，用户可以在下一行接着输入程序语句。

5. 百分号"％"

在编制 MATLAB 程序时，有时需要附有注解和说明。在 MATLAB 中以"％"开始的程序行，表示注解和说明，这些注解和说明阐明了发生在程序中的具体进程，但它们是不执行的。

（五）绘制响应曲线

MATLAB 提供了非常方便的绘图功能和强大的图形处理功能。函数 plot（）可产生线性 x—y 图形（用命令 ioglog、semilogx、semilogy 或 polar 取代 plot，可以产生对数坐标图和极坐标图）。所有这些命令的应用方式都是相同的，它们只对如何对坐标轴进行分度和如何显示数据产生影响。

1. 一维 x-y 图形

plot（x，y）这是最常用的形式。x 为横坐标向量，y 为纵坐标向量。x 和 y 必须方向相同，长度相等。

例如，输入命令

≫t＝0：0.1：2＊pi；％输入自变量 t（0～2π）

≫y＝sin（t）；％计算机各时刻的 y 值

≫plot（t，y）；％绘图

绘出如图 1-11 所示一个周期的正弦曲线。

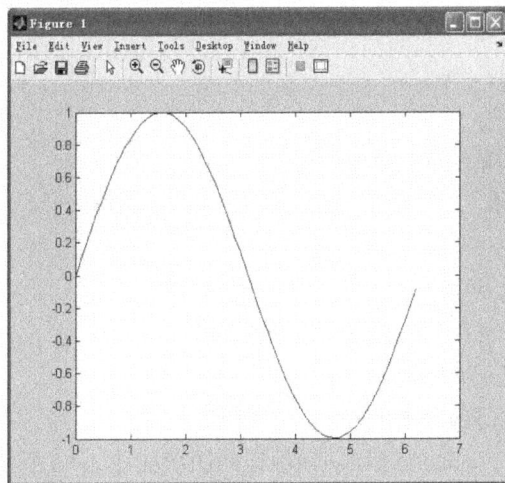

图 1-11 plot（）绘制的正弦曲线

还可以利用 plot（）函数在一幅图上画出多条曲线，此时 plot（）函数的应用格式为

plot（xl，yl，x2，y2，…）

变量 x1、yl；x2、y2 等是一些向量对。每一个 x—y 对都可以用图解表示出来。因而在一幅图上形成多条曲线。例如，输入命令

≫ t1＝0：0.1：2＊pi；％输入自变量 t1（0～2π）

≫ t2＝1：0.1：3＊pi；％输入自变量 t2（1～3π）

≫ plot（t1，sin（t1），t2，cos（t2））；%绘图

可以绘制如图 1-12 所示的两条曲线，它们的坐标位置和长度可以不同。

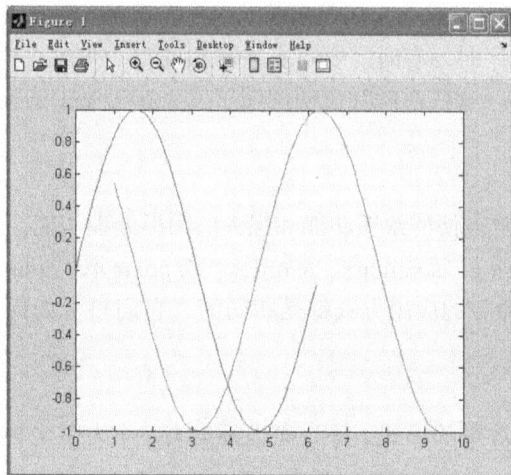

图 1-12　在同一窗口绘制的两条曲线

2. 给绘制的图形加进网格线、图形标题、x 轴标记和 y 轴标记

一旦在图形窗口绘制有图形，就可以画出网格线，定出图形标题，并且标定 x 轴标记和 y 轴标记。MATLAB 中关于网格线、标题、x 轴标记和 y 轴标记的命令如下：

grid——加网格线；

title——加图形标题；

dabel——加 x 轴标记；

ylabel——加 y 轴标记。

例如，在命令窗口内输入如下命令

≫ t＝0：0.1：4 * pi；

≫ plot（t，sin（t））；

≫ grid；%给图形加上网格

≫ title（正弦曲线）；%图形标题为"正弦曲线"

≫ xlabel（'Time'）；%x 轴标记为"Time"

≫ ylabel（'sin（t）'）；%y 轴标记为"sin（t）"

加上网格、图形标题、x 轴标记和 y 轴标记的图形如图 1-13 所示。

3. 对图形的处理

MATLAB 有很多图形处理功能，利用图形窗口的菜单和工具条，可以很容易地对绘制的图形进行处理。

图形窗口工具条上有几个专用按钮，是针对图形进行操作的，其功能介绍如下。

（1）按钮 ![cursor]：允许对图形进行编辑。

（2）按钮 A：在图形窗口中添加文本。

（3）按钮 ↗：在图形窗口中添加箭头。

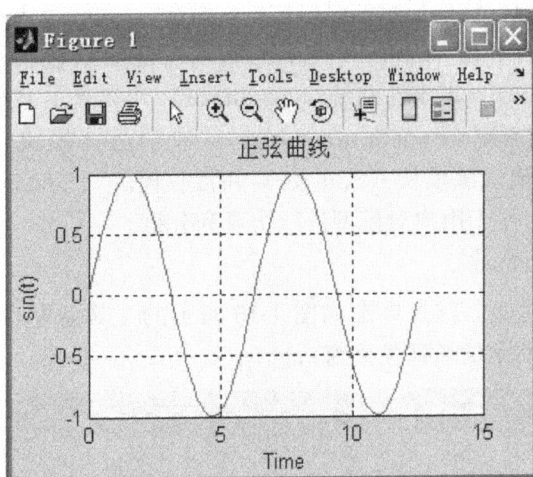

图 1-13 为图形加基本标注

（4）按钮 ╱：在图形窗口中添加直线。

（5）按钮 ⊕：允许对图形进行放大操作。

（6）按钮 ⊖：允许对图形进行缩小操作。

（7）按钮 ◯：允许把图形旋转为三维图形。

（六）Simulink 简介

Simulink 是对动态系统进行建模、仿真和分析的一个软件包。它支持线性和非线性系统、连续时间系统、离散时间系统、连续和离散混合系统。作为 MATLAB 的重要组成部分，Simulink 具有相对独立的功能和使用方法。

在 MATLAB 的命令窗口内输入"simulink"，或单击 MATLAB 工具条上的 Simulink 图标 ，即可打开如图 1-14 所示的 Simulink 模块库浏览器窗口。

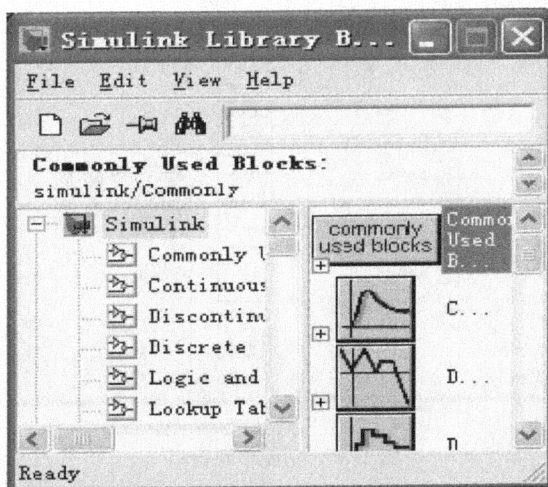

图 1-14 Simulink 模块库浏览器

从图 1-14 中可以看到（这里显示的是其中的一部分），Simulink 的模块库为用户提供了多种多样的功能模块，其中在 Simulink 类下的基本功能模块包括了连续系统（Continuous）、离散系统（Discrete）、非线性系统（Nonlinear）几类基本系统构成模块，还包括连接、运算类模块，函数与表（Function&Tables）、数学运算模块（Math）、信号与系统（Signals&Systems）。而输入源模块（Sources）和接收模块（Sinks）则为模型仿真提供了信号源和结果输出设备，便于用户对模型进行仿真和分析。

1. Simulink 仿真模型的建立

要建立系统的仿真模型，首先单击如图 1-15 所示的工具条左边的 ▢（建立新模型）图标，会弹出如图 1-15 所示的新建模型窗口。

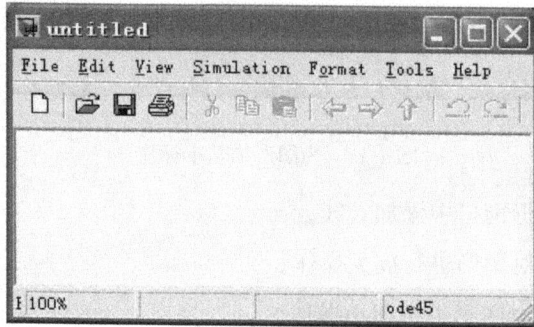

图 1-15　新建模型窗口

然后向新建模型窗口复制模块。用鼠标右键单击如图 1-14 所示的模块库浏览器窗口中的 Sources、Sinks、Math 等功能模块，打开如图 1-16 所示的功能模块窗口。

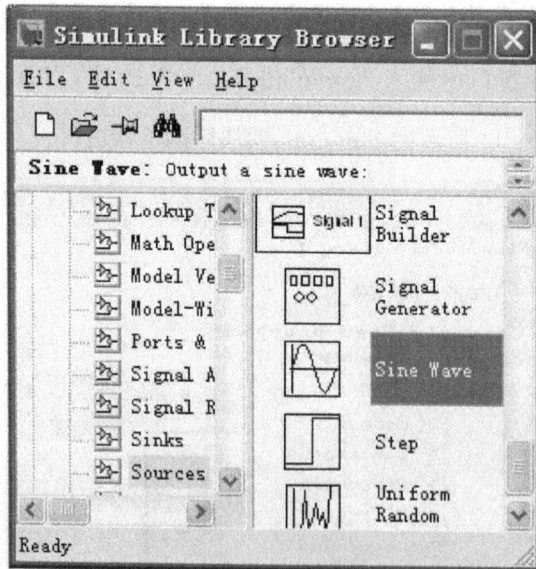

图 1-16　功能模块窗口

分别从图 1-16 中将正弦信号模块 Sine Wave、增益模块 Gain、示波器模块 Scope 拖动到新建模型窗口中，如图 1-17 所示。

将鼠标指针移到 Sine Wave 模块右边的输出端口，单击鼠标左键，这时鼠标指针变成十字形，然后拖动鼠标到 Gain 模块左边的输入端口，此时有一条线把 Sine Wave 和 Scope 模块连接起来，释放鼠标左键，这两个模块就连接好了。同样可以把 Gain 和 Scope 模块连接起来，如图 1-17 所示。

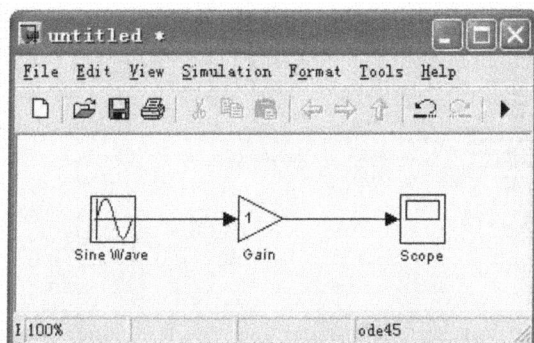

图 1-17　连接好的系统

2. Simulink 仿真的基本操作

当用户把所有模块之间的连线连接完毕以后，就可以根据需要改变各个模块所对应的参数。利用鼠标左键双击要改变参数的模块，如双击 Sine Wave 模块，打开如图 1-18 所示的正弦模块参数设置对话框，根据该对话框，可以设置正弦信号的幅值（Amplitude）、角频率（Frequency）、相位（Phase）、采样时间（Sample time）这 4 个和正弦信号有关的参数。用同样的方法可以设置增益模块的参数，如设置增益模块的增益为 1。

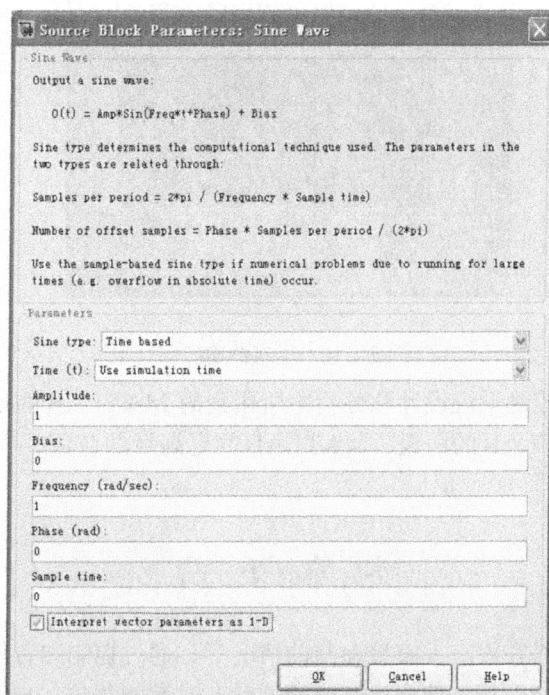

图 1-18　正弦模块参数设置对话框

在新建模型窗口的 Simulation 菜单中选择 Parameters 命令，可以打开如图 1-19 所示的控制面板对话框，在此可以设置仿真的起始时间（Start time）、停止时间（Stop time）、仿真方法和仿真步长等。

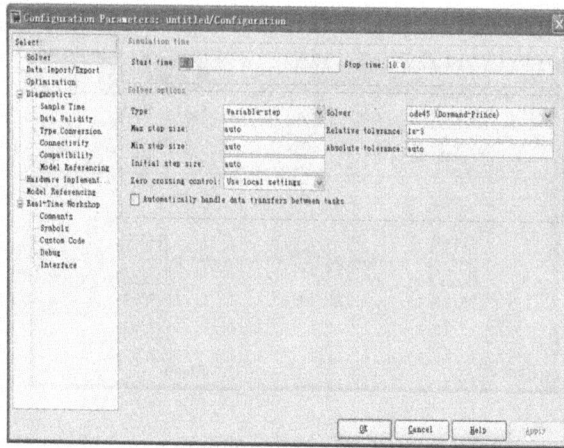

图 1-19　仿真参数设置

在新建模型窗口的 Simulation 菜单中选择 Start 命令，这时仿真结果就会在 Scope 模块中显示出来，如图 1-20 所示。

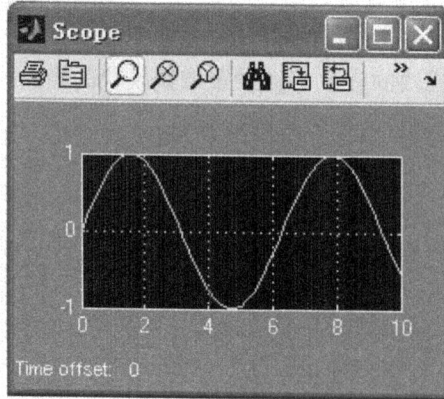

图 1-20　示波器输出

本节介绍了在自动控制系统设计和分析中所用到的 MATLAB 的一些基础知识。这些基础知识是本书应用 MATLAB 的前提。MATLAB 的更高级的应用，大家可以参考有关介绍 MATLAB 的书籍。

本 章 小 结

所谓自动控制，就是在没有人直接参与的情况下，通过控制装置使被控制对象或生产过程自动地按照预定的规律运行，使之达到预期的状态或性能要求。自动控制理论则是研究自动控制规律的技术科学。

自动控制理论的发展大致可以分为 3 个阶段：经典控制理论阶段、现代控制理论阶段和智能控制理论阶段。

自动控制系统包括起控制作用的自动控制装置（如变送器、控制器、执行器等）和在自动控制装置控制下运行的生产设备（即被控对象）。在控制过程中，这两部分是相互作用的。

能直观地表达自动控制系统中各设备之间相互作用与信号传递关系的示意图称为自动控制系统的方框图。方框图是研究自动控制系统的重要工具。

自动控制的基本方式包括开环控制、闭环控制和复合控制。

从生产的要求和控制系统的实际出发，一般从稳定性、准确性和快速性 3 个方面来衡量控制系统的控制品质。其中，稳定性是首先要考虑的。

自动控制系统研究的主要问题是系统的分析和综合。通过本课程的学习，使读者建立自动控制系统的基本概念，掌握自动控制系统的基本概念和基本分析方法并对系统综合有一定的了解，为进一步学习打好基础。

控制系统计算机辅助设计是一门以计算机为工具进行控制系统设计与分析的技术。目前，MATLAB 语言已成为应用最广的 CACSD 语言。

思 考 题

（1）什么是自动控制？它对人类活动有什么意义？
（2）什么是反馈？什么是负反馈？
（3）开环控制系统是怎样实现控制作用的？请举例说明。
（4）闭环控制系统是怎样实现控制作用的？请举例说明。
（5）对自动控制系统的基本要求是什么？请举例说明。
（6）试叙述电冰箱中温度控制系统的温度控制过程。
（7）试叙述骑自行车时的闭环控制过程。
（8）在家用电器中，有哪些是应用反馈控制原理来进行控制的？

习 题

1-1 闭环控制系统是由哪些环节组成的？各环节在系统中起什么作用？

1-2 如图 1-21 所示是一个液位控制系统的原理框图。试说明其控制原理，并画出控制系统的方框图。

1-3 如图 1-22 所示为仓库大门自动控制系统原理示意图。试说明系统自动控制大门开闭的工作原理并画出系统方框图。

1-4 如图 1-23 所示是温箱的温度自动控制系统。要求：

（1）指出系统的被控对象、被控量以及各部件的作用，画出系统的方框图。

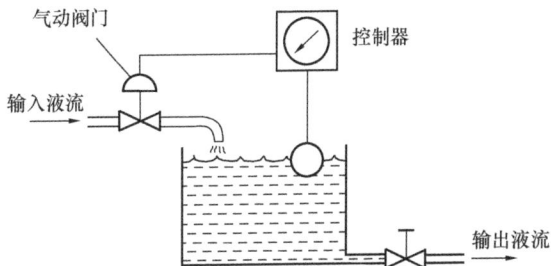

图 1-21 液位自动控制系统

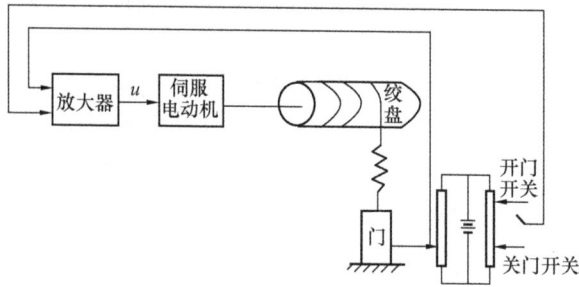

图 1-22　仓库大门控制系统

（2）当恒温箱的温度变化时，试述系统的调节过程。

（3）指出系统属于哪种类型？

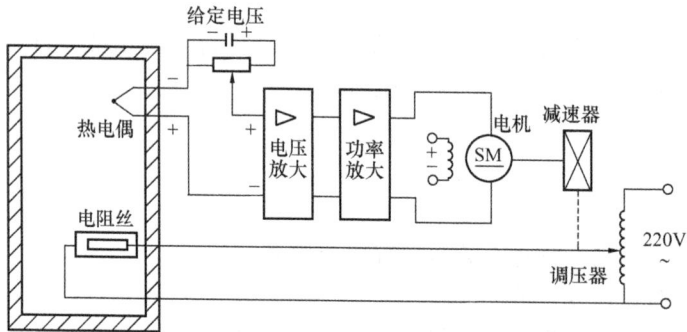

图 1-23　温度控制系统

　　1-5　熟悉 MATLAB 中冒号"："、分号"；"、方括号"［ ］"等的使用方法，熟悉矩阵和数组的运算。

　　1-6　利用 MATLAB 绘制双曲线 $y_1 = 5\sin(2t)$ 和 $y_2 = 5\cos(t)$，t 的范围为 $0 \sim 2\pi$。

　　1-7　建立一个由阶跃信号、放大器和示波器构成的仿真模型，观察示波器的输出。

第二章　控制系统的数学模型

内 容 提 要

在控制系统的分析和设计中，必须首先建立系统的数学模型，它是进行系统分析和设计的首要任务。在自动控制理论中，系统数学模型可以有多种形式。本章主要介绍控制系统数学模型的概念；系统微分方程的建立和求解；传递函数的概念；系统的动态结构图及其等效和化简方法；闭环系统的几类传递函数。最后介绍在 MATLAB 中，系统数学模型的表示方法，几种模型之间的转化以及模型的等效变换等。

控制系统的数学模型（Mathematical Model）是描述系统内部物理量之间关系的数学表达式。不同的系统或设备，例如，一个电容和一个水箱，其外表上是那么的不同，但就其某方面的特征来看，都可用同一个数学模型来表示。时域中常用的数学模型有微分方程、差分方程和状态方程；复域中有传递函数、动态结构图；频域中有频率特性等。本章只研究微分方程、传递函数和动态结构图这三种数学模型的建立和应用，其余几种数学模型将在以后各章中予以介绍。

建立控制系统数学模型的方法一般有分析法和实验法两种。分析法（Analytical Method）是对系统各部分的运动机理进行分析，根据它们所依据的物理规律或其他规律分别列写相应的运动方程。例如，电学中的基尔霍夫定律，力学中的牛顿定律等。实验法（Experimental Method）是人为地给系统施加某种测试信号，记录其输出响应，并用适当的数学模型去逼近，这种方法也称为系统辨识（System Identification）。本章主要研究用分析法建立线性定常系统数学模型的方法。

第一节　控制系统的微分方程

微分方程（Differential Equation）是描述自动控制系统动态特性最基本的方法。由于控制系统的多样性，控制系统微分方程的表现形式也是多样的。如线性的与非线性的，定常系数的与时变系数的，集总参数的与分布参数的。本节着重研究线性、定常、集总参数控制系统微分方程的建立和求解。

一、控制系统微分方程的建立

一个完整的控制系统通常由若干元器件或环节以一定的方式连接而成，系统可以是由一个环节组成的小系统，也可以是由多个环节组成的大系统。了解系统中每个或某些具体的元器件或环节的运动规律就可以比较容易地列写其微分方程，然后将这些微分方程联立起来，消去中间变量，就能得到系统输出量和输入量之间关系的微分方程。

下面举例说明控制系统中常用的电气元件和电气系统、力学元件和力学系统等微分方程的列写方法。

1. 电气系统

对于电气系统，列写微分方程的基本依据是电网络的两个基本约束特性。

（1）元件特性约束：亦即表征元件特性的关系式。例如二端元件电阻、电感、电容各自的电压与电流之间的关系，以及四端元件互感的一次侧、二次侧电压或电流的关系等。

（2）网络拓扑约束：由网络结构决定的电压、电流约束关系。用基尔霍夫电压定律（KVL）和基尔霍夫电流定律（KCL）表示。

【例 2-1】　如图 2-1 所示是由电阻 R、电感 L 和电容 C 组成的 RLC 无源网络，设输入量为 $u_1(t)$，输出量为 $u_2(t)$，试列写其微分方程。

解　根据基尔霍夫定律及元件约束关系有

$$L\frac{\mathrm{d}i(t)}{\mathrm{d}t} + Ri(t) + u_2(t) = u_1(t)$$

$$i(t) = C\frac{\mathrm{d}u_2(t)}{\mathrm{d}t}$$

消去中间变量 $i(t)$，可得

$$LC\frac{\mathrm{d}^2 u_2(t)}{\mathrm{d}t^2} + RC\frac{\mathrm{d}u_2(t)}{\mathrm{d}t} + u_2(t) = u_1(t) \tag{2-1}$$

可见，RLC 无源网络的动态数学模型是一个二阶常系数线性微分方程。

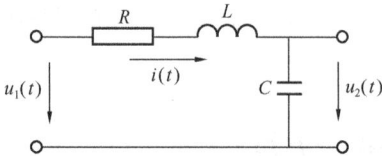

图 2-1　RLC 无源网络

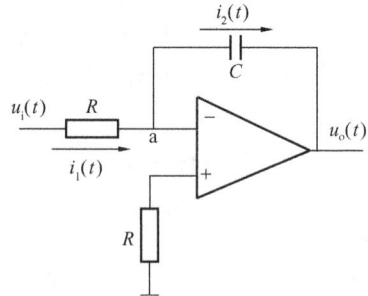

图 2-2　有源 RC 网络

【例 2-2】　如图 2-2 所示有源 RC 网络，设输入电压为 $u_\mathrm{i}(t)$，输出电压为 $u_\mathrm{o}(t)$，试列写其微分方程。

解　根据运算放大器的特性可知

$$u_\mathrm{a}(t) \approx 0$$

$$i_1(t) \approx i_2(t)$$

据此可列出

$$\frac{u_\mathrm{i}(t)}{R} = i_1(t)$$

$$i_2(t) = -C\frac{\mathrm{d}u_\mathrm{o}(t)}{\mathrm{d}t} = \frac{u_\mathrm{i}(t)}{R}$$

系统微分方程为

$$-RC\frac{du_o(t)}{dt} = u_i(t)$$

2. 机械系统

对于机械系统，可根据牛顿力学定律等来列写微分方程。

【例 2-3】 设有一个由弹簧、质量块和阻尼器组成的机械系统如图 2-3 所示，设外作用力 $F(t)$ 为输入量，位移 $y(t)$ 为输出量，试列写机械位移系统的微分方程。

解 根据牛顿第二定律可得

$$m\frac{d^2 y(t)}{dt^2} = F(t) - F_B(t) - F_K(t) \qquad (2-2)$$

$$F_B(t) = f\frac{dy(t)}{dt} \qquad (2-3)$$

$$F_K(t) = ky(t) \qquad (2-4)$$

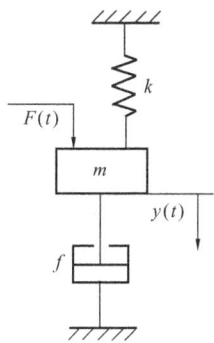

图 2-3　由弹簧重物和阻力器组成的力学系统

式中　m——物体的质量；

$F_B(t)$——阻尼器黏性阻力，与物体的运动速度呈正比；

$F_K(t)$——弹簧的弹性力，与物体的位移呈正比；

　f——阻尼器的阻尼系数；

　k——弹簧的弹性系数。

将式（2-3）和式（2-4）代入式（2-2）中可得系统的微分方程为

$$m\frac{d^2 y(t)}{dt^2} + f\frac{dy(t)}{dt} + ky(t) = F(t) \qquad (2-5)$$

比较式（2-1）和式（2-5）可以看出，不同类型的元件或系统可以有形式相同的微分方程，这种具有相同形式的数学模型而物理性质不同的系统称为相似系统。系统的相似性为控制系统的计算机仿真提供了基础。

3. 复合系统

复合系统是由几种不同的物理系统，在符合传输关系的条件下，以不同的方式联结构成的系统，如机电一体化系统。复合系统微分方程的列写，应先写出各子系统满足输入—输出关系的微分方程，再消去中间变量求得。

【例 2-4】 试列写如图 2-4 所示的电机调速系统的微分方程。

解 控制系统的被控对象是电动机，输出量是角速度 $\omega(t)$，输入量为给定电压 $u_n^*(t)$。控制系统由比较器、

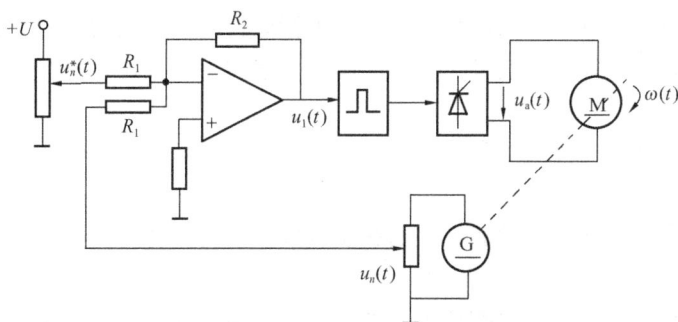

图 2-4　电动机调速系统

运算放大器、功率放大器和测速发电机等部分组成，现分别列写各环节的微分方程。

首先画出系统的原理框图，如图 2-5 所示。

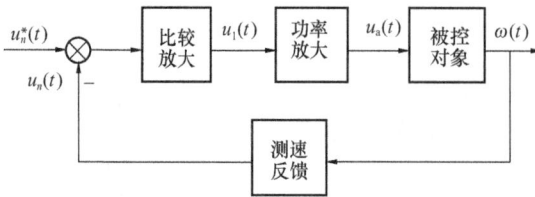

图 2-5　电动机调速系统原理框图

（1）运算放大器。

$$u_1(t) = K_1[u_n^*(t) - u_n(t)]$$

式中　　$K_1 = R_1 R_2$——运算放大器的放大倍数。

（2）功率放大器。

$$u_a(t) = K_s u_1(t)$$

式中　　K_s——功率放大器的放大倍数。

（3）直流电动机。当电动机空载时，其微分方程可表示为

$$\frac{JL_a}{C_m}\frac{d^2\omega(t)}{dt^2} + \frac{JR_a}{C_m}\frac{d\omega(t)}{dt} + C_e\omega(t) = u_a(t)$$

（4）测速发电机。

$$u_n(t) = K_t\omega(t)$$

从上述各方程中消去中间变量 $u_n(t)$、$u_1(t)$、$u_a(t)$，经整理得控制系统的微分方程为

$$\frac{JL_a}{C_m}\frac{d^2\omega(t)}{dt^2} + \frac{JR_a}{C_m}\frac{d\omega(t)}{dt} + (C_e + K_1K_sK_t)\omega(t) = K_1K_su_n^*(t)$$

总结上面的例子可以归纳出建立系统微分方程的一般步骤为：

（1）全面了解系统的工作原理、结构组成和支配系统运动的物理规律，确定系统的输入量和输出量。

（2）一般从系统的输入端开始，根据各元件或环节所遵循的物理规律，依次列写它们的微分方程。

（3）将各元件或环节的微分方程联立起来消去中间变量，求取一个仅含有系统输入量和输出量的微分方程。

（4）将该方程化成标准形式，即将与输出量有关的项写在方程的左端，与输入量有关的项写在方程的右端，方程两端的导数项均按降幂排列。一般情况下微分方程的阶次和系统中独立储能元件的个数相等。

二、线性定常微分方程的求解

建立数学模型的目的之一是为了用数学方法定量地对系统进行分析。当系统的微分方程列出后，只要给定输入量及系统的初始条件，便可对微分方程进行求解。线性定常系统微分方程的求解包括下面三种方法：

（1）经典法求解，即求出微分方程的齐次解和特解。其中特解的形式和输入信号的形式相同，齐次解的系数由初始条件确定。

（2）零输入响应和零状态响应法。把系统的非零初始状态等效作为输入考虑，然后根据线性系统的叠加原理求解。

（3）拉氏变换法，即根据拉普拉斯变换（简称拉氏变换）的性质对微分方程两端进行拉氏变换，把微分方程化为代数方程，求出系统响应的拉氏变换式，然后进行反拉氏反变换求

出时域的系统响应。

关于拉氏变换的相关知识读者可参阅附录 A 及其他参考资料。下面以拉氏变换法举例说明线性定常系统微分方程的求解。

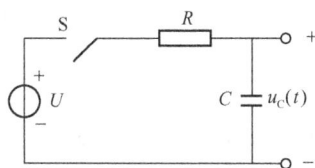

图 2-6 RC 网络

【例 2-5】 RC 网络如图 2-6 所示，电容 C 上的初始电压为零。试求开关 S 闭合后电容电压 $u_C(t)$ 的变化规律。

解 开关 S 闭合，相当于网络有阶跃电压 U 输入。电路的微分方程为

$$RC \frac{du_C(t)}{dt} + u_C(t) = U$$

两端进行拉氏变换得

$$RCsU_C(s) + U_C(s) = \frac{1}{s}U$$

由上式求出输出量 $u_c(t)$ 的拉氏变换式为

$$U_C(s) = \frac{U}{s(RCs+1)}$$

再经拉氏反变换得

$$u_C(t) = U(1 - e^{-\frac{1}{RC}t})$$

此即开关 S 闭合后 $u_C(t)$ 的变化规律。

第二节 传 递 函 数

控制系统的微分方程是在时间域描述系统动态过程的数学模型，在给定外作用及初始条件下，求解微分方程可以得到系统的输出响应。这种方法比较直观，特别是借助于计算机可以迅速而准确地求得结果。但是如果系统的结构改变或某个参数变化时，就要重新列写并求解微分方程，不便于系统的分析和设计。

传递函数（Transfer Function）是在利用拉氏变换求解线性微分方程的基础上得到的一个重要概念，它是控制系统在复数域的数学模型，同时也是经典控制理论中用得最多的一种动态数学模型。传递函数是经典控制理论中最基本和最重要的概念。

一、传递函数的定义

线性定常系统在零初始条件下，系统输出量的拉氏变换与输入量的拉氏变换之比，称为系统的传递函数，常用 $G(s)$ 表示，如图 2-7 所示。

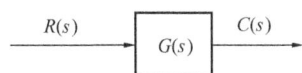

图 2-7 传递函数框图

$$G(s) = \frac{L[c(t)]}{L[r(t)]} = \frac{C(s)}{R(s)}$$

式中 $c(t)$——系统的输出量；
$r(t)$——系统的输入量。

所谓零初始条件，是指在 $t = 0$ 时，输出量与输入量及其各阶导数均为零。

设线性定常系统的微分方程为

$$a_0 \frac{\mathrm{d}^n}{\mathrm{d}t^n}c(t)+a_1\frac{\mathrm{d}^n}{\mathrm{d}t^{n-1}}c(t)+\cdots+a_n c(t)=b_0\frac{\mathrm{d}^m}{\mathrm{d}t^m}r(t)+b_1\frac{\mathrm{d}^{m-1}}{\mathrm{d}t^{m-1}}r(t)+\cdots+b_m r(t)$$

式中 $c(t)$ ——系统输出量；

   $r(t)$ ——系统输入量；

   a_i 和 b_j ——与系统结构和参数有关的常系数（$i=0，1，\cdots，n；j=0，1，\cdots，m$）。

设 $c(t)$ 和 $r(t)$ 及其各阶导数在 $t=0$ 时的值为零，即在零初始条件下对上式两边进行拉氏变换，并令 $C(s)=L[c(t)]，R(s)=L[r(t)]$，由定义得系统的传递函数为

$$G(s)=\frac{C(s)}{R(s)}=\frac{b_0 s^m+b_1 s^{m-1}+\cdots+b_{m-1}s+b_m}{a_0 s^n+a_1 s^{n-1}+\cdots+a_{n-1}s+a_n}=\frac{M(s)}{N(s)} \quad (m\leqslant n) \qquad (2\text{-}6)$$

式中，$M(s)=b_0 s^m+b_1 s^{m-1}+\cdots+b_{m-1}s+b_m$； $N(s)=a_0 s^n+a_1 s^{n-1}+\cdots+a_{n-1}s+a_n$

则 $C(s)=G(s)R(s)$

从上式可以看出，输入量 $R(s)$ 经传递函数 $G(s)$ 的传递后，得到了输出量 $C(s)$。这一关系可用如图 2-7 所示的框图直观地表示，框内是传递函数，箭头表示信号的传递方向。

二、传递函数的性质

传递函数具有以下性质：

（1）传递函数是复变量 s 的有理分式，$m\leqslant n$。其分子 $M(s)$ 和分母 $N(s)$ 的各项系数均为实数，由系统的参数确定。这里，分母式中的阶次 n 就是传递函数的阶次，它必不小于其分子式中的阶次 m，这是因为实际的物理系统总是存在惯性，其输出决不会超前于输入。当系统传递函数为 n 阶时，称为 n 阶系统。

（2）传递函数是物理系统的一种数学描述形式，它只取决于系统或元件的结构和参数，而与输入量无关。传递函数表达式中 s 的阶次及系数都是对系统本身固有特性的表征。

（3）不同的物理系统可以有同样的传递函数，正如一些不同的物理现象可以用形式相同的微分方程描述一样，故传递函数不能反映系统的物理结构。

（4）传递函数只描述系统的输入—输出特性，而不能表示系统内部所有状态的特性。

（5）传递函数是将线性定常系统的微分方程作拉氏变换后得到的，因此，传递函数的概念只能用于线性定常系统，且其量纲由输入量和输出量决定。

【例 2-6】   已知系统在单位阶跃输入 $r(t)=1(t)$ 的作用下，输出响应 $c(t)=1-\mathrm{e}^{-2t}+\mathrm{e}^{-t}$，试求系统的传递函数，并求该系统的冲激响应。

解   输入量 $r(t)$ 的拉氏变换为

$$R(s)=1/s$$

输出量 $c(t)$ 的拉氏变换为

$$C(s)=\frac{1}{s}-\frac{1}{s+2}+\frac{1}{s+1}=\frac{s^2+4s+2}{s(s+1)(s+2)}$$

根据定义，系统的传递函数为

$$G(s)=\frac{C(s)}{R(s)}=\frac{s^2+4s+2}{(s+1)(s+2)}$$

系统的冲激响应为

$$g(t) = L^{-1}[G(s)] = L^{-1}\left[1 + \frac{s}{(s+1)(s+2)}\right]$$

$$= L^{-1}\left[1 + \frac{-1}{s+1} + \frac{2}{s+2}\right] = \delta(t) - e^{-t} + 2e^{-2t}$$

三、传递函数的零点与极点

将传递函数表达式（2-6）的分子和分母多项式经因式分解后可写为如下形式：

$$G(s) = \frac{C(s)}{R(s)} = \frac{b_0(s-z_1)(s-z_2)\cdots(s-z_m)}{a_0(s-p_1)(s-p_2)\cdots(s-p_n)} = K_g \frac{\prod\limits_{i=1}^{m}(s-z_i)}{\prod\limits_{j=1}^{n}(s-p_i)} = \frac{M(s)}{N(s)} \quad (2\text{-}7)$$

式中 K_g——比例系数或增益，$K_g = b_0/a_0$；

z_i—— $M(s) = 0$ 的根，称为传递函数的零点（Zero）；

p_j—— $N(s) = 0$ 的根，称为传递函数的极点（Pole）。

传递函数的零点和极点可以是实数，也可以是复数；若为复数，必共轭成对出现。系数在复平面上表示传递函数的零点和极点时，称为传递函数的零、极点分布图。在图中一般用"○"表示零点，用"×"表示极点。

另外，$N(s) = 0$ 称为系统的特征方程式，它决定着系统响应的基本特点与动态本质。

【例 2-7】 系统的传递函数为 $G(s) = \dfrac{s+6}{s^2+4s+13}$，在复

平面上表示出极点和零点。

解 $G(s)$ 的零极点形式为

$$G(s) = \frac{s+6}{(s+2-j3)(s+2+j3)}$$

从上式可得：传递函数的零点为 $z_1 = -6$；传递函数的极点为 $p_{1,2} = -2 \pm j3$。

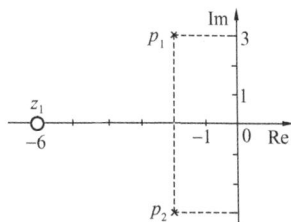

图 2-8 零、极点分布图

零、极点分布如图 2-8 所示。

四、传递函数的建立

可以通过下面的 3 种方法得到控制系统的传递函数。

（1）首先求出控制系统的微分方程，在零初始条件下对微分方程两边进行拉氏变换，输出量的拉氏变换与输入量的拉氏变换之比就是系统的传递函数。

（2）列写控制系统输入、输出及内部各中间变量的微分方程组，将微分方程组经拉氏变换化为代数方程组，消去中间变量得到系统的传递函数。

（3）对于电网络系统，可直接用复阻抗来求传递函数。在电网络中，电阻 R、电容 C、电感 L 对应的复阻抗分别为 R、$1/Cs$、Ls。若电气元件用复阻抗表示，电压、电流用拉氏变换式表示，则基尔霍夫定律继续有效。

下面举例说明控制系统传递函数的求法。

【例 2-8】 求如图 2-1 所示 RLC 无源网络的传递函数 $U_2(s)/U_1(s)$。

解 在［例 2-1］中已求出系统的微分方程为

$$LC \frac{\mathrm{d}^2 u_2(t)}{\mathrm{d}t^2} + RC \frac{\mathrm{d}u_2(t)}{\mathrm{d}t} + u_2(t) = u_1(t)$$

在零初始条件下，等式两边进行拉氏变换得

$$LCs^2 U_2(s) + RCsU_2(s) + U_2(s) = U_1(s)$$

所以系统的传递函数为

$$G(s) = \frac{U_2(s)}{U_1(s)} = \frac{1}{LCs^2 + RCs + 1}$$

【例 2-9】 如图 2-9 所示为两级 RC 电路串联组成的无源滤波网络，试列写以 $u(t)$ 为输入、$u_C(t)$ 为输出的网络传递函数 $U_C(s)/U(s)$。

解 根据基尔霍夫定律和电容自身的约束关系可得

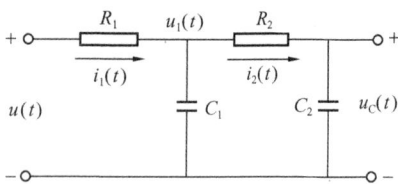

图 2-9 两级 RC 滤波网络

$$u(t) = R_1 i_1(t) + u_1(t)$$

$$u_1(t) = R_2 i_2(t) + u_C(t)$$

$$i_2(t) = C_2 \frac{\mathrm{d}u_C(t)}{\mathrm{d}t}$$

$$i_1(t) - i_2(t) = C_1 \frac{\mathrm{d}u_1(t)}{\mathrm{d}t}$$

在零初始条件下，对上面 4 个方程进行拉氏变换，得到一组代数方程

$$U(s) = R_1 I_1(s) + U_1(s)$$

$$U_1(s) = R_2 I_2(s) + U_C(s)$$

$$I_2(s) = C_2 s U_C(s)$$

$$I_1(s) - I_2(s) = C_1 s U_1(s)$$

消去中间变量 $I_1(s)$、$I_2(s)$ 和 $U_1(s)$ 可得系统的输入输出关系为

$$R_1 R_2 C_1 C_2 s^2 U_C(s) + (R_1 C_2 + R_1 C_1 + R_2 C_2) s U_C(s) + U_C(s) = U(s)$$

系统传递函数为

$$G(s) = \frac{U_C(s)}{U(s)} = \frac{1}{R_1 R_2 C_1 C_2 s^2 + (R_1 C_2 + R_1 C_1 + R_2 C_2)s + 1}$$

另外，本题可直接用复阻抗来求传递函数，方法如下：

由题意有

$$U_1(s) = \frac{\dfrac{1}{C_1 s} /\!/ \left(\dfrac{1}{C_2 s} + R_2\right)}{R_1 + \dfrac{1}{C_1 s} /\!/ \left(\dfrac{1}{C_2 s} + R_2\right)} U(s)$$

则

$$U_C(s) = \frac{\dfrac{1}{C_2 s}}{\dfrac{1}{C_2 s} + R_2} U_1(s) = \frac{\dfrac{1}{C_2 s}}{\dfrac{1}{C_2 s} + R_2} \frac{\dfrac{1}{C_1 s} /\!/ \left(\dfrac{1}{C_2 s} + R_2\right)}{R_1 + \dfrac{1}{C_1 s} /\!/ \left(\dfrac{1}{C_2 s} + R_2\right)} U(s)$$

因此，系统的传递函数为

$$\frac{U_C(s)}{U(s)} = \frac{\cfrac{1}{C_2 s}}{\cfrac{1}{C_2 s} + R_2} \frac{\cfrac{1}{C_1 s} /\!/ \left(\cfrac{1}{C_2 s} + R_2\right)}{R_1 + \cfrac{1}{C_1 s} /\!/ \left(\cfrac{1}{C_2 s} + R_2\right)}$$

$$= \frac{1}{R_1 R_2 C_1 C_2 s^2 + (R_1 C_2 + R_1 C_1 + R_2 C_2)s + 1}$$

显然，直接用复阻抗来求电网络的传递函数更为方便一些。

五、典型环节的传递函数

通过上面的两个例子可以看出，对于简单的系统，可以直接求得系统的传递函数。而对于一些复杂的系统，则可以把其看作是由若干基本部件组合构成的，这些基本部件又称为典型环节。掌握了典型环节的传递函数，就可以方便地组合成复杂的控制系统。常用的典型环节有比例环节、惯性环节、积分环节、微分环节和振荡环节等。

1. 比例环节（Proportional Element）

比例环节是指系统输出量与输入量成正比例关系的环节，其微分方程为

$$c(t) = Kr(t)$$

式中 K——常数，称为放大系数或增益。

比例环节的传递函数为 $\qquad G(s) = \dfrac{C(s)}{R(s)} = K$

如图 2-10（a）所示为一种实际的比例环节，比例环节的框图如图 2-10（b）所示。

在单位阶跃输入信号的作用下，比例环节输出的响应曲线如图 2-10（c）所示。由此可见，比例环节的输出量按一定的比例 K 完全复现了输入量的变化，没有时间上的延迟。

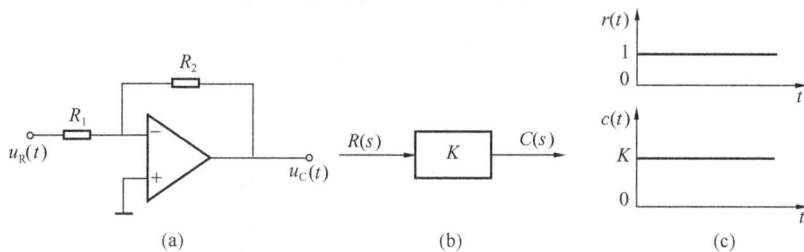

图 2-10 比例环节

(a) 比例环节实例；(b) 比例环节框图；(c) 比例环节单位阶跃响应曲线

2. 积分环节（Integration Element）

积分环节是指输出量等于输入量对时间积分的环节，即

$$c(t) = \frac{1}{T} \int r(t)\,\mathrm{d}t$$

式中 T——积分时间常数。

积分环节的传递函数为

$$G(s) = \frac{C(s)}{R(s)} = \frac{1}{Ts}$$

如图 2-11（a）所示为一种实际的积分环节，积分环节的框图如图 2-11（b）所示。

在单位阶跃输入信号的作用下，积分环节的输出响应为 $c(t) = \dfrac{t}{T}$，如图 2-11（c）所示。

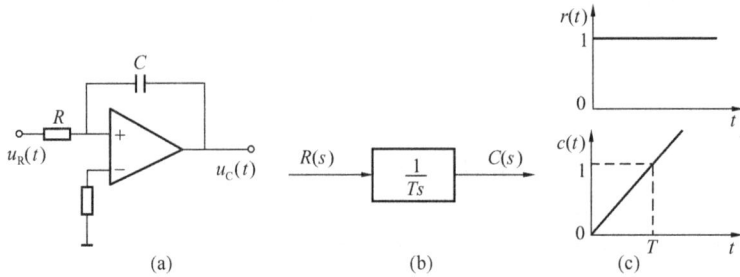

图 2-11 积分环节

（a）积分环节实例；（b）积分环节框图；（c）积分环节单位阶跃响应曲线

3. 惯性环节（Inertial Element）

惯性环节是指输出响应需要一定时间才能达到稳态值的环节。惯性环节具有一个储能元件，其微分方程为

$$T \frac{\mathrm{d}c(t)}{\mathrm{d}t} + c(t) = r(t)$$

式中　T——惯性环节的时间常数。

惯性环节的传递函数为

$$G(s) = \frac{C(s)}{R(s)} = \frac{1}{Ts+1}$$

如图 2-12（a）所示为一种实际的惯性环节，惯性环节的框图如图 2-12（b）所示。

在单位阶跃输入信号的作用下，惯性环节的输出响应为 $c(t) = 1 - \mathrm{e}^{-\frac{t}{T}}$，如图 2-12（c）所示。

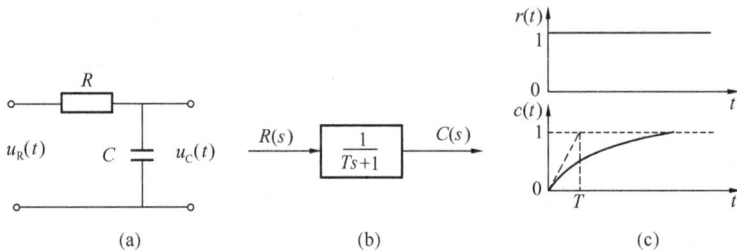

图 2-12 惯性环节

（a）惯性环节实例；（b）惯性环节框图；（c）惯性环节单位阶跃响应曲线

4. 微分环节（Differentiation Element）

微分环节指输出量与输入量的一阶导数成正比的环节，其微分方程为

$$c(t) = T_\mathrm{d} \frac{\mathrm{d}r(t)}{\mathrm{d}t}$$

式中　T_d——微分时间常数。

微分环节的传递函数为

$$G(s) = \frac{C(s)}{R(s)} = T_d s$$

通常把 $G(s) = T_d s$ 称为理想微分环节，它只是数学上的假设，物理上很难实现。实际的微分环节总是含有惯性的，其传递函数为 $G(s) = \frac{k_d T_d s}{T_d s + 1}$，$k_d$ 为传递系数。

在单位阶跃输入信号的作用下，理想微分与实际微分的输出响应如图 2-13 所示。

5. 一阶微分环节（One-Order Differentiation Element）

一阶微分环节的微分方程为

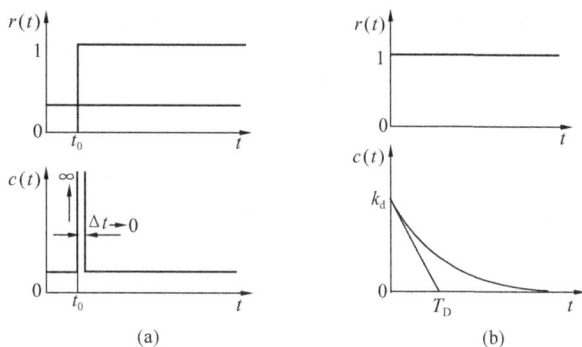

图 2-13 微分环节

(a) 理想微分环节的阶跃响应曲线；

(b) 实际微分环节的阶跃响应曲线

$$c(t) = T_d \frac{dr(t)}{dt} + r(t)$$

式中 T_d ——微分时间常数。

一阶微分环节的传递函数为

$$G(s) = \frac{C(s)}{R(s)} = T_d s + 1$$

6. 振荡环节（Oscillating Element）

振荡环节的微分方程为

$$T^2 \frac{d^2 c(t)}{dt^2} + 2\zeta T \frac{dc(t)}{dt} + c(t) = r(t)$$

式中 T ——时间常数；

ζ ——阻尼比。

振荡环节的传递函数为

$$G(s) = \frac{C(s)}{R(s)} = \frac{1}{T^2 s^2 + 2\zeta T s + 1}$$

如图 2-14（a）所示的 RLC 网络就是一种实际的振荡环节，振荡环节的框图如图 2-14（b）所示。当 $0 < \zeta < 1$ 时，振荡环节的单位阶跃响应曲线具有衰减振荡特性，如图 2-14（c）所示。

7. 延迟环节（Delay Element）

延迟环节亦称为纯滞后环节，它的特点是输出量是输入量在一定时间后的复现。其微分方程为

$$c(t) = r(t - \tau)$$

式中 τ ——纯延迟时间，即输出量落后于输入量的时间。

延迟环节的传递函数为

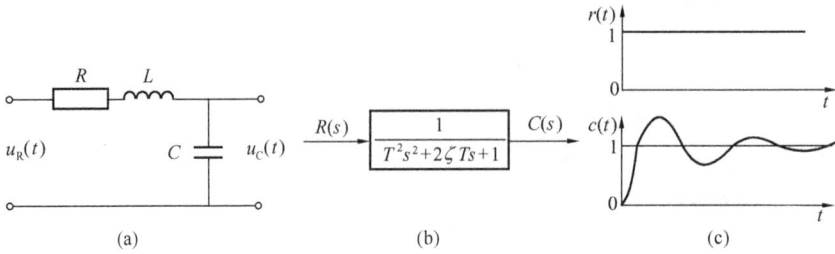

图 2-14　振荡环节

（a）振荡环节实例；（b）振荡环节框图；（c）振荡环节单位阶跃响应曲线

$$G(s) = \frac{C(s)}{R(s)} = \mathrm{e}^{-\tau s}$$

如图 2-15（a）所示的皮带运输机是延迟环节的一个例子。延迟环节的框图如图 2-15（b）所示。延迟环节的单位阶跃响应曲线如图 2-15（c）所示。

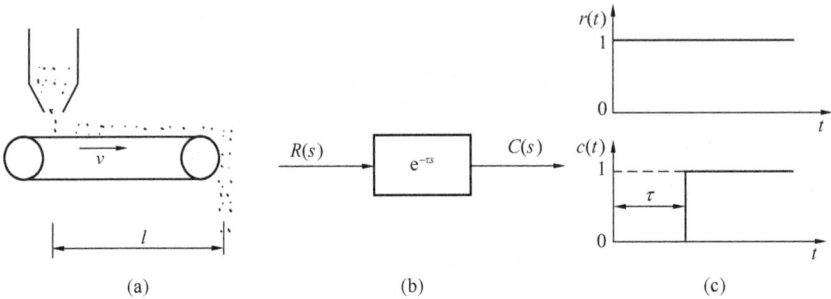

图 2-15　延迟环节

（a）延迟环节实例；（b）延迟环节框图；（c）延迟环节单位阶跃响应曲线

典型环节中有的环节有明确的物理意义，但有的环节是人们为了分析系统性能人为解体出来的。所以，一个控制系统的传递函数可以看成是由以上若干个典型环节组成的，如式（2-8）所示。

$$
\begin{aligned}
G(s) &= \frac{b_0 s^m + b_1 s^{m-1} + \cdots + b_{m-1}s + b_m}{a_0 s^n + a_1 s^{n-1} + \cdots + a_{n-1}s + a_n} \\
&= \frac{K\prod\limits_{i=1}^{\mu}(\tau_i s + 1)\prod\limits_{k=1}^{h}(\tau_k^2 s^2 + 2\eta_k \tau_k s + 1)}{s^{\mathrm{v}}\prod\limits_{j=1}^{p}(T_j s + 1)\prod\limits_{l=1}^{q}(T_l^2 s^2 + 2\zeta_l T_l s + 1)}
\end{aligned}
\tag{2-8}
$$

第三节　控制系统的动态结构图

在上一节中讨论了一些典型环节的传递函数，控制系统是由这些典型环节组成的，将各环节的传递函数框图，根据系统的物理原理，按信号传递的关系，依次将各框图正确地连接起来，即为系统的动态结构图（Dynamic Block Diagram）。动态结构图是系统的又一种动态数学模型，采用动态结构图便于求解系统的传递函数，同时能形象直观地表明信号在系统或元件中的传递过程。

一、结构图的基本组成

系统动态结构图由 4 种基本符号构成，即信号线、引出点、比较点和表示系统环节的方框。

(1) 信号线：是带有箭头的直线，箭头表示信号的流向，在信号线上可标记信号的时域或复域名称，如图 2-16（a）所示。

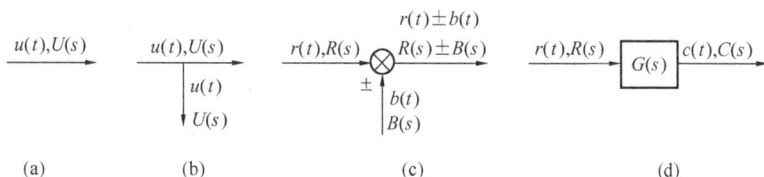

图 2-16 结构图的基本组成单元

(a) 信号线；(b) 分支点（引出点）；(c) 相加点（比较点）；(d) 方框

(2) 分支点（引出点）：表示信号引出或测量的位置。从同一位置引出的信号在数值和性质方面完全相同，如图 2-16（b）所示。

(3) 相加点（比较点）：表示对两个及两个以上的信号进行代数运算，"＋"号表示相加，"－"号表示相减，"＋"号通常可省略，如图 2-16（c）所示。

(4) 方框：表示对信号进行的数学变换。方框中写入元部件或系统的传递函数，如图 2-16（d）所示。显然，方框的输出量等于方框的输入量与传递函数的乘积，即 $C(s) = G(s)R(s)$。

二、环节的基本连接方式

研究环节特性的目的，就是要研究系统的动态特性，从而研究系统的动态品质。从构成控制系统的结构图来看，自动控制系统总是由一些典型的环节按照一定的信号传递关系组合而成的。虽然这些环节的连接方式是多种多样的，有时甚至是很复杂的，但结构图经过简化后，环节之间的连接方式总可以归纳成为串联（Series Connection）、并联（Parallel Connection）和反馈（Feedback）连接等几种典型的连接方式。因此，掌握结构图在几种典型连接方式下系统传递函数的综合方法是十分重要的。

1. 环节的串联

若干个环节以如图 2-17 所示的方式那样连接称为环节的串联。串联连接的环节，前一环节的输出为后一环节的输入，其中任一环节的输出对前面的环节无反向作用。

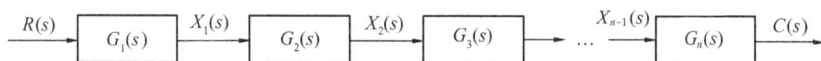

图 2-17 环节串联

设各串联环节的传递函数分别为 $G_1(s),G_2(s),G_3(s),\cdots,G_n(s)$，那么，各环节串联后总的传递函数为

$$G(s) = \frac{C(s)}{R(s)} = \frac{X_1(s)}{R(s)} \cdot \frac{X_2(s)}{X_1(s)} \cdots \frac{C(s)}{X_{n-1}(s)} = G_1(s)G_2(s)G_3(s)\cdots G_n(s) \tag{2-9}$$

串联环节的总传递函数等于各环节传递函数的乘积。

2. 环节的并联

几个环节同时受一个输入信号的作用，而输出信号又汇合在一起，如图 2-18 所示，环节的这种连接方式称为并联。

设各并联环节的传递函数分别为 $G_1(s),G_2(s),G_3(s)$，则并联后总的传递函数为

$$G(s) = \frac{C(s)}{R(s)} = \frac{Y_1(s)+Y_2(s)-Y_3(s)}{R(s)} = G_1(s)+G_2(s)-G_3(s) \tag{2-10}$$

并联环节的总传递函数为各环节传递函数的代数和。

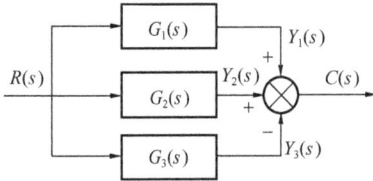

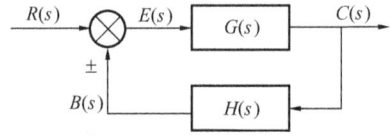

图 2-18　环节并联　　　　　　　　图 2-19　环节的反馈连接

3. 反馈连接

两个环节按如图 2-19 所示的方式首尾相连，形成一个闭合回路，这种连接方式称为反馈连接。其中 $R(s)$ 为系统的输入信号；$C(s)$ 为系统的输出信号；$B(s)$ 为系统的反馈信号。前向通道中的环节 $G(s)$ 称为前向环节；反馈通道中的环节 $H(s)$ 称为反馈环节。反馈方式分为正反馈和负反馈两类。

（1）负反馈连接。负反馈时，前向环节的输入、输出信号间的关系为

$$C(s) = G(s)E(s) = G(s)[R(s)-B(s)]$$

反馈环节的输入、输出信号间的关系为

$$B(s) = C(s)H(s)$$

整理后得环节总的传递函数为

$$\Phi(s) = \frac{C(s)}{R(s)} = \frac{G(s)}{1+G(s)H(s)}$$

（2）正反馈连接。正反馈时，前向环节与反馈环节输入、输出信号间的关系为

$$C(s) = G(s)E(s) = G(s)[R(s)+B(s)], B(s) = C(s)H(s)$$

环节总的传递函数为

$$\Phi(s) = \frac{C(s)}{R(s)} = \frac{G(s)}{1-G(s)H(s)}$$

环节反馈连接后总的传递函数是一个分数表达式。

对于反馈连接，若从反馈点 $H(s)$ 处断开回路，则系统由闭环形式转变为开环形式，此开环系统的传递函数为

$$G_K(s) = G(s)H(s)$$

而闭环后的反馈连接的传递函数也可写成

$$\Phi(s) = \frac{G(s)}{1 \pm G_K(s)} \tag{2-11}$$

三、结构图的等效变换

结构图等效变换的目的在于将环节间的复杂连接形式等效变换为上述的 3 种基本连接方式，再求出总的传递函数。由于信号作用的效果没有改变，变换前后的传递函数是保持不变的。因此，结构图的等效变换不能随意进行，必须要遵守以下几条规则：

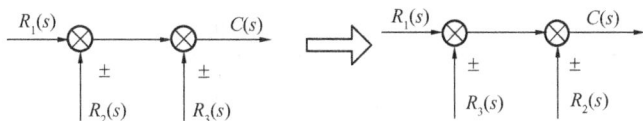

图 2-20 相邻相加点信号互换

（1）相邻相加点上的信号可以任意交换次序，如图 2-20 所示。

（2）相邻分支点，各自次序可以任意改变，如图 2-21 所示。

（3）环节前、后的相加点可以向后或向前移动，移动后结构图要相应改画。相加点后移的等效变换如图 2-22 所示，相加点前移的等效变换如图 2-23 所示。

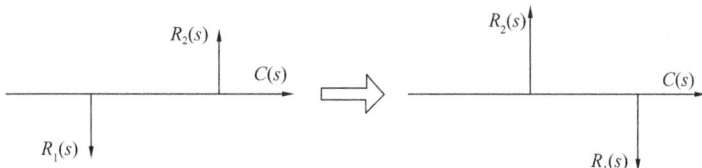

图 2-21 相邻分支点信号互换

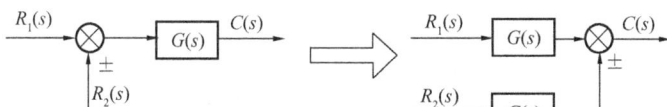

图 2-22 比较点后移

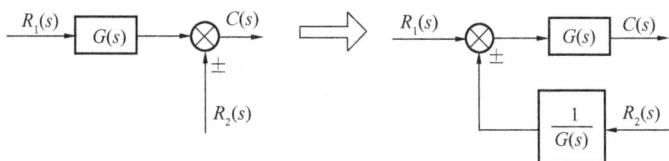

图 2-23 比较点前移

（4）环节前、后的分支点可以向后或向前移动，移动后结构图要相应改画。分支点前移的等效变换如图 2-24 所示，分支点后移的等效变换如图 2-25 所示。

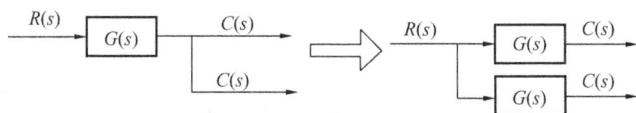

图 2-24 分支点前移

如表 2-1 所示为结构图等效变换的基本法则，可供查用。

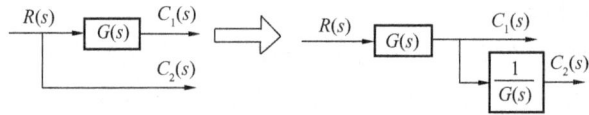

图 2-25　分支点后移

表 2-1　　　　　　　　　　　　　　　　**动态结构图等效交换法则**

变换类型	原 框 图	等 效 框 图	等效运算关系
串 联			$C(s) = G_1(s)G_2(s)R(s)$
并 联			$C(s) = [G_1(s) \pm G_2(s)]R(s)$
反 馈			$\dfrac{C(s)}{R(s)} = \dfrac{G(s)}{1 \mp G(s)H(s)}$
分支点前移			$C(s) = G(s)R(s)$
分支点后移			$C(s) = R(s)G(s)$ $C_1(s) = R(s)$
相加点后移			$C(s) = G(s)[R_1(s) \pm R_2(s)]$ $= G(s)R_1(s) \pm G(s)R_2(s)$
相加点前移			$C(s) = G(s)\left[R_1(s) \pm \dfrac{1}{G(s)}R_2(s)\right]$ $= G(s)R_1(s) \pm R_2(s)$

续表

变换类型	原 框 图	等 效 框 图	等效运算关系
变换相加点			$C(s) = R_1(s) \pm R_2(s) \pm R_3(s)$
变换分支点			$C(s) = R_1(s) = R_2(s)$
负号在支路上移动			$E(s) = R(s) - H(s)C(s)$ $= R(s) + H(s) \times (-1)C(s)$

对于复杂系统的结构图，可以应用以上变换规则逐步将其进行重新排列变为前述 3 种基本的连接方式，这样便可求得系统总的传递函数。

结构图简化的一般原则为移动相加点或分支点，以减少交叉回路，这时应注意移动前后必须保持信号的等效性，而且相加点和分支点之间一般不宜交换位置。此外，"—"号可以在信号线上越过方框移动，但不能越过相加点和分支点。

【例 2-10】 求如图 2-26 所示的系统的传递函数。

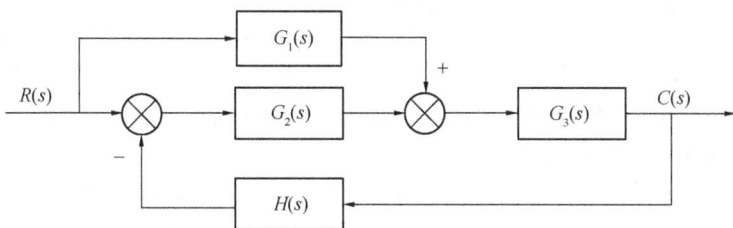

图 2-26 ［例 2-10］系统图

解 为求取该系统的传递函数，先对框图进行等效变换。变换过程如图 2-27 所示。

(1) 前相加点后移，如图 2-27 (a) 所示。

(2) 连续相加点互换，此步完成后，系统环节的连接已成为基本的连接方式，如图 2-27 (b) 所示。

(3) 求环节并联和反馈连接的传递函数，如图 2-27 (c) 所示。

(4) 求系统总的传递函数，如图 2-27 (d) 所示。

求得系统的传递函数为

$$G(s) = \frac{C(s)}{R(s)} = \frac{G_3(s)\left[G_1(s) + G_2(s)\right]}{1 + G_2(s)G_3(s)H(s)}$$

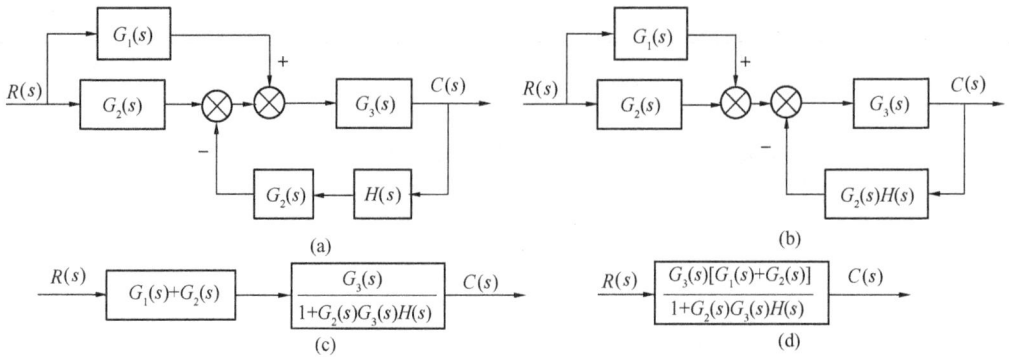

图 2-27　等效变换过程

（a）前相加点后移；（b）连续相加点互换；（c）环节并联和反馈连接传递函数；（d）系统传递函数

第四节　闭环控制系统的传递函数

控制系统在工作过程中会受到两类信号的作用，一类是输入信号 $r(t)$，一类是干扰信号

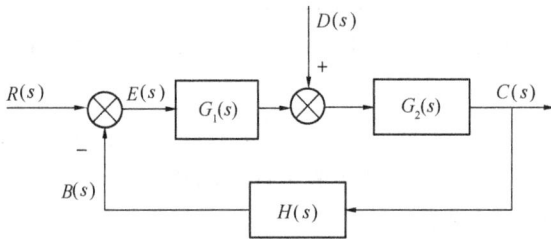

图 2-28　反馈控制系统动态结构图的典型结构

$d(t)$。通常输入信号加在控制装置的输入端，也就是系统的输入端。而干扰信号一般作用在被控对象上。一个典型的反馈控制系统的结构图如图 2-28 所示。为了研究输入信号作用下系统的响应，需要求输入信号作用下系统的闭环传递函数 $C(s)/R(s)$；为了研究干扰信号对系统输出的影响，需要求干扰信号作用下的闭环传递函数 $C(s)/D(s)$；此外，在控制系统的分析和设计中，还常用到在输入或干扰信号作用下，以误差信号 $E(s)$ 作为输出量的闭环误差传递函数 $E(s)/R(s)$ 或 $E(s)/D(s)$。

一、开环传递函数与闭环传递函数

在反馈控制系统中，定义前向通路的传递函数与反馈通路的传递函数的乘积为开环传递函数（Open Loop Transfer Function），通常记为 $G(s)$，它等于此时 $B(s)$ 与 $R(s)$ 的比值。对图 2-28 有

$$G(s) = G_1(s)G_2(s)H(s)$$

应用叠加原理，令 $D(s)=0$，此时图 2-28 简化图如图 2-29 所示。求得输出 $C(s)$ 对输入 $R(s)$ 之间的传递函数

$$\Phi(s) = \frac{C(s)}{R(s)} = \frac{G_1(s)G_2(s)}{1+G_1(s)G_2(s)H(s)} \tag{2-12}$$

$\Phi(s)$ 称为给定信号作用下系统的闭环传递函数（Closed Loop Transfer Function）。

为研究干扰对系统的影响，求出输出 $C(s)$ 对干扰 $D(s)$ 之间的传递函数。此时，令输入 $R(s)=0$，图 2-28 简化图如图 2-30 所示，输出 $C(s)$ 对干扰 $D(s)$ 之间的传递函数为

$$\Phi_d(s) = \frac{C(s)}{D(s)} = \frac{G_2(s)}{1+G_1(s)G_2(s)H(s)} \tag{2-13}$$

$\Phi_d(s)$ 称为干扰作用下系统的闭环传递函数。

对于线性系统，系统总输出等于给定信号和干扰信号单独作用于系统产生输出的叠加，即

$$C(s) = \frac{G_1(s)G_2(s)}{1+G_1(s)G_2(s)H(s)}R(s) + \frac{G_2(s)}{1+G_1(s)G_2(s)H(s)}D(s) \qquad (2\text{-}14)$$

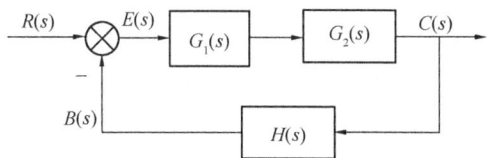

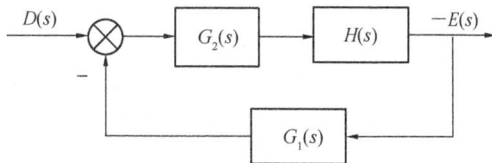

图 2-29　$r(t)$ 作用下的系统动态结构图　　　　图 2-30　$d(t)$ 作用下的系统动态结构图

二、系统的误差传递函数

系统控制误差的大小直接反映了系统工作的精度，所以在系统分析时，除了要知道输出量的变化规律之外，还要关心控制过程中误差的变化规律。闭环系统在输入信号和干扰作用时，以误差信号 $E(s)$ 作为输出量时的传递函数称为误差传递函数（Error Transfer Function）。在图 2-28 中，暂且规定系统的误差为 $E(s) = R(s) - B(s)$，此时，$R(s)$ 作用下系统的误差传递函数是取 $D(s) = 0$ 时的 $E(s)/R(s)$，其结构图如图 2-31 所示，可求得

$$\Phi_e(s) = \frac{E(s)}{R(s)} = \frac{1}{1+G_1(s)G_2(s)H(s)} = \frac{1}{1+G(s)} \qquad (2\text{-}15)$$

式中　$G(s)$ ——闭环系统的开环传递函数。

$D(s)$ 作用下系统的误差传递函数，是取 $R(s) = 0$ 时的 $E(s)/D(s)$，其结构图如图 2-32 所示，可求得

$$\Phi_{ed}(s) = \frac{E(s)}{D(s)} = \frac{-G_2(s)H(s)}{1+G_1(s)G_2(s)H(s)} \qquad (2\text{-}16)$$

根据叠加原理，可得系统的总误差

$$E(s) = \Phi_e(s)R(s) + \Phi_{ed}(s)D(s) \qquad (2\text{-}17)$$

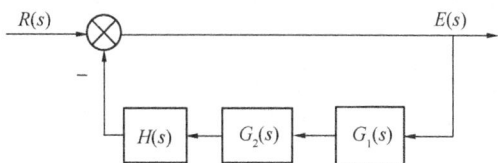

图 2-31　$r(t)$ 作用下误差输出的动态结构图　　　　图 2-32　$d(t)$ 作用下的系统动态结构图

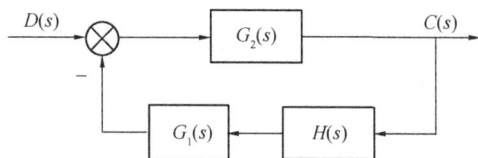

比较式（2-12）、式（2-13）、式（2-15）和式（2-16）可以看出，它们虽然各不相同，但分母是一样的，均为 $1+G(s)$，这是闭环控制系统各种传递函数具有的规律性。具有相同的分母，表明反馈控制系统的闭环特征方程及极点与外作用信号的形式无关，也与输出信号引出点的位置无关。

第五节　MATLAB 中的数学模型及其等效变换

要利用 MATLAB 来进行控制系统的分析和设计,首先要将系统的数学模型正确地输入到 MATLAB 环境中。在 MATLAB 中,控制系统的数学模型有多种表示方法,并且可以方便进行互相转换。

一、MATLAB 中的数学模型表示

在 MATLAB 中,控制系统数学模型的表示形式有:有理函数形式的传递函数、零极点形式的传递函数和状态方程模型等。在此,只介绍前面两种模型。

1. 有理函数形式的传递函数模型表示

线性定常系统的传递函数模型一般可表示成复变量 s 的有理函数形式

$$G(s) = \frac{b_0 s^m + b_1 s^{m-1} + \cdots + b_{m-1}s + b_m}{a_0 s^n + a_1 s^{n-1} + \cdots + a_{n-1} + a_n}$$

由下列的命令格式可将有理函数形式的传递模型输入到 MATLAB 环境中

$$\text{num} = [b_0, b_1, \cdots, b_m];$$
$$\text{den} = [a_0, a_1, \cdots, a_n];$$

即将系统传递函数的分子和分母多项式的系数按降幂的方式以行向量的形式输入给两个变量 num 和 den,变量名 num 和 den 是可以改变的。

2. 零极点形式的传递函数模型表示

线性定常系统的零极点形式的传递函数模型一般可表示为

$$G(s) = \frac{(s - z_1)(s - z_2) \cdots (s - z_m)}{(s - p_1)(s - p_2) \cdots (s - p_n)}$$

可以采用下面的语句格式将系统的零极点传递函数模型输入到 MATLAB 环境中

$$K_g = K;$$
$$Z = [z_1, z_2, \cdots, z_m];$$
$$P = [p_1, p_2, \cdots, p_n]$$

注意,变量 Z 和 P 是由系统零、极点构成的列向量。

在当前的 MATLAB 版本中,允许使用对象数据类型,从而使传递函数模型在 MAT-LAB 中表现得更加直观,使用起来更加方便。

tf () 函数为由传递函数分子分母给出的变量构造出单个有理函数形式的传递函数对象;zpk () 函数为由传递函数增益及零极点变量构造出零极点形式的传递函数对象。tf () 函数和 zpk () 函数的调用格式分别为

$$g = \text{tf (num, den)};$$
$$g = \text{zpk (z, p, kg)}。$$

【例 2-11】　假设控制系统的有理函数形式的传递函数模型为

$$G(s) = \frac{2s^2 + 3s + 4}{3s^3 + 4s^2 + 5s + 6}$$

该模型可以由下面的语句输入到 MATLAB 工作空间中,并用 tf( )函数将其转换为有理函数形式的传递函数对象,检验输入是否正确。

解 ≫num=[2 3 4];den=[3 4 5 6];

≫sys=tf(num,den)

Transfer function:

$$2 s^2 + 3 s + 4$$

...

$$3 s^3 + 4 s^2 + 5 s + 6$$

【例 2-12】 设控制系统零极点形式的传递函数模型为

$$G(s) = 6 \frac{(s+1)(s+2)(s+3)}{(s+4)(s+5)(s+6+i)(s+6-i)}$$

该模型可以由下面的语句输入到 MATLAB 工作空间中,并用 zpk ( ) 函数将其转换为零极点形式的传递函数对象,检验输入是否正确。

解 ≫kg=6;z= [-1 -2 -3]; p= [-4 -5 -6+i -6-i];

≫sys=zpk (z, p, kg)

Zero/pole/gain:

$$6 (s+1) (s+2) (s+3)$$

...

$$(s+4) (s+5) (s^2+12s+37)$$

二、传递函数的特征根及零极点图

1. 特征根的求取

传递函数 $G(s)$ 输入之后,分别对分子和分母多项式作因式分解,则可求出系统的零、极点,MATLAB 提供了多项式求根函数 roots ( ),其调用格式为

$$roots (p)$$

式中 p——多项式。

例如,多项式 $p(s)=s^3+3s^2+4$,可由下列语句来输入

≫ p=[1, 3, 0, 4];

≫ r=roots(p)

r =

 -3.3553

 0.1777+1.0773i

 0.1777-1.0773i

2. 零极点图绘制

传递函数在复平面上的零、极点图采用 pzmap ( ) 函数来绘制,零点用 "o" 表示,极点用 "×" 表示,如图 2-33 所示。其调用格式为

[p, z] =pzmap (sys)

或 pzmap(sys1,sys2,...)

例如,传递函数 $G(s) = \dfrac{6s^2+1}{s^3+2s^2+3s+1}$,绘制其零极点图。

```
≫ sys=tf([6 0 1]，[1 2 3 1]);
≫ pzmap(sys)
```

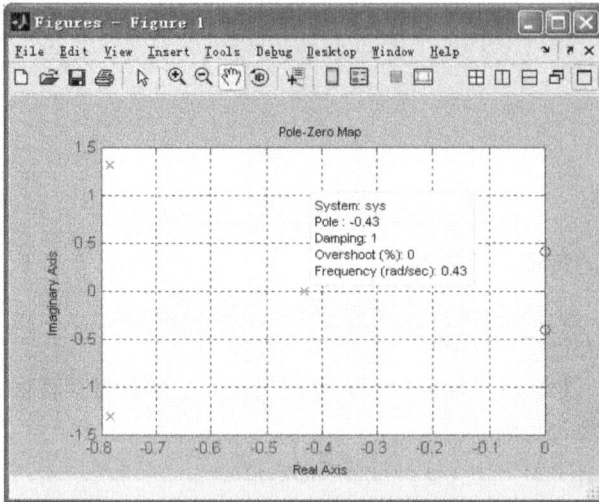

图 2-33　零极点图

三、数学模型的等效变换

在 MATLAB 中，当控制系统的数学模型采用对象数据类型表示时，很容易实现传递函数的等效变换。这种等效变换一种是控制系统结构的等效变换，如串联、并联和反馈；还有一种是不同模型对象之间的等效变换，如传递函数的有理函数形式化为零极点形式。

设两个控制系统传递函数的对象分别是 g1 和 g2。在 MATLAB 中，

g＝g1 * g2，表示两个系统串联后的等效对象为 g。

g＝g1＋g2，表示两个系统并联后的等效对象为 g。

g＝feedback(g1,g2,sign)，表示求取前向通道的传递函数为 g1，反馈通道的传递函数为 g2，反馈连接下的系统模型为 g。sign＝－1 或省略表示负反馈，sign＝1 表示正反馈。

【例 2-13】　利用 MATLAB 求下列两个传递函数在串联、并联及负反馈连接下的等效传递函数。

解
$$G_1(s) = \frac{s+1}{s^2+3s+2} \qquad G_2(s) = \frac{1}{s+2}$$

```
≫ sys1=tf([1 1]，[1 3 2]);%系统 1 的数学模型
≫ sys2=tf(1，[1 2]);%系统 2 的数学模型
≫ g_cl=sys1 * sys2;%串联等效输出
```
Transfer function：

　　　　s＋1

·······························

s^3＋5 s^2＋8 s＋4

```
≫ g_bl=sys1+sys2;%并联等效输出
```
Transfer function：

　　2 s^2 ＋6 s＋4

·······························

s^3＋5 s^2＋8 s＋4

```
≫ g_fc=feedback(sys1，sys2);%反馈等效输出
```
Transfer function：

　　　　s^2＋3 s ＋2

....

s^3+5 s^2+9 s+4

在实际应用中，当控制系统的结构很复杂时，可以利用控制系统工具箱提供的两个 M 文件 connect（）和 blkbuild（）来求取复杂系统的数学模型，但这一过程也较复杂，利用动态仿真工具 Simulink 可以较容易地求出任意复杂系统的数学模型。下面举一个例子来说明利用 Simulink 建立和化简系统数学模型的方法。

在 Simulink 的新建模型编辑窗口建立如图 2-34 所示的系统动态结

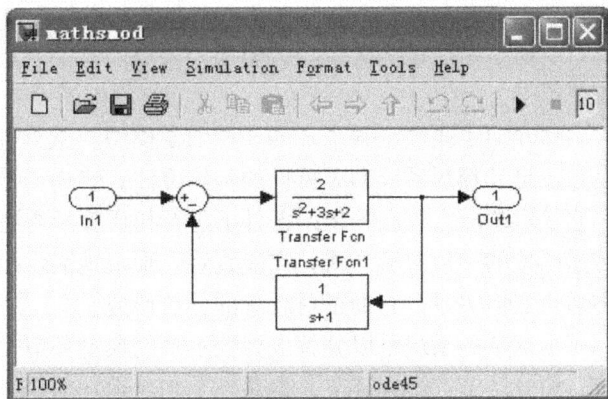

图 2-34 动态结构图模型

构图模型，模型名称为 mathsmod。然后在 MATLAB 的命令窗口输入下面命令，就能得到系统模型及化简后的传递函数。

≫[a，b，c，d]=linmod2（'mathsmod'）；

≫ sys=tf(ss(a，b，c，d))

Transfer function：

    2 s+2

....

s^3+4 s^2+5 s+4

四、不同模型对象间的相互转换

由于在本课程中，只介绍了零极点形式传递函数对象模型和有理函数形式传递函数对象模型，因此只介绍它们之间的变换。

g1=zpk(g)，将有理函数形式的传递函数对象 g 转换为零极点形式传递函数对象 g1。

g=tf(g1)，将零极点形式的传递函数对象 g1 转换为有理函数形式的传递函数对象 g。

对于上面由 Simulink 建立的有理函数形式的传递函数模型，在 MATLAB 命令窗口输入

≫ g1=zpk(sys)

Zero/pole/gain：

          2(s+1)

....

(s+2.696)(s^2 +1.304s+1.484)

≫ g=tf(g₁)

Transfer function：

          2 s+2

....

s^3+4 s^2+5 s+4

本 章 小 结

数学模型是描述系统（或元件）动态特性的数学表达式，是从理论上进行分析和设计系统的主要依据。

本章介绍了线性定常系统的 3 种数学模型：微分方程、传递函数和动态结构图。微分方程是描述自动控制系统动态特性的基本方法；传递函数是经典控制理论中最为重要的数学模型，它是对微分方程在零初始条件下进行拉氏变换得到的，在工程上用得最多；动态结构图是传递函数的一种图解形式，它能直观、形象地表示出系统各组成部分的结构及系统中信号的传递与变换关系，有助于对系统的分析研究。

一个复杂的系统可以分解成为数不多的典型环节，常见的基本环节有：比例环节、惯性环节、积分环节、微分环节、振荡环节和延迟环节等。对于同一个系统，不同的数学模型只是不同的表示方法，因此，系统动态结构图与其他数学模型有着密切的关系：由系统微分方程经过拉氏变换得到代数方程，从而可以很容易地画出动态结构图；通过动态结构图的等效变换可求出系统的传递函数。对于同一个系统，动态结构图不是唯一的，但由不同的动态结构图得到的传递函数是相同的。

一般地讲，系统传递函数多是指闭环系统输出量对输入量的传递函数，但严格说来，系统传递函数是个总称，它包括几种典型的传递函数，即开环传递函数、闭环传递函数、在给定和干扰作用下的闭环传递函数及由给定和干扰引起的误差传递函数。

应用 MATLAB 分析系统，应首先将系统数学模型输入到 MATLAB 环境中，本章介绍了有理函数形式的传递函数模型和零极点形式的传递函数模型的表示方法，并介绍了模型结构的等效变换和模型之间的等效变换。这将为今后利用 MATLAB 分析和设计系统打下基础。

思 考 题

（1）拉氏变换定义式存在的条件是什么？有什么应用意义？

（2）什么是传递函数？用传递函数作为数学模型来描述系统有哪些特点？

（3）传递函数可以表示出哪些信息关系？

（4）控制系统通常由哪些典型环节构成的？

（5）什么是结构图？为什么又称作动态结构图？

（6）结构图在应用上有哪些优点？

（7）结构图的化简原则是什么？

（8）试画出一般控制系统的结构图。

（9）什么是系统的开环传递函数？

（10）什么是系统的闭环传递函数？

习 题

2-1　试建立如图 2-35 所示各系统的微分方程和传递函数。其中，外力 $F(t)$、位移 $x(t)$

和电压 $u_R(t)$ 为输入量；位移 $y(t)$ 和电压 $u_R(t)$ 为输出量；k(弹性系数)、f(阻尼系数)、R(电阻)、C(电容)和 m(质量)均为常数。

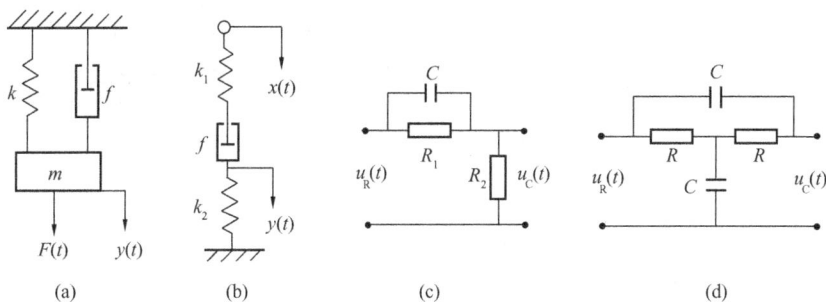

图 2-35 题 2-1 图

2-2 试证明如图 2-36 所示的力学系统（a）和电路系统（b）是相似系统（即有相同形式的数学模型）。

2-3 已知在零初始条件下，系统的单位阶跃响应为 $c(t) = 1 - 2e^{-2t} + e^{-t}$，试求系统的传递函数和冲激响应。

2-4 试求如图 2-37 所示各有源网络的传递函数 $\dfrac{U_C(s)}{U_R(s)}$。

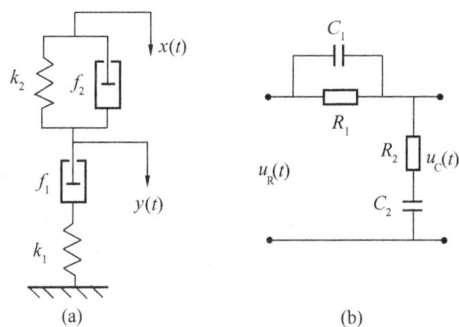

图 2-36 题 2-2 图

2-5 已知一系统由如下方程组组成：

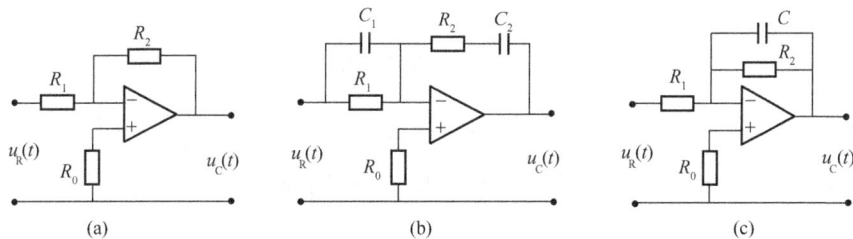

图 2-37 题 2-4 图

$$x_1(t) = r(t) - c(t) + n_1(t)$$

$$x_2(t) = K_1 x_1(t)$$

$$x_3(t) = x_2(t) - x_5(t)$$

$$T \frac{\mathrm{d}x_4(t)}{\mathrm{d}t} = x_3(t)$$

$$x_5(t) = x_4(t) - K_2 n_2(t)$$

$$K_0 x_5(t) = \frac{\mathrm{d}^2 c(t)}{\mathrm{d}t^2} + \frac{\mathrm{d}c(t)}{\mathrm{d}t}$$

式中：K_0、K_1、K_2 和 T 均为常数。试画出系统的动态结构图，并求传递函数 $C(s)/R(s)$、$C(s)/N_1(s)$、$C(s)/N_2(s)$。

2-6 试用结构图等效化简求如图 2-38 所示各系统的传递函数 $C(s)/R(s)$。

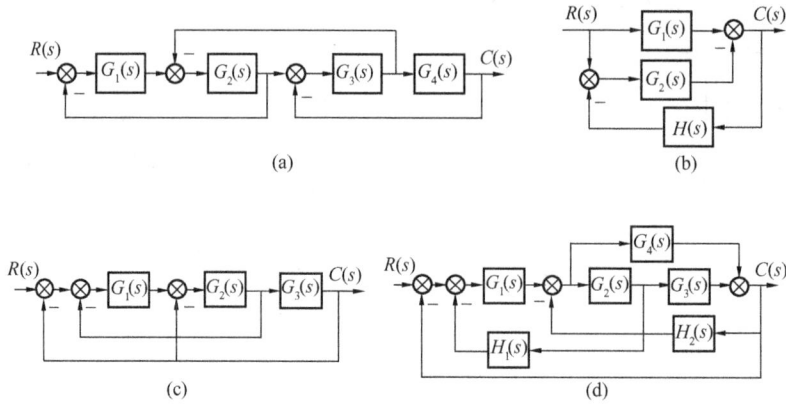

图 2-38 题 2-6 图

2-7 系统动态结构图如图 2-39 所示。

（1）求系统的传递函数 $C(s)/R(s)$ 和 $C(s)/D(s)$。

（2）若要消除干扰对输出的影响 [即 $C(s)/D(s) = 0$]，求 $G_0(s) =$？

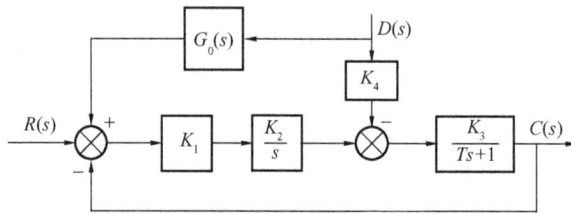

图 2-39 题 2-7 图

2-8 已知单位负反馈系统的开环传递函数为 $G(s)H(s) = \dfrac{s^3 + 4s^2 + 3s + 2}{s^2(s+1)[(s+4)^2 + 4]}$，试用 MATLAB 求系统的闭环传递函数，并将其转换为零极点模型。

2-9 如图 2-40 所示系统：

（1）利用 MATLAB 求系统的闭环传递函数 $C(s)/R(s)$；

（2）利用 pzamp（）函数绘制闭环传递函数的零极点图。

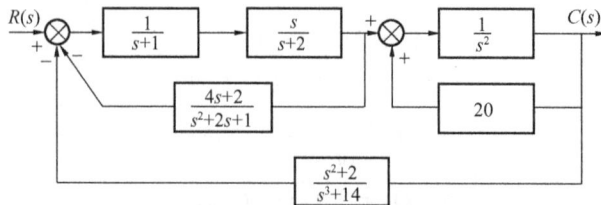

图 2-40 题 2-9 图

第三章 线性系统的分析方法

内 容 提 要

在建立了控制系统的数学模型后,就可以对系统的性能进行分析。对控制系统性能的分析,主要是从稳定性、稳态性能和动态性能 3 个方面着手,即通常所说的"稳、准、快"。在经典控制理论中,常用的分析方法有 3 种,即时域分析法（Time Domain Analysis Method）、根轨迹法（Root Locus Method）和频域分析法（Frequency Domain Analysis Method）。

本章主要介绍这 3 种分析方法的原理、特点及其简单运用,并介绍如何在 MATLAB 中实现这 3 种分析方法。

第一节 线性系统的时域分析法

所谓时域分析法,是根据描述系统的微分方程或传递函数,直接解出控制系统的时间响应,然后依据响应的表达式或描述曲线来分析系统的性能。它是一种直接的分析方法,具有直观、准确、物理概念清晰、易于理解等特点。尤其适合于一阶和二阶系统,但其计算量会随着系统阶次的升高而急剧增加,而实际中有许多高阶系统在多数情况下可近似为一阶或二阶系统。因此,对一阶、二阶系统的研究将成为研究高阶系统的基础,具有较大的实际意义。对于不能用一阶、二阶系统近似的高阶系统可借助于计算机进行辅助计算或采用其他方法间接进行分析。

时域分析法直观、准确,是分析系统动态性能和稳态性能的最基本方法。

一、典型输入信号

控制系统的输出响应不仅取决于系统本身的结构和参数,而且还与系统的初始状态及输入信号有关。为了便于研究,规定在输入信号作用于系统的瞬时（$t=0$）之前,系统是相对静止的,即为零初始状态。在一般情况下控制系统的输入信号是多种多样的,而且是随时间以随机的方式变化的,甚至事先无法知道。例如:在防空导弹雷达跟踪系统中,被跟踪目标的位置和速度无法预料,也不能用简单的函数进行描述,这样就给分析和设计系统带来了很大的困难。为了便于用统一的方法对系统进行分析和设计,同时也为了比较各种控制系统性能的优劣,常将输入信号规定为一些基本函数形式,称之为典型输入信号。

所谓典型输入信号,是指根据系统常遇到的输入信号形式,在数学描述上加以理想化的一些基本输入函数。

典型输入信号的选取既应大致反映系统的实际工作情况,又应力求简单以便于分析。此外,还必须选取使系统处于最不利情况下的输入信号。如果系统在典型输入信号作用下,其性能能满足要求,可以断言,系统在实际输入信号作用下的性能也令人满意。另外,所选取的典型输入信号应易于利用线性叠加原理。对于任意形式的输入信号,可视它为某些典型输入信号的叠加组合,从而得出输出的形状。

控制系统中常用的典型输入信号主要有以下几种。

1. 阶跃函数（Step Function）

阶跃函数的数学表达式为

$$r(t) = \begin{cases} 0 & t < 0 \\ R & t \geqslant 0 \end{cases} \tag{3-1}$$

式中 R——常数，称为阶跃函数的阶跃值。当 $R=1$ 的阶跃函数称为单位阶跃函数，记为 $1(t)$，如图 3-1(a)所示。

单位阶跃函数的拉氏变换为

$$R(s) = L[1(t)] = \frac{1}{s}$$

时域分析中，阶跃函数是应用最广的一种典型信号，实际工作中如开关转换、负荷的突变、电源电压的突跳等均可近似为阶跃函数形式。

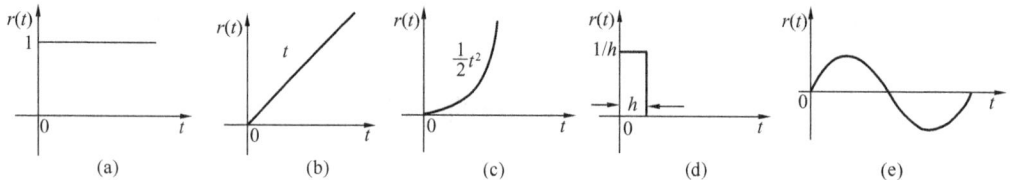

图 3-1 典型输入信号

(a) 单位阶跃函数；(b) 单位斜坡函数；(c) 单位抛物线函数；(d) 单位冲激函数；(e) 正弦函数

2. 斜坡函数（Ramp Function）

斜坡函数的数学表达式为

$$r(t) = \begin{cases} 0 & t < 0 \\ Rt & t \geqslant 0 \end{cases} \tag{3-2}$$

这种函数相当于随动系统中加入一个按恒定速度变化的信号，该恒定速度为 R，所以斜坡函数又称为速度函数。当 $R=1$ 时的斜坡函数称为单位斜坡（速度）函数，如图 3-1 (b)所示。

单位斜坡函数的拉氏变换为

$$R(s) = L[t] = \frac{1}{s^2}$$

3. 抛物线函数

抛物线函数的数学表达式为

$$r(t) = \begin{cases} 0 & t < 0 \\ \frac{1}{2}Rt^2 & t \geqslant 0 \end{cases} \tag{3-3}$$

这种函数相当于随动系统中加入一个按照恒加速度变化的位置信号，加速度为 R，所以抛物线函数又称为加速度函数（Acceleration Function）。当 $R=1$ 时的抛物线函数称为单位抛物线（加速度）函数，如图 3-1(c)所示。

单位抛物线函数的拉氏变换为

$$R(s) = L\left[\frac{1}{2}t^2\right] = \frac{1}{s^3}$$

4. 单位冲激函数（Unit Impulse Function）

单位冲激函数的数学表达式为

$$r(t) = \delta(t) = \begin{cases} \infty & t = 0 \\ 0 & t \neq 0 \end{cases} \text{ 且 } \int_{-\infty}^{+\infty} \delta(t)\mathrm{d}t = 1 \tag{3-4}$$

单位冲激函数的积分面积是 1。单位冲激函数如图 3-1（d）所示，其拉氏变换为 $R(s)$ $=L[\delta(t)]=1$。

单位冲激函数在现实中是不存在的，它只有数学上的意义。在系统分析中，它是一个重要的数学工具。此外，在实际中有很多信号与冲激函数相似，如脉冲电压信号、冲击力、阵风等。

5. 正弦函数（Sine Function）

正弦函数的数学表达式为

$$r(t) = A\sin \omega t \tag{3-5}$$

式中　A——振幅；

　　　ω——角频率。

其拉氏变换为

$$R(s) = L[A\sin \omega t] = \frac{A\omega}{s^2 + \omega^2}$$

用正弦函数作输入信号，可以求得系统对不同频率的正弦输入函数的稳态响应，由此可以间接判断系统的性能。

究竟选什么典型函数作输入应结合系统的实际工作情况来考虑。如果在实际工作中，系统承受的输入多为突然变化的信号，则用阶跃信号作为典型输入比较恰当，如炉温控制系统；如果系统在实际工作中受到随时间变化的输入作用，则用斜坡函数作为典型输入，如跟踪卫星的天线控制系统；当系统的实际输入信号是冲击输入量时，则采用冲激函数作典型输入更符合实际。但不管采用何种信号作典型输入，都不会影响系统本身的性能，而且其系统响应之间还存在着内在的联系。

二、时域性能指标

控制系统的时间响应，从整个过程上来说，可以分成动态（暂态）和静态（稳态）两个阶段。其中，动态过程是指系统在输入信号作用下，系统输出量从初始状态到接近最终状态的响应过程；稳态过程是指时间 t 趋于无穷大时系统的输出状态。研究系统的时间响应，必须对动态和稳态过程的特点以及有关的性能和指标加以探讨。

通常认为，系统跟踪和复现阶跃输入对随动系统来说是较为严格的工作条件。故通常以阶跃响应来衡量控制系统性能的优劣，并定义时域性能指标。典型的单位阶跃响应曲线如图 3-2 所示。系统的性能指标如下。

1. 动态性能指标

为了评价系统的动态性能，规定如下指标：

（1）上升时间（Rise Time）t_r：对于有振荡的系统，指输出响应从零到第一次达到稳

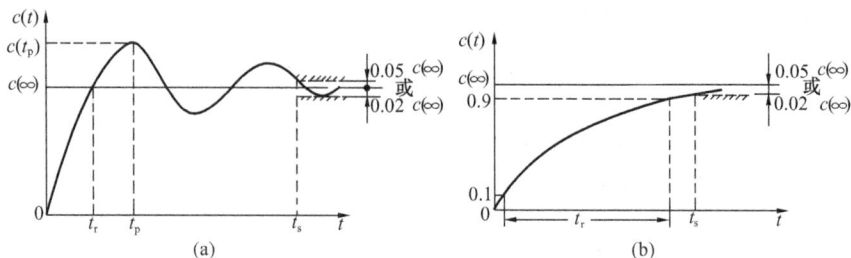

图 3-2　稳定系统的单位阶跃响应曲线

(a) 衰减振荡；(b) 单调变化

态值所需的时间；对于单调变化的系统，指输出响应从稳态值的 10% 上升到 90% 所需的时间。

（2）峰值时间（Peak Time）t_p：指输出响应超过稳态值而达到第一个峰值所需的时间。

（3）调节时间（Settling Time）t_s：指当输出量 $c(t)$ 和稳态值 $c(\infty)$ 之间的偏差达到允许范围（一般取稳态值的 2% 或 5%）并维持在此允许范围以内所需的最小时间。

（4）超调量（Overshoot）$\sigma\%$：指动态过程中输出响应的最大值超过稳态值的百分数，即

$$\sigma\% = \frac{c(t_p) - c(\infty)}{c(\infty)} \times 100\% \tag{3-6}$$

2. 稳态性能指标

系统在稳态运行时，它的输出应该达到由给定输入所决定的希望值，但由于系统结构、参数等各种因素的影响，输出的实际值达不到希望值。把 t 趋于无穷大时，系统响应的希望值与实际值之差定义为稳态误差（Steady State Error）。稳态误差是评价系统稳态性能的指标。

稳态误差的一般定义

$$e(t) = 希望值 - 实际值$$

也可以表示为

$$e_{ss} = \lim_{t \to \infty} e(t) \tag{3-7}$$

上述性能指标中，上升时间 t_r 和峰值时间 t_p 均表征系统响应初始阶段的快慢；调节时间 t_s 表示系统过渡过程的持续时间，从总体上反映了系统的快速性；超调量 $\sigma\%$ 则标志动态过程的稳定性；稳态误差 e_{ss} 反映了系统复现和跟踪输入信号的能力，即控制系统的准确性。以后将侧重以调节时间 t_s、超调量 $\sigma\%$ 和稳态误差 e_{ss} 这 3 项指标分别评价系统响应的快速性、稳定性和准确性。

三、控制系统的动态响应分析

在时域内对系统微分方程求解，以获得系统的响应是时域法的本质。对一阶系统、二阶系统求解微分方程简单易行，而对于高阶系统来说是比较麻烦的。由于高阶系统在大多数情况下可以近似为一阶系统或二阶系统；因此，对一阶系统和二阶系统的研究成为研究高阶系统的基础。

（一）一阶系统的动态响应分析

凡其动态特性可用一阶微分方程描述的系统称为一阶系统。

一阶系统的动态方程为

$$T\frac{\mathrm{d}c(t)}{\mathrm{d}t}+c(t)=r(t) \tag{3-8}$$

传递函数为

$$G(s)=\frac{C(s)}{R(s)}=\frac{1}{Ts+1} \tag{3-9}$$

式中：T 称为时间常数，它是表征系统惯性的一个重要参数，所以一阶系统也称惯性环节。式（3-9）称为一阶系统的数学模型。令输入信号为不同形式的时间函数，利用拉普拉斯反变换，即可求得一阶系统的各种输出响应。

设一阶系统的输入信号为单位阶跃函数 $r(t)=1(t)$，则系统输出量的拉氏变换为

$$C(s)=R(s)G(s)=\frac{1}{s(Ts+1)}=\frac{1}{s}-\frac{T}{Ts+1} \tag{3-10}$$

对上式进行拉氏反变换，得单位阶跃响应为

$$c(t)=1-\mathrm{e}^{-t/T} \qquad (t\geqslant 0) \tag{3-11}$$

或写成

$$c(t)=C_{ss}+C_{tt} \tag{3-12}$$

式中：$C_{ss}=1$ 代表输出量中的稳态分量，反映控制系统跟踪控制信号或抑制干扰信号的能力和准确度，它是控制系统的重要特性之一；$C_{tt}=-\mathrm{e}^{-t/T}$，代表输出量中的动态分量，反映控制系统的动态性能，是控制系统的另一个重要特性。对于稳定的系统，当时间 t 趋于无穷大时，C_{tt} 衰减为零。

由式（3-11）可见，一阶系统的单位阶跃响应是一条初始值为零，以指数规律上升到稳态值为 1 的曲线，如图 3-3 所示。由于响应曲线在 $[0,\infty)$ 的时间区间内始终不会超过其稳态值，因此，通常把这样的响应称为非周期响应。一阶系统的非周期响应具备两个重要的特点。

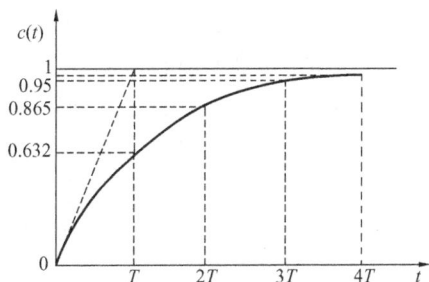

图 3-3　一阶系统的单位阶跃响应曲线

第一，可以用时间常数 T 去度量系统输出量的数值。例如，当 $t=T$ 时，$c(t)$ 的数值等于其稳态值的 63.2%，而当 t 等于 $2T$、$3T$ 和 $4T$ 时，$c(t)$ 的数值将分别等于稳态值的 86.5%、95% 和 98.2%。根据这个特点，可以用实验的方法确定待测系统是否属于一阶系统。

第二，响应曲线的初始斜率等于 $1/T$。

因为

$$\left.\frac{\mathrm{d}c(t)}{\mathrm{d}t}\right|_{t=0}=\left.\frac{1}{T}\mathrm{e}^{-t/T}\right|_{t=0}=\frac{1}{T} \tag{3-13}$$

式（3-13）表明，一阶系统的单位阶跃响应如果以初始速度等速上升至稳态值 1 所需要的时间恰好为 T。式（3-13）正是在单位阶跃响应实验曲线上确定一阶系统时间常数的方法之一。

根据动态性能指标的定义，可以求得调节时间

$$t_s = 3T(s) \quad （对应5\%误差带）$$
$$t_s = 4T(s) \quad （对应2\%误差带）$$

显然，时间常数 T 越小，调节时间 t_s 越小，响应的快速性也越好。

上升时间为

$$t_r = 2.20T$$

而峰值时间 t_p 和超调量 $\sigma\%$ 显然都不存在。

【例 3-1】　一阶系统的结构如图 3-4 所示。试求系统单位阶跃响应的调节时间 t_s。如果要求 $t_s \leqslant 0.1$，试问系统的反馈系数应取何值？

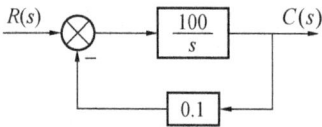

图 3-4　[例 3-1]图

解　由系统结构图写出闭环传递函数

$$\Phi(s) = \frac{C(s)}{R(s)} = \frac{\dfrac{100}{s}}{1 + \dfrac{100}{s} \times 0.1} = \frac{10}{0.1s + 1}$$

其中，时间常数 $T = 0.1$。因此，调节时间 $t_s = 3T = 0.3$（取 5%误差带）或 $t_s = 4T = 0.4$（取 2%误差带）。

下面求满足 $t_s \leqslant 0.1$ 的反馈系数的值。假设该值为 K_f，那么同样可由结构图写出闭环传递函数

$$\Phi(s) = \frac{C(s)}{R(s)} = \frac{\dfrac{100}{s}}{1 + \dfrac{100}{s} \cdot K_f} = \frac{\dfrac{1}{K_f}}{\dfrac{0.01}{K_f}s + 1}$$

得时间常数 $T = 0.01/K_f$，根据题意要求 $t_s \leqslant 0.1$，则 $t_s = 3T = 0.03/K_f \leqslant 0.1$，所以 $K_f \geqslant 0.3$。

（二）二阶系统的动态响应分析

由二阶微分方程描述的系统称为二阶系统，它在控制工程中应用极为广泛。如图 3-5 所示为典型二阶系统的动态结构图，系统的开环传递函数为

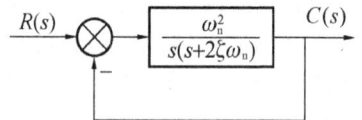

图 3-5　典型二阶系统的结构图

$$G(s) = \frac{\omega_n^2}{s^2 + 2\zeta\omega_n s} \quad (3-14)$$

系统的闭环传递函数为

$$\Phi(s) = \frac{\omega_n^2}{s^2 + 2\zeta\omega_n s + \omega_n^2} \quad (3-15)$$

式中　ω_n——二阶系统的无阻尼自然振荡频率（Natural Oscillating Frequency）；

ζ——二阶系统的阻尼比（Damping Ratio）。

典型二阶系统的特征方程为

$$s^2 + 2\zeta\omega_n s + \omega_n^2 = 0 \quad (3-16)$$

该方程的特征根为

$$s_{1,2} = -\zeta\omega_n \pm \omega_n\sqrt{\zeta^2 - 1} \quad (3-17)$$

可见，根据 ζ 的不同取值，二阶系统可以分为以下几种工作状态：

（1）当 $0 < \zeta < 1$，此时系统有一对左半平面的共轭复根 $s_{1,2} = -\zeta\omega_n \pm j\omega_n\sqrt{1-\zeta^2}$，系统

的单位阶跃响应具有衰减振荡特性，称为欠阻尼状态。

（2）当 $\zeta=1$，系统有两个相等的负实根，称为临界阻尼状态。

（3）当 $\zeta>1$，系统有两个不相等的负实根 $s_{1,2}=-\zeta\omega_n\pm\omega_n\sqrt{\zeta^2-1}$，称为过阻尼状态。临界阻尼和过阻尼的二阶系统单位阶跃响应均无振荡。

（4）当 $\zeta=0$，系统有一对共轭纯虚根 $s_{1,2}=\pm j\omega_n$，系统的单位阶跃响应作等幅振荡，称为无阻尼状态。

阻尼比取不同值时，其特征根在 s 平面上的分布如图 3-6 所示。

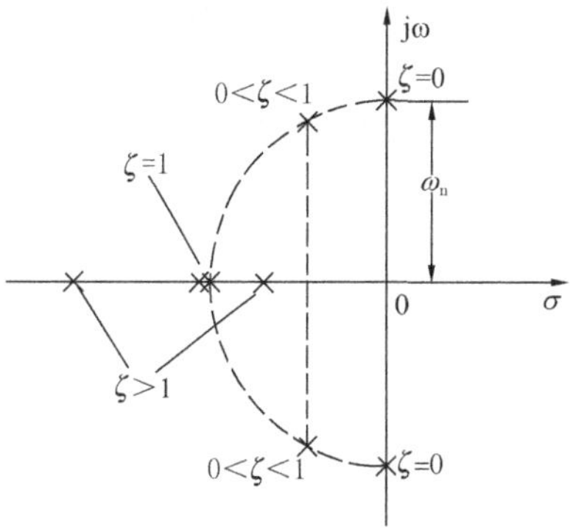

在单位阶跃函数作用下，二阶系统输出的拉氏变换为

$$C(s)=\Phi(s)R(s)=\Phi(s)\frac{1}{s} \quad (3\text{-}18)$$

求 $C(s)$ 的拉氏反变换，可得典型二阶系统的单位阶跃响应。由于 $s_{1,2}$ 与 ζ 有关，故当 ζ 为不同值时，其单位阶跃响应有不同的形式。

1. 欠阻尼（$0<\zeta<1$）

由于 $0<\zeta<1$，故 $\zeta^2-1<0$，若令 $\sigma=\zeta\omega_n$，$\omega_d=\omega_n\sqrt{1-\zeta^2}$，则系统的一对共轭复根如下

图 3-6　不同 ζ 值的二阶系统特征根分布图

$$s_{1,2}=-\zeta\omega_n\pm j\omega_n\sqrt{1-\zeta^2}=-\sigma\pm j\omega_d \quad (3\text{-}19)$$

式中　　σ——衰减系数，具有频率的量纲；

ω_d——阻尼振荡频率。

两极点是一对共轭复极点且具有负实部，因而位于 s 平面的左半部分，如图 3-6 所示。

当输入为单位阶跃函数时，输出的拉氏变换为

$$C(s)=\Phi(s)\frac{1}{s}=\frac{\omega_n^2}{s^2+2\zeta\omega_n s+\omega_n^2}\frac{1}{s}=\frac{1}{s}-\frac{s+2\zeta\omega_n}{s^2+2\zeta\omega_n s+\omega_n^2}$$

$$=\frac{1}{s}-\frac{s+\zeta\omega_n}{(s+\zeta\omega_n)^2+\omega_d^2}-\frac{\zeta\omega_n}{(s+\zeta\omega_n)^2+\omega_d^2}$$

对上式取拉氏反变换，得

$$c(t)=L^{-1}[C(s)]=1-e^{-\zeta\omega_n t}\left(\cos\omega_d t+\frac{\zeta}{\sqrt{1-\zeta^2}}\sin\omega_d t\right)$$

$$(3\text{-}20)$$

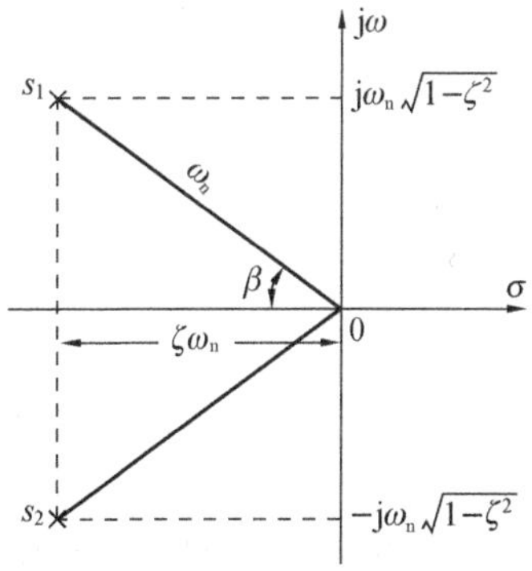

若特征根矢量与负实轴的夹角为 β，如图 3-7 所示，则有 $\cos\beta=\zeta$，故

$$c(t)=1-\frac{1}{\sqrt{1-\zeta^2}}e^{-\zeta\omega_n t}\sin(\omega_d t+\beta) \quad (t\geqslant 0)$$

$$(3\text{-}21)$$

由式（3-21）可知，欠阻尼二阶系统的单位阶跃响应由两部分组成：

图 3-7　$0<\zeta<1$ 时特征根的分布

（1）稳态分量 $c_{ss}=1$，表明系统在单位阶跃函数作用

下不存在稳态误差。

（2）动态分量 c_{tt} 是阻尼正弦振荡项，其振荡频率为 ω_d，其数值与阻尼比 ζ 有关。由于动态分量衰减的快慢程度取决于包络线 $1\pm e^{-\zeta\omega_n t}/\sqrt{1-\zeta^2}$ 的收敛快慢程度，而当阻尼比 ζ 一定时，包络线收敛的程度取决于指数函数 $e^{-\zeta\omega_n t}$ 的幂，所以称 $\sigma=\zeta\omega_n$ 为衰减系数。σ 越大，衰减越快。

2. 临界阻尼（$\zeta=1$）

临界阻尼时，二阶系统有两个相等的负实根，$s_{1,2}=-\omega_n$，即位于 s 平面负实轴上的相等实极点，如图 3-6 所示。

二阶系统的单位阶跃响应如下：

$$C(s)=\frac{\omega_n^2}{s^2+2\zeta\omega_n s+\omega_n^2}\frac{1}{s}=\frac{1}{s}-\frac{1}{s+\omega_n}-\frac{\omega_n}{(s+\omega_n)^2}$$

其拉氏反变换为

$$c(t)=L^{-1}[C(s)]=1-e^{-\omega_n t}-\omega_n t e^{-\omega_n t}=1-(\omega_n t+1)e^{-\omega_n t} \quad (t\geq 0) \quad (3\text{-}22)$$

上式表明，临界阻尼二阶系统的单位阶跃响应是稳态值为 1 的非周期上升过程，整个响应过程不产生振荡。

3. 过阻尼（$\zeta>1$）

过阻尼时，二阶系统有两个不相等的负实根，$s_{1,2}=-\zeta\omega_n\pm\omega_n\sqrt{\zeta^2-1}$，即位于 s 平面负实轴上的两个不等实极点，如图 3-6 所示。

$$s_{1,2}=-\zeta\omega_n\pm\omega_n\sqrt{\zeta^2-1}$$

单位阶跃响应

$$C(s)=\frac{\omega_n^2}{s^2+2\zeta\omega_n s+\omega_n^2}\frac{1}{s}=\frac{1}{s}+\frac{\omega_n^2}{s_1(s_1-s_2)(s-s_1)}-\frac{\omega_n^2}{s_2(s_1-s_2)(s-s_2)}$$

取拉氏反变换得

$$c(t)=1+\frac{\omega_n^2}{s_1(s_1-s_2)}e^{s_1 t}-\frac{\omega_n^2}{s_2(s_1-s_2)}e^{s_2 t} \quad (t\geq 0) \quad (3\text{-}23)$$

上式表明，系统响应含有两个单调衰减的指数项，它们的代数和不会超过稳态值 1，因而也是无超调的单调上升过程，但调节时间长于 $\zeta=1$ 时的情况。

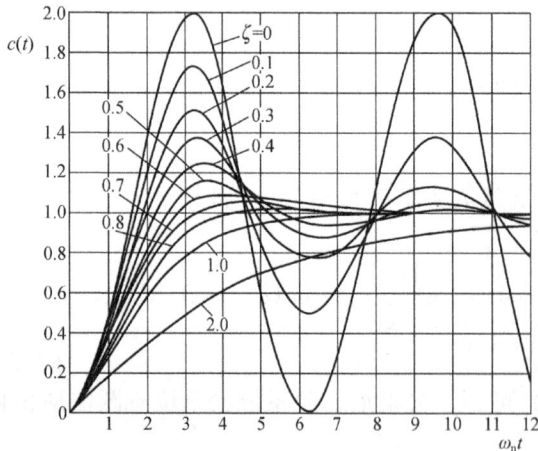

图 3-8　不同阻尼比时二阶系统的阶跃响应曲线

4. 无阻尼（$\zeta=0$）

无阻尼时，系统的特征根为两个共轭纯虚根，$s_{1,2}=\pm\omega_n\sqrt{-1}=\pm j\omega_n$，即两极点位于虚轴上，如图 3-6 所示。

单位阶跃响应

$$C(s)=\frac{\omega_n^2}{s^2+\omega_n^2}\frac{1}{s}=\frac{1}{s}-\frac{s}{s^2+\omega_n^2}$$

取拉氏反变换得

$$c(t)=L^{-1}[C(s)]=1-\cos\omega_n t \quad (t\geq 0) \quad (3\text{-}24)$$

式（3-24）表明，系统响应为振幅等于 1 的等幅振荡过程，其振荡频率为 ω_n。

由以上分析可见，不同阻尼情况时，系统具有不同的响应曲线。如图 3-8 所示为不同阻尼比时系统的单位阶跃响应曲线。统观全部曲线可以得出以下结论：

（1）过阻尼（$\zeta > 1$）时，其时间响应的调节时间 t_s 最长，进入稳态很慢，但无超调量。

（2）临界阻尼（$\zeta = 1$）时，其时间响应也没有超调量，且响应速度比过阻尼要快。

（3）欠阻尼（$0 < \zeta < 1$）时，上升时间比较快，调节时间也比较短，但有超调量，但如果选择合理的 ζ，有可能使超调量比较小，调节时间也比较短。

（4）无阻尼（$\zeta = 0$）时，其响应是等幅振荡，没有稳态。

综上所述，只有二阶欠阻尼系统的阶跃响应，有可能兼顾快速性与稳定性，表现出较好的性能。因此，下面主要讨论欠阻尼情况下的性能指标计算。

（三）二阶欠阻尼系统的动态性能指标计算

1. 上升时间 t_r

根据定义，当 $t = t_r$ 时，$c(t_r) = 1$，由式（3-21），得

$$c(t_r) = 1 - \frac{1}{\sqrt{1-\zeta^2}} e^{-\zeta\omega_n t_r} \sin(\omega_d t_r + \beta) = 1$$

则

$$\frac{1}{\sqrt{1-\zeta^2}} e^{-\zeta\omega_n t_r} \sin(\omega_d t_r + \beta) = 0$$

由于 $\frac{1}{\sqrt{1-\zeta^2}} \neq 0$，$e^{-\zeta\omega_n t_r} \neq 0$，必有 $\sin(\omega_d t_r + \beta) = 0$，得

$$\omega_d t_r + \beta = k\pi$$

由于 t_r 为满足上式的最小值，所以 $k = 1$。

于是上升时间为

$$t_r = \frac{\pi - \beta}{\omega_d} = \frac{\pi - \beta}{\omega_n \sqrt{1-\zeta^2}} \tag{3-25}$$

显然，增大 ω_n 或减小 ζ，均能减小 t_r，从而加快系统的初始响应速度。

2. 峰值时间 t_p

将式（3-21）对时间 t 求导，并令其为零，可求得峰值时间 t_p，即

$$\frac{dc(t)}{dt}\Big|_{t=t_p} = \omega_d \cos(\omega_d t_p + \beta) - \zeta\omega_n \sin(\omega_d t_p + \beta) = 0$$

从而得

$$\tan(\omega_d t_p + \beta) = \tan\beta, \quad \omega_d t_p = k\pi$$

根据峰值时间的定义，它对应 $c(t)$ 第一次出现峰值的时间，所以应取 $k = 1$，则

$$t_p = \frac{\pi}{\omega_d} = \frac{\pi}{\omega_n \sqrt{1-\zeta^2}} \tag{3-26}$$

当 ζ 一定时，极点距实轴越远，t_p 越小。

3. 超调量 $\sigma\%$

当 $t = t_p$ 时，$c(t)$ 达最大。对于单位阶跃输入，系统的稳态值 $c(\infty) = 1$，将式（3-26）代入式（3-21），得最大输出为

$$c(t_p) = 1 - \frac{1}{\sqrt{1-\zeta^2}} e^{-\zeta\omega_n t_p} \sin(\omega_d t_p + \beta) = 1 - \frac{e^{-\frac{\zeta\pi}{\sqrt{1-\zeta^2}}}}{\sqrt{1-\zeta^2}} \sin(\pi + \beta)$$

又由于

$$\sin(\pi + \beta) = -\sin\beta = -\sqrt{1-\zeta^2}$$

则
$$c(t_p) = 1 + e^{-\frac{\zeta\pi}{\sqrt{1-\zeta^2}}}$$

所以超调量为

$$\sigma\% = \frac{c(t_p) - c(\infty)}{c(\infty)} \times 100\% = e^{-\frac{\zeta\pi}{\sqrt{1-\zeta^2}}} \times 100\% \tag{3-27}$$

可见，超调量 $\sigma\%$ 只与 ζ 有关，与 ω_n 无关。ζ 愈大，超调量 $\sigma\%$ 愈小。

4. 调节时间 t_s

根据调节时间的定义，有

$$|c(t_s) - c(\infty)| \leqslant \Delta \cdot c(\infty) \quad (\Delta \text{ 为允许误差带}; \Delta = 0.02 \text{ 或 } 0.05) \tag{3-28}$$

若直接用式（3-21）代入式（3-28），由于 t_s 既出现在指数上，又出现在正弦函数内，给求解带来了困难。考虑到单位阶跃响应曲线都在包络线 $1 \pm \frac{1}{\sqrt{1-\zeta^2}} e^{-\zeta\omega_n t}$ 内，故若包络线进入误差带，则 $c(t)$ 必进入误差带。因此可以用如图 3-9 所示响应曲线的包络线代替 $c(t)$ 来求取 t_s，显然这样求得的 t_s 是保守的。

由于 $c(\infty) = 1$，带入式（3-28）有

$$\frac{1}{\sqrt{1-\zeta^2}} e^{-\zeta\omega_n t} \leqslant \Delta$$

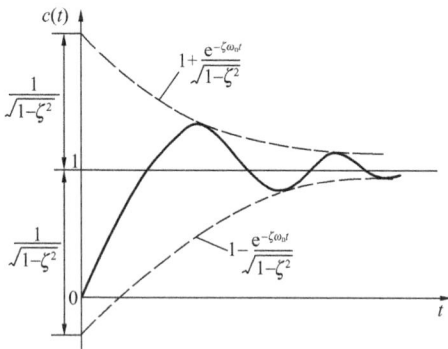

图 3-9 响应曲线的包络线

求得

$$t_s = \frac{1}{\zeta\omega_n}\left[3 - \frac{1}{2}\ln(1-\zeta^2)\right] \approx \frac{3}{\zeta\omega_n} \quad (\Delta = 0.05) \tag{3-29}$$

$$t_s = \frac{1}{\zeta\omega_n}\left[4 - \frac{1}{2}\ln(1-\zeta^2)\right] \approx \frac{4}{\zeta\omega_n} \quad (\Delta = 0.02) \tag{3-30}$$

由上面得到的各动态性能指标的计算式可看出以下动态性能指标与系统参数之间的关系：

（1）超调量 $\sigma\%$ 的大小完全由阻尼比 ζ 决定。ζ 越小，超调量 $\sigma\%$ 越大，响应振荡性加强。当 $\zeta = 0.707$ 时，$\sigma\% < 5\%$，系统响应的稳定性令人满意，分析表明，此时系统的调节时间也较短，故常称该阻尼比为最佳阻尼比。阻尼比 ζ 的取值一般在 $0.4 \sim 0.8$ 之间，这时阶跃响应的超调量将在 $25\% \sim 1.5\%$ 之间。

（2）3 个时间指标 t_r，t_p，t_s 与两个系统参数 ζ 和 ω_n 均有关系。当 ζ 一定时，增大 ω_n，3 个时间指标均能减小，且 $\sigma\%$ 保持不变。

（3）当 ω_n 一定时，要减小 t_r 和 t_p，则要减小 ζ；若要减小 t_s，则要增大 ζ 的值，但 ζ 取值有一定范围，不能过大，也不能过小。

由以上分析可看出，各动态指标之间是有矛盾的，因此，要全面提高动态性能指标是很困难的。一般确定参数的方法是，根据对 $\sigma\%$ 的要求来确定 ζ，而对时间的要求，则可通过对 ω_n 的适当选取来满足。

【例 3-2】 某控制系统结构图如图 3-10 所示，其中，$K = 8$，$T = 0.25$。

（1）求系统的单位阶跃响应。

（2）计算系统的性能指标 t_r, t_p, t_s（5%），$\sigma\%$。

（3）若要求将系统设计成二阶最佳比（$\zeta = 0.707$），应如何改变 K 值？

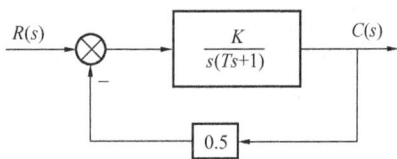

图 3-10　［例 3-2］系统结构图

解　由结构图可知，系统的闭环传递函数为

$$\Phi(s) = \frac{K}{Ts^2 + s + 0.5K} = \frac{\dfrac{K}{T}}{s^2 + \dfrac{1}{T}s + \dfrac{K}{2T}}$$

所以

$$\omega_n^2 = \frac{K}{2T}, \quad \zeta = \frac{1}{\sqrt{2KT}}$$

当 $K=8$，$T=0.25$ 时，$\zeta=0.5$，$\omega_n=4$。

（1）该系统相当于由典型二阶系统串联了比例环节（$K=2$），所以

$$c(t) = 2\left[1 - \frac{1}{\sqrt{1-\zeta^2}}e^{-\zeta\omega_n t}\sin(\omega_d t + \beta)\right] = 2\left[1 - 1.15e^{-2t}\sin\left(3.46t + \frac{\pi}{3}\right)\right]$$

（2）系统的性能指标为

$$t_r = \frac{\pi - \beta}{\omega_n\sqrt{1-\zeta^2}} \approx 0.61(\mathrm{s}), t_p = \frac{\pi}{\omega_n\sqrt{1-\zeta^2}} \approx 0.91(\mathrm{s})$$

$$t_s = \frac{3}{\zeta\omega_n} = 1.5(\mathrm{s})(\Delta = 0.05), \sigma\% = e^{-\frac{\zeta\pi}{\sqrt{1-\zeta^2}}} \times 100\% = 16.3\%$$

（3）若要求

$$\zeta = 0.707 = \frac{1}{\sqrt{2KT}} = \frac{1}{\sqrt{2 \times 0.25 \times K}} = 0.707$$

求得 $K=4$。

从以上计算看到 K 和 T 对系统动态响应的影响：T 一定时，K 增大，ζ 将减小，超调量增大；K 减小时，ζ 增大，K 过小时，ζ 甚至会超过 1 成为过阻尼情况。如果 K 一定时，T 增大，不仅使 ζ 减小时，$\sigma\%$ 增大，同时还将引起 ω_n 减小，调节时间将增大。可见 T 的增大对动态性能的影响是不利的。

第二节　线性系统的根轨迹分析法

由前面的分析可知，控制系统的基本性能是由闭环传递函数的极点决定的，即由系统闭环特征方程的根来确定。而闭环极点的求取是比较困难的，尤其是当特征方程的阶次高于三阶时，用一般的方法求解是不可能的。而且，在分析系统某一参数变化对系统性能的影响时，时域分析方法的计算工作量大，使得分析系统的工作变得复杂同时还不能直观地看出参数变化的影响趋势。

为了避免直接求解高阶特征方程的根，迫使人们寻求一种找取特征根的简便方法。1948年伊文思（W. R. Evans）根据反馈系统开环传递函数和闭环传递函数之间的关系，首先提出了直接由开环传递函数求取闭环特征根的图解法——根轨迹法。

根轨迹法是在已知控制系统开环传递函数的极点、零点分布的基础上，研究系统某一个或某些参数的变化对控制系统闭环传递函数极点分布的影响的一种图解方法。应用根轨迹

法，只需通过简单的计算，即可看出系统某个或某些参数变化时，对系统闭环极点的影响趋势。这种定性的分析在研究控制系统性能和在提出改善系统性能的合理途径等方面都具有重要意义。根轨迹法是自动控制系统分析的一种图解方法，它形象直观、使用简便，特别适用于高阶系统的研究，因此在控制工程的分析和设计中得到广泛的应用。

一、根轨迹的基本概念

所谓根轨迹是指开环系统的某一个参数变化时，闭环系统特征方程的根在 s 平面上的变化轨迹。

为了说明根轨迹的概念，下面研究如图 3-11 所示的闭环控制系统。设 $G(s) = \dfrac{K}{s(0.5s+1)}$，$H(s)=1$，则系统的开环传递函数为

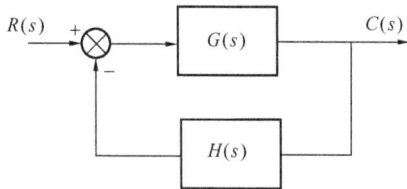

$$G(s)H(s) = \frac{K}{s(0.5s+1)} = \frac{2K}{s(s+2)}$$

系统有两个开环极点

$$s_1 = 0, \; s_2 = -2$$

系统的闭环传递函数为

$$\Phi(s) = \frac{C(s)}{R(s)} = \frac{2K}{s^2 + 2s + 2K}$$

则闭环系统的特征方程式为

$$D(s) = s^2 + 2s + 2K$$

解特征方程得特征根即闭环极点

$$s_{1,2} = -1 \pm \sqrt{1-2K}$$

图 3-11 控制系统结构图

上式表明，特征根 s_1 和 s_2 随着 K 值的改变而变化。如表 3-1 所示为取不同 K 值算得的 s_1 和 s_2。

表 3-1 闭环系统特征根与开环增益的关系

K	s_1	s_2
0	0	-2
0.5	-1	-1
1	$-1+\mathrm{j}$	$-1-\mathrm{j}$
2	$-1+\mathrm{j}\sqrt{3}$	$-1-\mathrm{j}\sqrt{3}$
∞	$-1+\mathrm{j}\infty$	$-1-\mathrm{j}\infty$

如果令开环增益 K 从零变化到无穷，则可以用解析的方法求出闭环极点的全部数值，将这些数值标注在 s 平面上，并连成光滑的粗实线，如图 3-12 所示。图中，粗实线就称为系统的根轨迹，箭头表示随着 K 值的增加，根轨迹的变化趋势（移动方

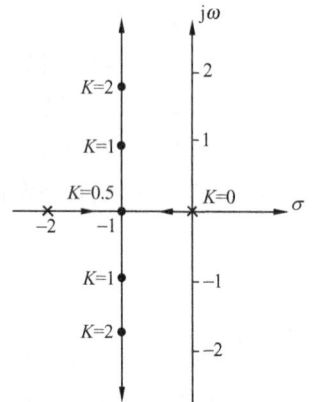

图 3-12 二阶系统的根轨迹

向），称为根轨迹的走向，而标注的数值则代表与闭环极点位置相应的开环增益 K 的数值。

由如图 3-12 所示的根轨迹可看出以下特点：

（1）当 $K=0$ 时，特征根 s_1 和 s_2 与系统的开环极点重合。因此开环极点就是参数 K 由 0 →∞ 变化时根轨迹的起点。

（2）当 $0<K<0.5$ 时，特征根 s_1 和 s_2 均在负实轴上，是两个不等的实根，相当于系统

呈过阻尼状态，阶跃响应为非周期过程。

（3）当 $K=0.5$ 时，$s_1=s_2$，两根重合于（-1，j0）点，系统处于临界阻尼状态。

（4）当 $0.5<K<\infty$ 时，特征根 s_1 和 s_2 为共轭复数，即根轨迹由（-1，j0）点离开负实轴进入复平面。此后，随 K 的增加 s_1 沿 $s=-1$ 的直线向上移动；s_2 沿 $s=-1$ 的直线向下移动。当 K 增至 ∞ 时，特征根 $s_1=-1+j\infty$，$s_2=-1-j\infty$，即两根在 $s=-1$ 直线上的 $\pm\infty$ 远处，它们是根轨迹的两个终点。根在复平面上，使系统处于欠阻尼状态，阶跃响应变为衰减振荡的过程。

从根轨迹图上可以看出，该系统的根轨迹，实际上是由两条轨迹组成。它们分别是 s_1 和 s_2 移动的轨迹，这两条轨迹线称为系统根轨迹的两条分支。二阶系统因有两个特征根，它的根轨迹有两条分支。因此，一个 n 阶系统的根轨迹则应有 n 条分支。

以上分析说明，根轨迹不仅直观地表示了参数 K 变化时闭环特征根的变化，也反映了参数 K 对系统性能的影响。然而，对于高阶系统，用解析的方法绘制系统的根轨迹图，显然是不适用的。我们希望能有简便的图解方法，可以根据已知的开环传递函数迅速地绘出闭环系统的根轨迹。下面讨论用图解法绘制根轨迹的基本条件。

二、根轨迹方程

根轨迹是系统所有闭环极点的集合。如图 3-11 所示闭环系统的特征方程式为

$$1+G(s)H(s)=0 \tag{3-31}$$

满足式（3-31）的所有 s 值都是特征方程的根，即闭环极点，那么，根轨迹上的所有点应满足式（3-31），故式（3-31）称为根轨迹方程。

为了找出 s 平面上满足式（3-31）的那些点应当具备的基本条件，将式（3-31）改写为

$$G(s)H(s)=-1 \tag{3-32}$$

式中　$G(s)H(s)$——系统的开环传递函数。

当系统有 m 个开环零点和 n 个开环极点时

$$G(s)H(s)=\frac{K_g\prod_{j=1}^{m}(s-z_j)}{\prod_{i=1}^{n}(s-p_i)},\quad(n>m) \tag{3-33}$$

将式（3-33）代入式（3-32）得

$$\frac{K_g\prod_{j=1}^{m}(s-z_j)}{\prod_{i=1}^{n}(s-p_i)}=-1 \tag{3-34}$$

式中　z_j——已知的开环零点；

　　　p_i——已知的开环极点；

　　　K_g——根轨迹增益，其值可以从零变到无穷。

式（3-34）为一复数方程，根据复数方程等式两端的相角和幅值相等的条件，可将式（3-34）改写成两个方程式，这样就得到了绘制根轨迹的两个基本条件，即

（1）相角条件（充分必要条件）。

$$\sum_{j=1}^{m}\angle(s-z_j)-\sum_{i=1}^{n}\angle(s-p_i)=(2k+1)\pi \quad (k=0,\pm1,\pm2,\cdots) \tag{3-35}$$

（2）幅值条件。

$$\left| \frac{K_g \prod\limits_{j=1}^{m} (s-z_j)}{\prod\limits_{i=1}^{n} (s-p_i)} \right| = 1 \tag{3-36}$$

根据式（3-35）和式（3-36）两个基本条件就可绘制根轨迹。但是在实际绘制根轨迹时，所依据的仅仅是相角条件式（3-35），而幅值条件式（3-36）只用来确定根轨迹上各点对应的 K_g 值

$$K_g = \frac{\prod\limits_{i=1}^{n} |s-p_i|}{\prod\limits_{j=1}^{m} |s-z_j|} \tag{3-37}$$

从上面的分析可以看出，绘制根轨迹的两个基本条件都是由开环传递函数得到的。因此开环传递函数是绘制根轨迹的依据，而开环传递函数往往是由一些低阶因子组成的，其开环零、极点容易求得，因而为绘制闭环系统的根轨迹创造了有利条件。

三、根轨迹的绘制方法

采用试探法在 s 平面上用相角条件逐点绘制根轨迹是很困难的。实际上通过分析可以找出绘制根轨迹的一些基本规则，利用这些规则，只需通过简单的计算，即可画出根轨迹的大致图形，从而可看出系统参数的变化对闭环极点的影响趋势。在此基础上，对一些重要部分再做些必要的计算和修正，就可绘出根轨迹的精确图形。因此熟练掌握绘制根轨迹的基本规则，将使绘制工作既快又准。

控制系统的开环传递函数一般具有如下形式：

$$G(s)H(s) = \frac{K(\tau_1 s+1)(\tau_2 s+1)\cdots(\tau_m s+1)}{(T_1 s+1)(T_2 s+1)\cdots(T_n s+1)} \tag{3-38}$$

或

$$G(s)H(s) = \frac{K_g(s-z_1)(s-z_2)\cdots(s-z_m)}{(s-p_1)(s-p_2)\cdots(s-p_n)} \tag{3-39}$$

式（3-38）和式（3-39）两式中：K 是系统的开环增益；而 K_g 是根轨迹增益。当系统的开环传递函数是以式（3-38）的形式给出时，先要将它化成式（3-39）的形式后，再绘制根轨迹图。二者的关系为

$$K_g = \frac{K \prod\limits_{j=1}^{m} \tau_j}{\prod\limits_{i=1}^{n} T_i} = \frac{K \prod\limits_{j=1}^{m} p_i}{\prod\limits_{i=1}^{n} z_j} \tag{3-40}$$

下面是以 K_g 为参变量时绘制根轨迹的基本规则。但是当可变参数为系统的其他参数时，这些基本法则仍然适用。用这些基本法则绘出的根轨迹，其相角遵循 $180°+2k\pi$ 条件，因此称为 $180°$ 根轨迹，相应的绘制法则叫做 $180°$ 根轨迹的绘制法则。

1. 根轨迹的起点和终点

根轨迹起始于开环极点，起点处 $K_g=0$；终止于开环零点，终点处 $K_g \to \infty$。

一般情况下，开环传递函数的分子多项式的阶次 m 总是小于分母多项式的阶次 n 的。

因此有 $n-m$ 条根轨迹的终点将在无穷远处。

如果把有限数字的零点称为有限零点,而把无穷远处的零点称为无限零点,则可以说,根轨迹起始于开环极点,而终止于开环零点,其中有 m 个有限终点,$(n-m)$ 个无限终点。

2. 根轨迹的分支数

根轨迹的分支数等于开环极点数。

根据根轨迹的定义,根轨迹是控制系统的闭环极点随参变量 K_g 的变化在 s 平面上移动的轨迹。若特征方程的阶次为 n 阶,即特征方程有 n 个根或系统有 n 个闭环极点,则必然有反映 n 个闭环极点随参数 K_g 变化的 n 条轨迹。而特征方程的阶次与开环极点的个数相同,因此,根轨迹的分支数等于系统的开环极点数。

3. 根轨迹的对称性

由于实际系统的特征方程的系数都是实数,其特征根只有实数和复数两种,而复数根又必然以共轭的形式出现,因此根轨迹必然对称于实轴。

4. 实轴上的根轨迹

根轨迹在实轴上的分布可以是线段或射线,且该线段或射线右边开环零、极点的总数为奇数。

5. 根轨迹的渐近线

若系统中 $n>m$,则有 $n-m$ 条根轨迹分支在 $K_g \to \infty$ 时沿一些直线的方向趋向无限零点,这些直线称为根轨迹的渐近线。根据这些渐近线,可以确定根轨迹分支在趋向无穷远处时的走向。

(1)渐近线条数:因为有 n 条根轨迹,除 m 条趋向于开环零点,故有 $n-m$ 条根轨迹趋向于无穷远处的零点。渐近线的条数为 $n-m$ 条。

(2)渐近线与正实轴的夹角为

$$\varphi_a = \pm \frac{2k+1}{n-m}\pi \quad (k=1,2,\cdots,n-m-1) \tag{3-41}$$

(3)渐近线与实轴交点的坐标为

$$\delta_a = \frac{\sum_{i=1}^{n}(p_i) - \sum_{j=1}^{m}(z_j)}{n-m} \tag{3-42}$$

由于开环零点和极点为复数时,总是以共轭复数出现,当式(3-42)分子各项相加时,共轭复数的虚部互相抵消。所以 δ_a 总为实数,即各条渐近线的交点必在实轴上。

【例 3-3】 已知控制系统的开环传递函数为 $G(s)H(s) = \dfrac{K(s+1)}{s(s+2)(s^2+2s+2)}$,试确定根轨迹的分支数、起点、终点,若终点在无穷远处,试确定渐近线的倾斜角以及与实轴的交点。

解 由于 $n=4$,所以有 4 条根轨迹。起点分别是 $p_1=0$,$p_2=-2$,$p_{3,4}=-1\pm\mathrm{j}$。$m=1$,故有一条根轨迹终止于 $z_1=-1$,其余 3 条终止于无穷远处,3 条渐近线与实轴的交点坐标为

$$\delta_a = \frac{0-2-1-\mathrm{j}-1+\mathrm{j}-(-1)}{4-1} = -1$$

渐近线与实轴的夹角

$$\varphi_a = \pm\frac{2k+1}{4-1}\pi = \begin{cases} \pi/3 \\ \pi \\ -\pi/3 \end{cases}$$

3 条渐近线如图 3-13 所示。

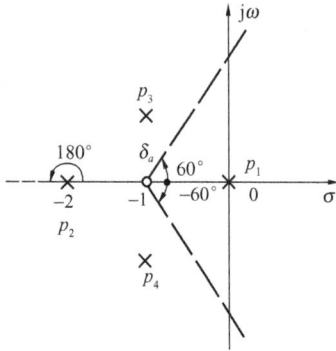

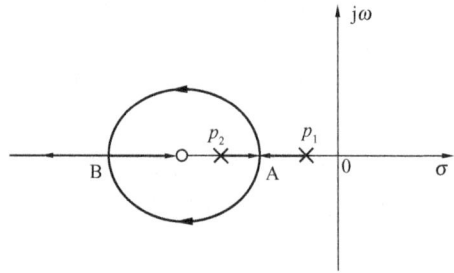

图 3-13　渐近线　　　　　　　　　图 3-14　根轨迹的分离点与会合点

6. 根轨迹的分离点与会合点

两条或两条以上的根轨迹在复平面上某一点相遇后又分开，称该点为分离点或会合点。如图 3-14 所示根轨迹图，根轨迹与实轴有两个交点 A 和 B，分别称为根轨迹在实轴上的分离点和会合点。

求分离点和会合点的坐标，可以用求特征方程重根的方法来求解。因为当根轨迹分支相交时，就是特征方程出现了重根。

设系统开环传递函数可写成以下形式：

$$G(s)H(s) = \frac{K_g M(s)}{N(s)} \tag{3-43}$$

当 $\dfrac{\mathrm{d}K_g}{\mathrm{d}s} = 0$ 时，特征方程出现重根。所以特征方程出现重根的条件为

$$N(s)M'(s) - N'(s)M(s) = 0 \tag{3-44}$$

解方程式（3-44），可以得到分离点（或会合点）的坐标及相应的 K_g 值。

需要注意的是，特征方程出现重根只是形成分离点或会合点的必要条件，但不是充分条件。只有当特征方程的重根在根轨迹上时，该点才是分离点或会合点。所以求出特征方程的重根及相应的 K_g 值后，如果 K_g 值在 $0 \sim +\infty$ 范围内时，才可以认为该点是分离点或会合点。

判断分离点与会合点的原则如下：

（1）如果实轴上两开环极点之间是根轨迹，则一定存在分离点。

（2）如果实轴上两开环零点之间是根轨迹，则一定存在会合点。

（3）如果实轴上一开环极点和一开环零点之间是根轨迹，要么没有分离点及会合点，要么分离点和会合点成对出现。

在分离点和会合点处，根轨迹的切线和实轴正方向的夹角称为分离角，分离角 φ_d 与相

分离的根轨迹分支数 l 有关，即 $\varphi_d = \dfrac{(2k+1)180°}{l}$ （证明从略）。

【例 3-4】　单位负反馈系统的开环传递函数为 $G(s)H(s) = \dfrac{K(s+3)}{(s+1)(s+2)}$ ，试确定实轴上的分离点和会合点的位置。

解　实轴上的根轨迹位于 $[-2, -1]$ 和 $(-\infty, -3]$ 区间。由 $G(s)H(s)$ 可得
$$M(s) = s+3$$
$$N(s) = s^2 + 3s + 2$$
根据式（3-44），解得

$$s_{1,2} = -3 \pm \sqrt{2}$$

显然，在区间 $[-2, -1]$，根轨迹有分离点 $\delta_{d_1} = -3 + \sqrt{2}$；在区间 $(-\infty, -3]$，根轨迹有会合点 $\delta_{d_2} = -3 - \sqrt{2}$；

将 δ_{d_1} 和 δ_{d_2} 代入幅值条件计算式，可得到相应的根轨迹增益 $K_{d_1} = 0.172$ 和 $K_{d_2} = 5.828$，均大于零。

7. 根轨迹的出射角和入射角

当开环系统的极点位于复平面时，根轨迹离开开环复数极点的切线方向与实轴正方向的夹角称为出射角，如图 3-15 所示的 θ_{p_1} ，出射角表示根轨迹从复数极点出发时的走向。同理，根轨迹在开环复数零点处的切线方向与实轴正方向的夹角称为入射角，如图 3-16 所示的 θ_{z_1} ，入射角表示根轨迹是如何进入复数零点的。

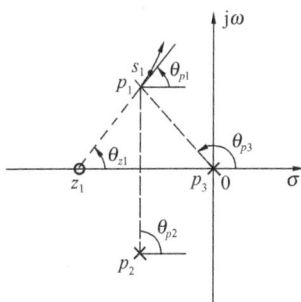

图 3-15　根轨迹的出射角

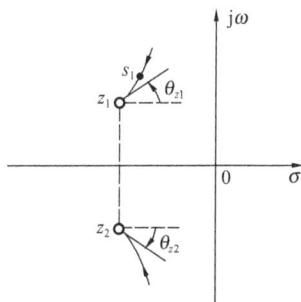

图 3-16　根轨迹的入射角

根轨迹出射角的计算公式为（在复数极点 p_k 处）

$$\theta_{p_k} = 180° + \sum_{j=1}^{m} \angle(p_k - z_j) - \sum_{i=1, i \neq k}^{n} \angle(p_k - p_i) \tag{3-45}$$

根轨迹入射角的计算公式为（在复数零点 z_k 处）

$$\theta_{z_k} = 180° - \sum_{j=1, j \neq k}^{m} \angle(z_k - z_j) + \sum_{i=1}^{n} \angle(z_k - p_i) \tag{3-46}$$

【例 3-5】　某系统的开环传递函数为 $G(s)H(s) = \dfrac{K(s+2)}{s(s^2+2s+2)}$ ，其零极点的分布如图 3-17 所示。试求根轨迹的出射角和入射角。

解　由题意可知，该系统的根轨迹有 3 支。有 3 个出射角和一个入射角。

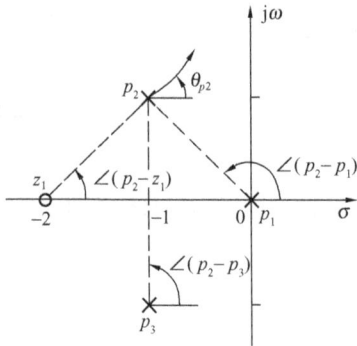

图 3-17　［例 3-5］极点 p_2 的出射角确定

开环极点 p_2 处的出射角为

$$\theta_{p_2} = 180° + \angle(p_2 - z_1) - \angle(p_2 - p_1) - \angle(p_2 - p_3)$$
$$= 180° + 45° - 135° - 90° = 0°$$

同理可得 $\theta_{p_3} = 0°$，$\theta_{p_1} = 180°$，$\theta_{z_1} = 0°$。

8. 根轨迹与虚轴的交点

当 K_g 增加到一定数值时，根轨迹可能由 s 平面的左半平面进入右半平面时，系统便由稳定状态变成不稳定状态。根轨迹与虚轴相交时，系统处于临界稳定状态，此时系统闭环特征方程的根就以纯虚根 $\pm j\omega$ 出现。因此，令 $s = j\omega$ 代入闭环特征方程，得 $1 + G(j\omega)H(j\omega) = 0$，将该方程分解成实部与虚部的形式，即

$$\text{Re}[1 + G(j\omega)H(j\omega)] + \text{Im}[1 + G(j\omega)H(j\omega)] = 0$$

令

$$\left.\begin{array}{l} \text{Re}[1 + G(j\omega)H(j\omega)] = 0 \\ \text{Im}[1 + G(j\omega)H(j\omega)] = 0 \end{array}\right\} \tag{3-47}$$

即可求出根轨迹与虚轴的交点 ω 和开环系统临界根轨迹增益 K 之值。

【例 3-6】 系统的开环传递函数为 $G(s)H(s) = \dfrac{K}{s(s+1)(s+2)}$，试确定根轨迹与虚轴的交点。

解 系统特征方程式为

$$s^3 + 3s^2 + 2s + K = 0$$

令 $s = j\omega$，代入式（3-47），得

$$(j\omega)^3 + 3(j\omega)^2 + 2(j\omega) + K = 0$$

整理得

$$(K - 3\omega^2) + j(2\omega - \omega^3) = 0$$

则

$$\begin{cases} K - 3\omega^2 = 0 \\ 2\omega - \omega^3 = 0 \end{cases}$$

解得

$$\omega_1 = 0,\ K_1 = 0;$$
$$\omega_{2,3} = \pm\sqrt{2},\ K_2 = 6$$

由上式可知，系统根轨迹与虚轴有 3 个交点，其中一个交点为一条根轨迹的起点，而当 $K_g = 6$ 时，系统处于临界状态。

9. 根之和

当 $n - m \geqslant 2$ 时，系统闭环特征方程各个根之和与开环根轨迹增益 K_g 无关，即无论 K_g 取何值，n 个开环极点之和等于 n 个闭环极点之和，即

$$\sum_{i=1}^{n} s_i = \sum_{i=1}^{n} p_i \tag{3-48}$$

在开环极点确定的情况下，这是一个不变的常数。所以当根轨迹增益 K_g 增大时，若闭环某些根在 s 平面上向左移动，则另一部分根必向右移动。此规则对判断根轨迹的走向是很有用的。

以上介绍了绘制根轨迹的基本规则，根据这些规则，可以画出系统的根轨迹。下面举例

说明如何应用这些规则绘制控制系统的根轨迹。

【**例 3-7**】 设负反馈控制系统的开环传递函数为 $G(s)H(s) = \dfrac{K}{s(s+1)(0.5s+1)}$。试绘制 K 从 $0 \to \infty$ 时系统的根轨迹。

解 开环传递函数可改写成 $G(s)H(s) = \dfrac{2K}{s(s+1)(s+2)} = \dfrac{K_g}{s(s+1)(s+2)}$，由该式可得 $K_g = 2K$ 为根轨迹增益，K 从 $0 \to \infty$ 时，K_g 也从 $0 \to \infty$。

(1) 系统有 3 个开环极点，$n=3$，且 $p_1=0$、$p_2=-1$、$p_3=-2$；系统没有开环零点，$m=0$，将上述开环零、极点表示在如图 3-18 所示根轨迹图中。

(2) 因为 $n=3$，所以有 3 条根轨迹。分别起始于开环极点 p_1，p_2 和 p_3，均终止于无穷远处。

(3) 渐近线：渐近线条数 $n-m=3$，有 3 条渐近线；渐近线夹角为

$$\varphi_a = \pm \frac{2k+1}{3-0}\pi = \begin{cases} \pi/3 \\ \pi \\ -\pi/3 \end{cases}$$

渐近线交点 $\delta_a = \dfrac{0+(-1)+(-2)-0}{3-0} = -1$。将 3 条渐近线用虚线表示，如图 3-18 所示。

(4) 实轴上的根轨迹，在区间 $[0, -1]$ 及 $[-1, -\infty]$ 处有根轨迹。

(5) 分离点 d，由式 (3-34) 得 $K_g = -s(s+1)(s+2) = -(s^3+3s^2+2s)$，令 $\dfrac{\mathrm{d}K_g}{\mathrm{d}s} = 0$，得 $3s^2+6s+2=0$，解得 $s_{1,2} = -1 \pm \dfrac{1}{3}\sqrt{3}$，即 $d_1 = -0.42$ 和 $d_2 = -1.58$（舍去）。

(6) 分离角 φ_d，$\varphi_d = \dfrac{(2k+1)\ 180°}{l} = \pm 90°$。

(7) 与虚轴交点，闭环特征方程为 $s(s+1)(s+2)+K_g = 0$，令 $s=\mathrm{j}\omega$ 代入该式，解得：$\omega_1=0$，$\omega_{2,3} = \pm\sqrt{2}$，$K_g=6$。

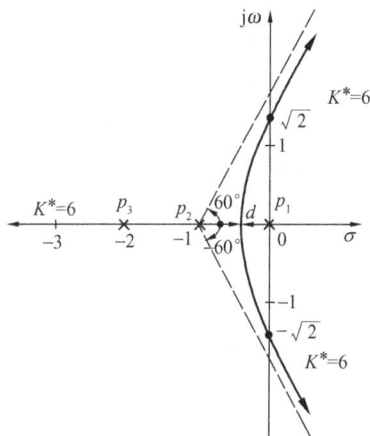

图 3-18 ［例 3-7］系统的根轨迹

根据上述计算结果，绘制根轨迹如图 3-18 所示。

第三节 线性系统的频域分析法

通过前面的分析，我们知道，用时域响应来描述系统的动态性能最为直观与准确。但是，用解析方法求解系统的时域响应往往比较烦琐，对于高阶系统就更加困难，而且对于有些系统或元部件很难列写出其微分方程；对于高阶系统，系统结构和参数同系统动态性能之间没有明确的关系，不易看出系统结构和参数对系统动态性能的影响，当系统的动态性能不能满足生产工艺要求时，很难指出改善系统性能的途径。

频域法是以控制系统的频率特性（Frequency Characteristic）作为数学模型，不必求解

系统的微分方程或动态方程，而是作出系统频率特性的图形，然后通过频域与时域之间的关系来分析系统的性能，因而比较方便。频率特性不仅可以反映系统的性能，而且还可以反映系统的参数和结构与系统性能的关系。通过研究频率特性，可以了解如何改变系统的参数和结构来改善系统的性能。另外频率特性有明确的物理意义，可以用实验方法较为准确地测取，特别是对那些难以用解析法建立数学模型的系统或元部件更具有实际意义。

频域分析法由于使用方便，对问题的分析明确，便于掌握，因此成为工程上广泛应用的基本方法。

一、频率特性的概念

线性系统在正弦输入信号的作用下，系统输出的稳态分量为与输入同频率的正弦信号。将稳态输出正弦信号与输入信号的振幅之比称为系统的幅频特性（Magnitude-Frequency Characteristics），它描述了系统在稳态下响应不同频率的正弦输入时幅值的衰减或放大特性；称稳态输出信号与输入信号的相位差为系统的相频特性（Phase-Frequency Characteristics），它描述了系统在稳态下响应不同频率的正弦输入时在相位上产生的超前或滞后；采用复数符号模和辐角表示振幅比和相位差，称为系统的频率特性。

如图 3-19 所示为频率响应示意图，根据定义有如下表达式：

幅频特性
$$A(\omega) = \frac{A_c}{A_r} \tag{3-49}$$

相频特性
$$\varphi(\omega) = \varphi_c - \varphi_r \tag{3-50}$$

频率特性
$$G(j\omega) = A(\omega)e^{j\varphi(\omega)} \tag{3-51}$$

$G(j\omega)$ 既包含了输出、输入的幅值比，又包含了它们的相位差，故称为幅相频率特性，简称幅相特性。

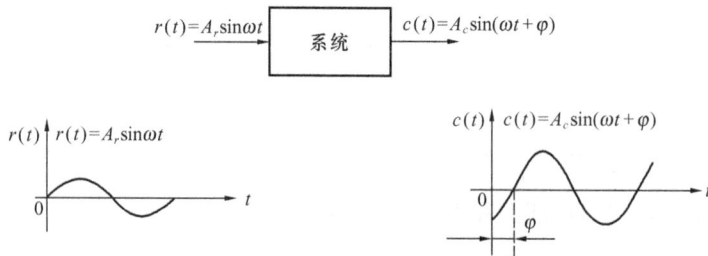

图 3-19　正弦信号下的频率响应示意图

可以证明，频率特性与传递函数之间存在如下关系：以 $j\omega$ 代替系统或环节传递函数 $G(s)$ 中的 s，所得到 ω 的复函数便是相应的频率特性 $G(j\omega)$，所以 $G(j\omega)$ 也是复数。任何复数都可用模和辐角表示，频率特性中幅频特性就是 $G(j\omega)$ 的模，相频特性就是 $G(j\omega)$ 的相角，即

$$G(j\omega) = G(s)\Big|_{s=j\omega} = |G(j\omega)|e^{j\angle G(j\omega)} = A(\omega)e^{j\varphi(\omega)} \tag{3-52}$$

其中
$$A(\omega) = |G(j\omega)| \tag{3-53}$$

$$\varphi(\omega) = \angle G(j\omega) \tag{3-54}$$

所以，如已知系统（或环节）的传递函数，只要令 $s=j\omega$，便得到相应的幅频特性、相频特性和频率特性的表达式，并可依此作出频率特性曲线。

对频率特性的几点说明：

（1）以上结论是在线性系统（或环节）稳定的条件下得到的，但从理论上讲，动态过程的稳态分量总是可以分离出来的，而且其规律并不依赖于系统的稳定性，因此可将频率特性的概念推广到不稳定系统（或环节），不过不稳定系统的动态分量始终同时共存，所以不稳定系统（或环节）的频率特性无法通过实验测取，无实际的物理意义。

（2）由频率特性表达式 G（jω）可知，虽然它是在系统（或环节）进入稳态后求得的，却与系统或环节动态特性的形式一致，包含了描述系统或环节的全部动态结构和参数。因此，尽管频率特性得自稳态响应，但动态过程的规律必然寓于其中，和微分方程、传递函数一样，频率特性也是描述系统（或环节）的动态数学模型。线性系统的 3 种数学模型之间的关系如图 3-20 所示。

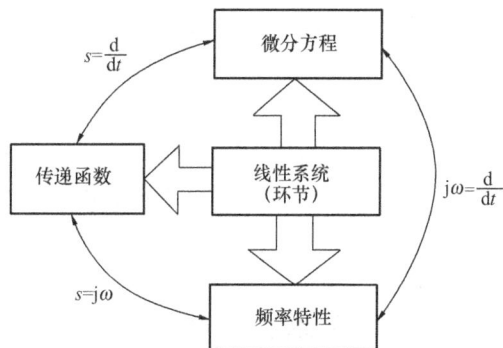

（3）上述频率特性的求取，是在已知系统或元件的微分方程或传递函数的基础上进行的。反之，对于难以用解析方法建立微分

图 3-20　线性系统 3 种数学模型之间的关系

方程的系统或元件，则可通过实验测取出频率特性，从而确定出对应的传递函数或微分方程。

二、频率特性的图示方法

系统频率特性的表示方法很多，其本质上都是一样的，只是表示形式不同而已。工程上用频率法研究控制系统时，主要采用的是图示方法。频率特性图示方法是描述频率 ω 从 0→ +∞变化时频率响应的幅值、相位与频率之间关系的一组曲线。由于采用的坐标系不同，常用的频率特性图示方法有如下 3 种。

1. 幅相频率特性曲线

幅相频率特性曲线简称幅相曲线。当频率 ω 从 0→+∞变化时，在极坐标系中表示的 G（jω）的模 $|G（j\omega）|$ 与相角 $\angle G$（jω）随 ω 变化的曲线，即当 ω 从 0→+∞变化时矢量 G（jω）的端点轨迹，也称为极坐标曲线或奈奎斯特（Nyquist）曲线。

幅相频率特性可表示为代数形式或指数形式，即

$$G(j\omega) = \text{Re}(\omega) + j\text{Im}(\omega) = A(\omega)e^{j\varphi(\omega)} \tag{3-55}$$

这里 G（jω）的实部 Re（ω）和虚部 Im（ω）分别称为实频特性和虚频特性，它们与幅频特性 A（ω）、相频特性 φ（ω）之间有如下的关系：

$$A(\omega) = \sqrt{[\text{Re}(\omega)]^2 + [\text{Im}(\omega)]^2}$$

$$\varphi(\omega) = \arctan \frac{\text{Im}(\omega)}{\text{Re}(\omega)}$$

通常将极坐标重合在直角坐标系中，如图 3-21（b）所示，极点为直角坐标的原点，极轴为直角坐标中的实轴。A（ω）和 φ（ω）都是频率 ω 的函数，故 ω 值不同，G（jω）的相量长度和相位移不同，如图 3-21（c）所示，当 ω 由 0→+∞变化时，G（jω）矢端的连线即为幅相频率特性曲线。在其上应标注出 ω 增加的方向及一些特殊点。如图 3-22 所示为一阶惯性环节的幅相频率特性曲线。

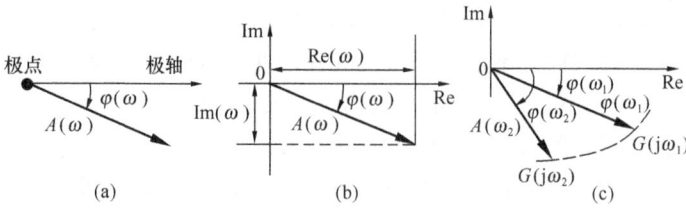

图 3-21 幅相频率特性的表示方法

(a) 极坐标图；(b) 直角坐标系中的极坐标图；

(c) 不同 ω 值的幅相频率特性

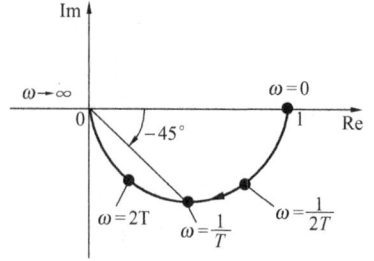

图 3-22 惯性环节的幅相曲线

幅相频率特性曲线的优点在于可以在同一张图上绘出 $0 \leqslant \omega < \infty$ 的整个频域中的频率特性；不足之处在于不能清楚地看出开环传递函数中各环节的作用，当参数变化时还需重新计算作图。

2. 对数频率特性曲线

对数频率特性曲线图又称伯德（Bode）图，它由对数幅频特性和对数相频特性曲线组成，是工程中应用最多的一组曲线。

对数频率特性曲线横坐标的频率值 ω 采用对数分度，单位为弧度（rad/s）。对数幅频特性的纵坐标表示幅频特性的对数幅值，线性分度，单位是分贝（dB）。频率特性 $G(j\omega)$ 的对数幅频特性定义为

$$L(\omega) = 20\lg A(\omega) = 20\lg |G(j\omega)|$$

对数相频特性的纵坐标表示相频特性中 $\varphi(\omega)$ 的相角值，由于线性分度，单位是度（°）。ω 从 1 到 10 的对数分度见表 3-2。

表 3-2 ω **从 1 到 10 的对数分度**

ω	1	2	3	4	5	6	7	8	9	10
$\lg\omega$	0	0.301	0.477	0.602	0.699	0.778	0.845	0.903	0.954	1

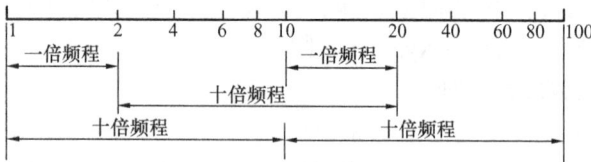

图 3-23 对数分度的特点

对数分度的特点如图 3-23 所示。图中频率轴上 ω_1 和 ω_2 之间的实际距离为 $\lg\omega_2 - \lg\omega_1$，故频率每变化 10 倍（称为十倍频程，以 dec 表示），横坐标的间隔距离为一个单位长度，例如 $\omega_2/\omega_1 = 10$ 则有 $\lg\omega_2 - \lg\omega_1 =$ $\lg\omega_2/\omega_1 = \lg 10 = 1$。频率每变化 1 倍，即 $\omega_2/\omega_1 = 1$，称为一个"倍频程"，每个倍频程在横轴上的间距都为 0.301 个单位长度。可见横轴采用对数分度，对 ω 而言是不均匀的，但对 $\lg\omega$ 则是均匀的，$\omega = 0$ 在线性分度的 $-\infty$ 处。

作图时，为使同一系统（或环节）的对数幅频特性和对数相频特性相联系，一般两特性曲线可绘在一张半对数坐标纸上，并采用同样的频率轴。如图 3-24 所示为一阶惯性环节的对数频率特性曲线。

在控制工程上采用对数频率特性的主要优点在于：

（1）利用对数运算可以将频率特性的幅值乘除运算转化为对数幅频特性的加减运算，极

大地简化了运算和作图。而且系统的结构、参数对频率特性的影响可以一目了然。

（2）展宽了频率视界，能够在一张图上清楚地画出系统很宽频率范围的特性曲线。

（3）可以用分段直线（或渐近线）绘制近似的对数幅频特性，从而使频率特性的计算和绘制大为简化。

3. 对数幅相特性曲线

对数幅相特性曲线又称尼柯尔斯（Nichols）曲线。它是在直角坐标中以 ω 为参变量，相频特性 $\varphi(\omega)$ 为线性分度的横轴，对数幅频特性 $L(\omega)$ 为线性分度的纵轴。实质上，它是将对数幅频特性曲线、对数相频特性合并为一条曲线。利用尼柯尔斯曲线，可以求取系统闭环频率特性及其特征量，对分析闭环系统是很方便的。

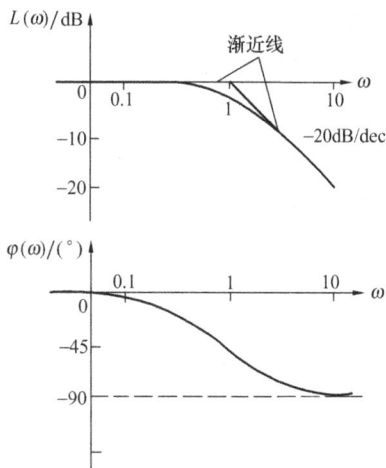

本书只介绍奈奎斯特图和伯德图。

图 3-24 惯性环节的伯德图

三、典型环节的频率特性

由第二章分析可知，一个自动控制系统通常是由若干个典型环节组成。故下面从典型环节的传递函数出发，着重讨论这些典型环节的幅相频率特性曲线和对数频率特性曲线的绘制方法及其特点。熟悉和掌握各典型环节的频率特性及其几何图形，对了解系统的频率特性和分析系统的动态性能有很大的帮助。

（一）比例环节

比例环节的传递函数为

$$G(s) = K$$

其频率特性为

$$G(j\omega) = K = Ke^{j0} = A(\omega)e^{j\varphi(\omega)} \tag{3-56}$$

1. 幅相频率特性

由式（3-56）可见，比例环节的幅频特性和相频特性都与频率 ω 无关。幅相频率特性是实轴上的一个点，其坐标为 $(K，j0)$，如图 3-25 所示。

2. 对数频率特性

对数幅频特性为

$$L(\omega) = 20\lg A(\omega) = 20\lg K \tag{3-57}$$

图 3-25 比例环节的幅相曲线

它是一条高度为 $20\lg K$ 且平行于横轴的直线，改变 K 值，$L(\omega)$ 直线的位置上下移动。

对数相频特性为

$$\varphi(\omega) = 0° \tag{3-58}$$

它是一条与零度直线重合的直线。比例环节的伯德图如图 3-26 所示。

（二）积分环节

积分环节的传递函数为

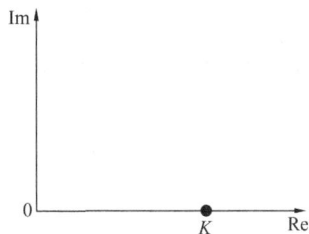

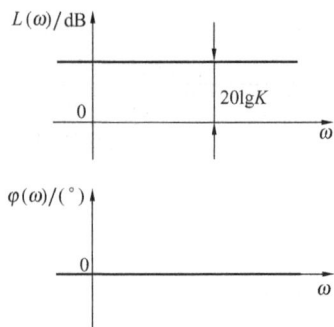

图 3-26 比例环节的伯德图

$$G(s) = \frac{1}{s}$$

其频率特性为

$$G(j\omega) = \frac{1}{j\omega} = \frac{1}{\omega}e^{-j\frac{\pi}{2}} = A(\omega)e^{j\varphi(\omega)} \tag{3-59}$$

1. 幅相频率特性

由式（3-59）可知，积分环节的幅频特性与频率 ω 成反比，而相频特性恒为 $-90°$。所以幅相频率特性为沿虚轴变化的直线，如图 3-27 所示。

2. 对数频率特性

积分环节的对数幅频特性为

$$L(\omega) = 20\lg A(\omega) = -20\lg \omega$$

由于对数频率特性的频率轴是以 $\lg \omega$ 分度，由上式可见，$L(\omega)$ 对 $\lg \omega$ 的关系式是直线方程。直线的斜率为 $\lg \omega$ 的系数，单位为 dB/dec（分贝/十倍频程），这里斜率为 -20dB/dec。故其对数幅频特性为一条斜率为 -20dB/dec 的直线，此线通过 $\omega = 1$，$L(\omega) = 0$ 点。

对数相频特性为

$$\varphi(\omega) = -90° \tag{3-60}$$

它是一条平行于 ω 轴的直线，其纵坐标为 $-90°$。积分环节的伯德图如图 3-28 所示。

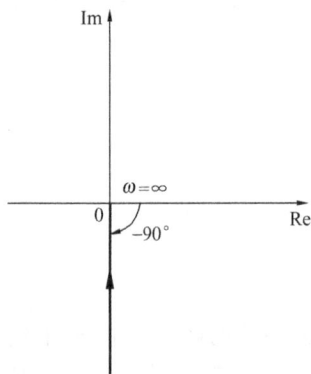

图 3-27 积分环节的幅相曲线

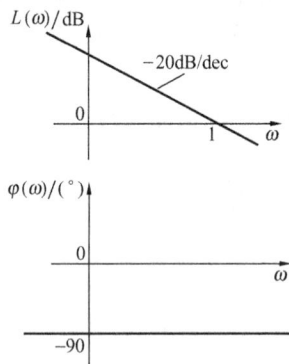

图 3-28 积分环节的伯德图

（三）微分环节

微分环节的传递函数为

$$G(s) = s$$

其频率特性为

$$G(j\omega) = j\omega = \omega e^{j\frac{\pi}{2}} = A(\omega)e^{j\varphi(\omega)} \tag{3-61}$$

1. 幅相频率特性

由式（3-61）可知，微分环节的幅频特性等于频率 ω，而相频特性恒为 $+90°$。所以幅相频率特性如图 3-29 所示。当 ω 从 0 变化到 ∞ 时，特性曲线与正虚轴重合。

2. 对数频率特性

微分环节的对数幅频特性为

$$L(\omega) = 20\lg A(\omega) = 20\lg \omega \tag{3-62}$$

不难看出，它是一条斜率为+20dB/dec 的直线，并与 0dB 线交于 $\omega=1$ 点。

对数相频特性为

$$\varphi(\omega) = 90° \tag{3-63}$$

它是一条纵坐标为 90°且平行于 ω 轴的直线。微分环节的伯德图如图 3-30 所示。

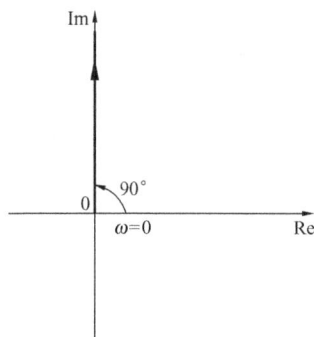

图 3-29　微分环节的幅相曲线　　　　　图 3-30　微分环节的波德图

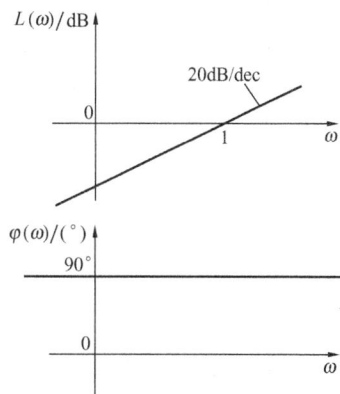

由传递函数和对数频率特性可知，微分环节的对数幅频特性和对数相频特性与积分环节相应分别以 0dB 线和 0°线成镜像对称。

（四）惯性环节

惯性环节的传递函数为

$$G(s) = \frac{1}{Ts+1}$$

其频率特性为

$$G(j\omega) = \frac{1}{jT\omega+1} = \frac{1}{\sqrt{T^2\omega^2+1}} e^{-j\arctan(\omega T)} = A(\omega)e^{j\varphi(\omega)} \tag{3-64}$$

幅频特性为

$$A(\omega) = \frac{1}{\sqrt{T^2\omega^2+1}} \tag{3-65}$$

相频特性为

$$\varphi(\omega) = -\arctan(T\omega) \tag{3-66}$$

1. 幅相频率特性

对于任意给定的频率 ω，可由式（3-65）和式（3-66）计算出相应的 $A(\omega)$ 和 $\varphi(\omega)$，从而得到极坐标中一个点。例如：

$\omega=0$ 时，$A(\omega)=1$，$\varphi(\omega)=0°$；

$\omega=\dfrac{1}{T}$时，$A(\omega)=\dfrac{1}{\sqrt{2}}$，$\varphi(\omega)=-45°$；

$\omega\rightarrow\infty$ 时，$A(\omega)=0$，$\varphi(\omega)=-90°$。

当 ω 由 0 变化到 ∞ 时，则可绘出其幅相频率特性曲线。可以证明，惯性环节的幅相频率特性曲线是一个以 $(1/2, j0)$ 为圆心，$1/2$ 为半径的半圆，如图 3-31 所示。

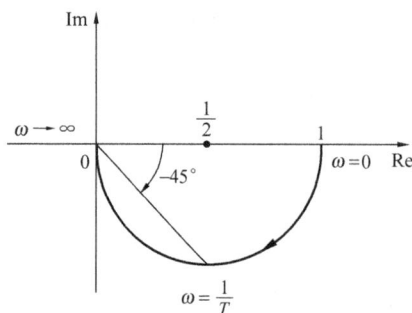

图 3-31 惯性环节的幅相曲线　　　图 3-32 惯性环节的伯德图

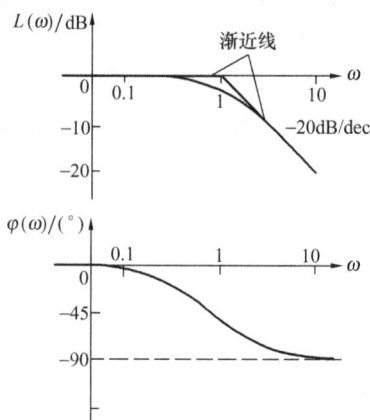

2. 对数频率特性

惯性环节的对数幅频特性为

$$L(\omega) = 20\lg A(\omega) = 20\lg \frac{1}{\sqrt{T^2\omega^2+1}} = -20\lg\sqrt{T^2\omega^2+1} \tag{3-67}$$

根据上式可以绘制对数幅频特性曲线。但在工程上常采用以下简便的渐近线来表示。

（1）在低频段（$\omega \ll \frac{1}{T}$，即 $T\omega \ll 1$ 时），其对数幅频特性可近似表示为

$$L(\omega) = -20\lg\sqrt{T^2\omega^2+1} \approx -20\lg 1 = 0(\text{dB})$$

即频率很低时，对数幅频特性曲线可以用 0dB 线近似表示，称为低频渐近线。

（2）在高频段（$\omega \gg \frac{1}{T}$，即 $T\omega \gg 1$ 时），其对数幅频特性可近似表示为

$$L(\omega) = -20\lg\sqrt{T^2\omega^2+1} \approx -20\lg T\omega = -20\left(\lg\omega - \lg\frac{1}{T}\right)$$

即频率很高时，这是一条在 $\omega = \frac{1}{T}$ 处穿过 0dB 线、斜率为 -20dB/dec 的直线。即在 $\omega \gg \frac{1}{T}$ 时，$L(\omega)$ 曲线可由斜率为 -20dB/dec 的直线近似表示，称为高频渐近线，如图 3-32 所示。

（3）当 $\omega = \frac{1}{T}$ 时，低频渐近线与高频渐近线相交，交点频率（即 $\omega = \frac{1}{T}$）称为转折频率（或交接频率），它是绘制惯性环节对数频率特性的重要参数。因此惯性环节对数频率特性可由折线近似，折点就是转折频率。

当然，用渐近线近似表示对数幅频特性必然存在误差，越靠近转折频率误差越大。最大误差发生在转折频率处，其值为 $\Delta L(\omega) = L\left(\frac{1}{T}\right) - 0 = -20\lg\sqrt{2} \approx -3(\text{dB})$。

就工程计算而言，折线已经足够。若需要精确对数幅频特性曲线，可以在渐近线的基础

上，利用如表 3-3 所示的惯性环节对数幅频特性误差修正值对渐近线进行修正而得。

表 3-3　　　　　　　惯性环节对数幅频特性误差修正值及其相角

ω	$\dfrac{0.1}{T}$	$\dfrac{0.25}{T}$	$\dfrac{0.5}{T}$	$\dfrac{1.0}{T}$	$\dfrac{2}{T}$	$\dfrac{2.5}{T}$	$\dfrac{10}{T}$
$L(\omega)$ /dB	−0.04	−0.26	−1.0	−3.0	−1.0	−0.65	−0.04
$\varphi(\omega)$ / (°)	−5.7	−14.0	−26.6	−45	−63.4	−68.2	−89.4

式 (3-66) 为惯性环节的相频特性，根据该式进行近似计算，可绘制惯性环节的对数相频特性曲线如图 3-32 所示。在转折频率附近的相角值如表 3-3 所示。

由以上分析可知，转折频率是一个重要的参数。$\omega=1/T$ 向左或向右移动，只能引起对数频率特性曲线的向左或向右平移，而不改变曲线形状。

由对数频率特性可见，正弦信号通过惯性环节后，幅值衰减程度和相位滞后量均随 ω 增大而增大，所以它只能较好地复现缓慢的输入信号，称之为"低通滤波特性"。

（五）一阶微分环节

一阶微分环节的传递函数为

$$G(s) = Ts + 1$$

其频率特性为

$$G(j\omega) = jT\omega + 1 = \sqrt{T^2\omega^2 + 1}\, e^{j\arctan(T\omega)} = A(\omega)e^{j\varphi(\omega)} \tag{3-68}$$

1. 幅相频率特性

一阶微分环节的幅相频率特性是位于第一象限内过（1，j0）点且平行于正虚轴的直线，如图 3-33 所示。

2. 对数频率特性

一阶微分环节对数幅频特性为

$$L(\omega) = 20\lg A(\omega) = 20\lg\sqrt{T^2\omega^2 + 1} \tag{3-69}$$

对数相频特性为

$$\varphi(\omega) = \arctan(T\omega) \tag{3-70}$$

图 3-33　一阶微分环节的幅相曲线

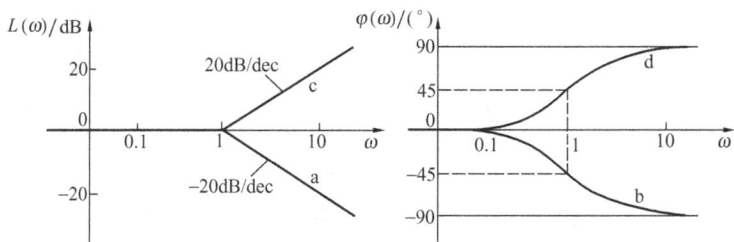

比较惯性环节可得，一阶微分环节与惯性环节的对数幅频特性曲线和对数相频特性分别以 0dB 线和 0°线成镜像对称，如图 3-34 所示。

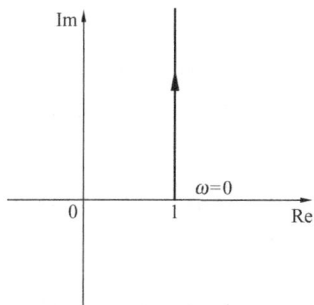

图 3-34　一阶微分环节和惯性环节伯德图比较
a、b—惯性环节；c、d—一阶微分环节

（六）振荡环节

振荡环节的传递函数为

$$G(s) = \frac{1}{T^2 s^2 + 2\zeta T s + 1}$$

其频率特性为

$$G(j\omega) = \frac{1}{1 - T^2\omega^2 + j2\zeta T\omega} = \frac{1}{\sqrt{(1 - T^2\omega^2)^2 + (2\zeta T\omega)^2}} e^{-j\arctan\frac{2\zeta T\omega}{1 - T^2\omega^2}} = A(\omega)e^{j\varphi(\omega)}$$

$$(3\text{-}71)$$

1. 幅相频率特性

根据式（3-71），可以计算频率特性，并绘制幅相频率特性曲线，其中几个特征点是：

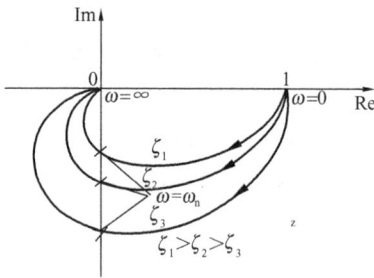

图 3-35　振荡环节的幅相曲线

当 $\omega = 0$ 时，$A(0) = 1$，$\varphi(0) = 0°$，特性曲线为实轴上一点（1，j0）

当 $\omega = 1/T$ 时，$A(1/T) = 1/2\zeta$，$\varphi(1/T) = -90°$，特性曲线与虚轴相交，且 ζ 越小，曲线与虚轴的交点离原点越远。

当 $\omega \to \infty$ 时，$A(\infty) = 0$，$\varphi(0) = -180°$，即特性曲线沿负实轴方向趋向原点。振荡环节的幅相频率特性曲线如图 3-35 所示。

2. 对数频率特性

振荡环节的对数幅频特性为

$$L(\omega) = -20\lg\sqrt{(1 - T^2\omega^2)^2 + (2\zeta T\omega)^2} \qquad (3\text{-}72)$$

振荡环节的对数幅频特性也可以用渐近线表示。

（1）当 $\omega \ll 1/T$（低频段）时，$L(\omega) \approx -20\lg 1 = 0\text{dB}$，振荡环节的低频段渐近线是一条零分贝线。

（2）当 $\omega \gg 1/T$（高频段）时，$L(\omega) \approx -20\lg(T\omega)^2 = -40\lg T\omega = -40 \times \left(\lg\omega - \lg\frac{1}{T}\right)$，振荡环节的高频段渐近线是一条斜率为 -40dB/dec 的直线。

（3）当 $\omega = 1/T$（转折频率）时，$L(\omega) \approx 0$。

振荡环节的渐近对数幅频特性曲线如图 3-36 所示。

振荡环节在转折频率处的实际对数幅频特性为

$$L(\omega) = -20\lg(2\zeta) \qquad (3\text{-}73)$$

由上式可见，在 $\omega = 1/T$ 附近，对数幅频特性的误差与 ζ 有关，ζ 越小，误差越大。依据式（3-73）计算的结果，如表 3-4 所示。

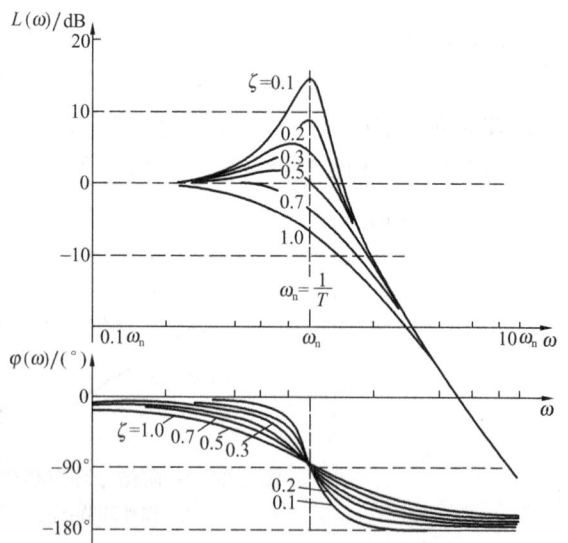

图 3-36　振荡环节的伯德图

表 3-4   振荡环节对数幅频特性误差修正值

ζ	0.1	0.2	0.4	0.5	0.6	0.7	0.8	1.0
$L(\omega)/\text{dB}$	+14	+8	+2	0	−1.6	−3.0	−4.0	−6.0

振荡环节的对数相频特性为

$$\varphi(\omega) = -\arctan \frac{2\zeta T\omega}{1 - T^2\omega^2} \tag{3-74}$$

根据式（3-74）可以计算出对数相频特性，振荡环节的对数相频特性曲线如图 3-36 所示。

（七）延迟环节

延迟环节的传递函数为

$$G(s) = \mathrm{e}^{-\tau s}$$

其频率特性为

$$G(\mathrm{j}\omega) = \mathrm{e}^{-\mathrm{j}\tau\omega} = A(\omega)\mathrm{e}^{\mathrm{j}\varphi(\omega)} \tag{3-75}$$

1. 幅相频率特性

由式（3-75）可知，延迟环节的幅频特性 $A(\omega)$ 恒为 1，与频率 ω 无关，相频特性 $\varphi(\omega) = -\tau\omega = -57.3\tau\omega$（°），与 ω 成正比。因此，延迟环节的幅相频率特性曲线是一个以坐标原点为圆心，以 1 为半径的圆，如图 3-37 所示。

2. 对数频率特性

延迟环节的对数幅频特性为

$$L(\omega) = 20\lg A(\omega) = 20\lg 1 = 0 \tag{3-76}$$

式（3-76）表明，对数幅频特性曲线是与 ω 和 τ 均无关的 0dB 线，如图 3-38 所示。

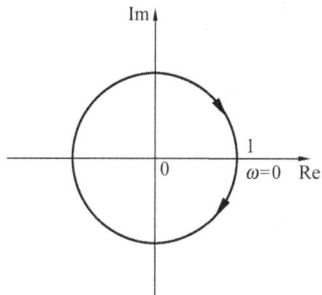

图 3-37   延迟环节的幅相曲线

延迟环节的对数相频特性为

$$\varphi(\omega) = -\tau\omega = -57.3\tau\omega(°) \tag{3-77}$$

对数相频特性可通过逐点描述得到，如图 3-38 所示，因采用半对数坐标系，横坐标为 ω 的对数刻度，所以不是直线，而是指数曲线。

由图 3-38 可以看出，τ 越大，则滞后角 $\varphi(\omega)$ 越大，这对控制系统不利，因此要尽量避免含有较大滞后时间的延迟环节。

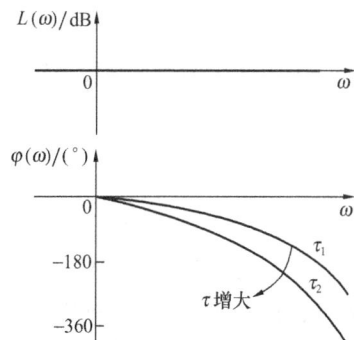

图 3-38   延迟环节的伯德图

四、控制系统开环频率特性

开环系统总是由若干典型环节所组成，掌握了典型环节的频率特性后，就不难绘制开环系统的频率特性。对控制系统进行频域分析时，常常是根据系统的开环频率特性来判断闭环系统的稳定性，估算闭环系统时域响应的各项性能指标。因此掌握开环频率特性曲线的绘制及其特点是十分重要的。下面讨论系统开环幅相频率特性和开环对数频率特性的绘制方法。

（一）开环幅相频率特性曲线的绘制

系统的开环传递函数通常可以表示成 n 个典型环节的

串联，即

$$G(s)H(s) = G_1(s)G_2(s)\cdots G_n(s) = \prod_{i=1}^{n} G_i(s)$$

系统的开环频率特性为

$$G(j\omega)H(j\omega) = G_1(j\omega)G_2(j\omega)\cdots G_n(j\omega) = \prod_{i=1}^{n} G_i(j\omega) = \prod_{i=1}^{n} A_i(\omega)e^{j\sum_{i=1}^{n}\varphi_i(\omega)} = A(\omega)e^{j\varphi(\omega)}$$

(3-78)

开环幅频特性为

$$A(\omega) = \prod_{i=1}^{n} A_i(\omega) \tag{3-79}$$

开环相频特性为

$$\varphi(\omega) = \sum_{i=1}^{n} \varphi_i(\omega) \tag{3-80}$$

由此可以看出，系统开环幅频特性等于各环节幅频特性之积；系统开环相频特性等于各环节相频特性之和。

绘制系统的开环幅相频率特性可以利用计算机绘图工具准确作出，也可以根据开环频率特性的一些特性近似地描绘出草图，尽管不太准确，但是对于系统的定性分析是非常有用的。

下面定性地讨论开环幅相频率特性的一些特点，按照这些特点便可绘制出其开环幅相特性的关键部分。

设系统的开环传递函数的一般形式为

$$G(s)H(s) = \frac{K(\tau_1 s + 1)\cdots(\tau_m s + 1)}{s^v(T_1 s + 1)\cdots(T_{n-v} s + 1)} = \frac{K\prod_{i=1}^{m}(\tau_i s + 1)}{s^v\prod_{j=1}^{n-v}(T_j s + 1)} \quad (n > m) \tag{3-81}$$

式中 K——开环增益；

v——系统积分环节的个数。

系统的开环频率特性为

$$G(j\omega)H(j\omega) = \frac{K\prod_{i=1}^{m}(j\omega\tau_i + 1)}{s^v\prod_{j=1}^{n-v}(j\omega T_j + 1)} \tag{3-82}$$

（1）开环幅相曲线的起始段。在低频段，当 $\omega \to 0$ 时，开环幅相曲线的起始段取决于开环传递函数中积分环节的个数 v 和开环增益 K，有

$$\lim_{\omega \to 0}G(j\omega)H(j\omega) = \lim_{\omega \to 0}\frac{K}{(j\omega)^v} = \lim_{\omega \to 0}\frac{K}{\omega^v}e^{j(-v\times 90°)} = \lim_{\omega \to 0}\frac{K}{\omega^v}\angle(-v\times 90°) \tag{3-83}$$

1）对于 $v=0$，即零型系统，开环幅相曲线在 $\omega=0$ 时起始于实轴上的 $(K, j0)$ 点；

2）对于 $v=1$，即I型系统，开环幅相曲线起始于相角为 $-90°$ 的无穷远，当 $\omega \to 0$ 时，曲线的渐近线趋于与负虚轴平行的直线，渐近线与虚轴的距离用 V_x 表示，可按式（3-84）确定：

$$V_x = \lim_{\omega \to 0^+}\mathrm{Re}\left[G(j\omega)H(j\omega)\right] \tag{3-84}$$

3）对于 $v=2$，即Ⅱ型系统，$\omega\to 0$ 时，开环幅相曲线趋于与负实轴平行的一条渐近线，渐近线与实轴的距离用 V_y 表示，可按式（3-85）确定：

$$V_y = \lim_{\omega\to 0^+}\text{Im}\left[G(\text{j}\omega)H(\text{j}\omega)\right] \tag{3-85}$$

v 不同时，开环幅相曲线的起始段位置如图 3-39 所示。

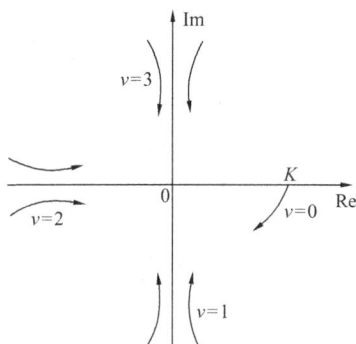

图 3-39　开环幅相曲线的起点　　　　　图 3-40　开环幅相曲线的终点

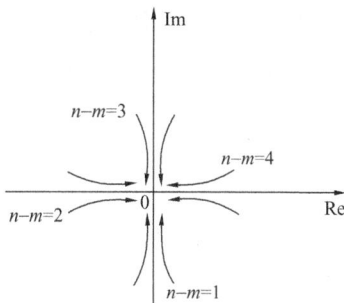

（2）开环幅相曲线的终止段。在高频段，$\omega\to\infty$ 时，由于 $n>m$，有

$$\lim_{\omega\to\infty}G(\text{j}\omega)H(\text{j}\omega) = 0\text{e}^{[-(n-m)\times 90°]} = 0\angle -(n-m)\times 90° \tag{3-86}$$

即开环幅相曲线以 $-(n-m)\times 90°$ 方向终止于坐标原点，如图 3-40 所示。

（3）开环幅相曲线与负实轴的交点。对系统进行频域分析，需精确绘制开环幅相曲线与负实轴的交点，交点处频率及交点处的幅值可分别由如下方法求出：

令 $\text{Im}\left[G(\text{j}\omega)H(\text{j}\omega)\right]=0$，求得交点频率 ω，再代入 $\text{Re}\left[G(\text{j}\omega)H(\text{j}\omega)\right]$ 中，即可计算出交点处的幅值。

（4）如果开环传递函数中不含有零点，即 $m=0$，则当 ω 由 $0\to\infty$ 变化时，开环频率特性的幅值连续衰减，相位连续减小，其开环幅相曲线是一条连续的平滑曲线；如果开环传递函数中含有零点，则随零点对应的时间常数值不同，在某些频段范围相角会出现正增量，幅值也可能放大，因而开环频率特性的相角不再以同一方向连续变化，这时，在开环幅相曲线上将会出现凹凸。

【例 3-8】　已知某单位负反馈系统的开环传递函数为

$$G(s) = \frac{K}{s(T_1 s+1)(T_2 s+1)}\ (K>0, T_1>T_2>0)$$

试绘制概略的开环幅相曲线。

解　系统的开环频率特性为

$$G(\text{j}\omega) = \frac{K}{\text{j}\omega(\text{j}\omega T_1+1)(\text{j}\omega T_2+1)}$$

$$= \frac{-K(T_1+T_2)}{(1+\omega^2 T_1^2)(1+\omega^2 T_2^2)} - \text{j}\frac{K(1-T_1 T_2\omega^2)}{\omega(1+\omega^2 T_1^2)(1+\omega^2 T_2^2)}$$

$$A(\omega) = K\frac{1}{\omega}\frac{1}{\sqrt{1+\omega^2 T_1^2}}\frac{1}{\sqrt{1+\omega^2 T_2^2}}$$

$$\varphi(\omega) = -90° - \arctan(\omega T_1) - \arctan(\omega T_2)$$

（1）该系统是 I 型系统。

$$当 \omega \to 0 \text{ 时} \quad \lim_{\omega \to 0} G(j\omega) = \infty \angle -90°$$

$$当 \omega \to \infty \text{ 时} \quad \lim_{\omega \to \infty} G(j\omega) = 0 \angle -270°$$

（2）当 $\omega \to 0$ 时，其开环幅相曲线渐近线与负虚轴平行，且与虚轴的距离为

$$V_x = \lim_{\omega \to 0^+} \text{Re}\,[G(j\omega)] = -K(T_1 + T_2)$$

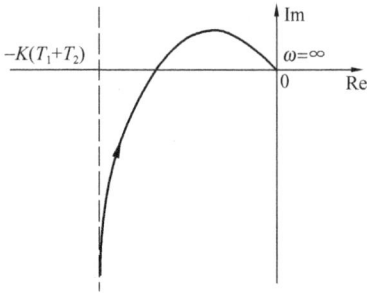

图 3-41 系统概略的开环幅相曲线

（3）该系统幅相特性与负实轴有交点，其交点坐标计算如下：

令 $\text{Im}\,[G(j\omega)] = 0$，求得交点频率 $\omega = 1/\sqrt{T_1 T_2}$，代入 $\text{Re}\,[G(j\omega)]$ 中，得交点处幅值为 $A(\omega) = -KT_1 T_2 / T_1 + T_2$。

（4）该系统不存在零点，因此系统的幅相曲线将由 $-90°$ 单调平滑减小到 $-270°$。

因此系统概略的开环幅相曲线如图 3-41 所示。

（二）开环对数频率特性曲线的绘制

对式（3-79）取对数后，得系统的开环对数幅频特性

$$L(\omega) = 20\lg A(\omega) = 20\lg \prod_{i=1}^{n} A_i(\omega) = \sum_{i=1}^{n} 20\lg A_i(\omega) = \sum_{i=1}^{n} L_i(\omega) \tag{3-87}$$

系统的对数相频特性为

$$\varphi(\omega) = \sum_{i=1}^{n} \varphi_i(\omega) \tag{3-88}$$

由式（3-87）和式（3-88）可以看出，系统开环对数幅频特性和相频特性分别等于该系统各个组成（典型）环节的对数幅频特性和相频特性之和。因此，绘制系统的对数幅频和相频特性曲线时，可先画出各个典型环节的对数幅频和相频特性曲线，然后将典型环节曲线在纵轴方向相加，即得到开环对数频率特性曲线。

【例 3-9】 已知某单位负反馈系统的开环传递函数为 $G(s) = \dfrac{10}{(s+1)(0.2s+1)}$，试绘制系统的开环对数频率特性曲线。

解 根据系统的开环传递函数，得其频率特性为 $G(j\omega) = \dfrac{10}{(j\omega+1)(j0.2\omega+1)}$

对数幅频特性为

$$\begin{aligned}
L(\omega) &= 20\lg |G(j\omega)| \\
&= 20\lg 10 - 20\lg \sqrt{1+\omega^2} - 20\lg \sqrt{1+(0.2\omega)^2} \\
&= L_1(\omega) + L_2(\omega) + L_3(\omega)
\end{aligned}$$

对数相频特性为

$$\begin{aligned}
\varphi(\omega) &= \arctan 0 - \arctan \omega - \arctan(0.2\omega) \\
&= \varphi_1(\omega) + \varphi_2(\omega) + \varphi_3(\omega)
\end{aligned}$$

画出各环节的对数幅频和相频特性，然后分别相加，得到对数频率特性曲线如图 3-42 所示。

当组成系统的环节较多时，上述逐项叠加的方法显得过于复杂。在伯德图的实际绘制过

程中，人们通常根据开环传递函数一次作出对数幅频特性渐近线，其绘制步骤如下：

（1）将开环传递函数化为各典型环节串联的标准型式，以正确确定开环增益 K。

（2）计算各转折频率，并按大小顺序依次标在 ω 轴上。

（3）在 $\omega=1$ 时，量出幅值 $20\lg K$，得到 A 点（1，$20\lg K$）。

（4）过 A 点，绘制一条斜率为 $-20v$ dB/dec 的直线，直到第一个转折频率 ω_1，则得开环对数幅频特性的低频渐近线。如果 $\omega_1<1$，则低频渐近线的延长线过 A 点。

（5）随着 ω 的增加，$L(\omega)$ 的低频段向中、高频段延伸，每遇到一个环节的转折频率，$L(\omega)$ 的斜率就作一次相应的变化。

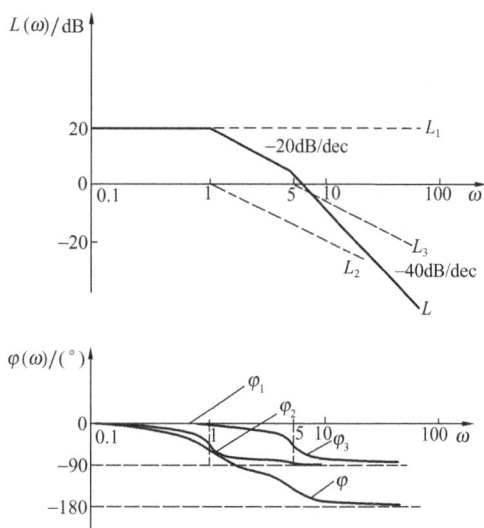

图 3-42　　[例 3-9] 系统的伯德图

每当遇到一阶惯性环节，斜率增加 -20dB/dec；

每当遇到一阶微分环节，斜率增加 $+20$dB/dec；

每当遇到二阶振荡环节，斜率增加 -40dB/dec；

每当遇到二阶微分环节，斜率增加 $+40$dB/dec。

当 $\omega\geqslant\omega_{max}$（最大转折频率时），斜率达到 $(m-n)\times20$dB/dec，至此作出了开环对数幅频特性的渐近线。

（6）如果有必要，对 $L(\omega)$ 渐近线上各转折频率上及其附近（两侧各十倍频程内）进行修正，则可得到精确的曲线。

$L(\omega)$ 通过 0dB 线时的交点频率 ω_c，称为截止频率（或剪切频率），它是频域分析及系统设计中的一个重要参数。

（7）系统开环对数相频特性的绘制可按照前述的常规方法或直接利用表达式绘出。

对于最小相位系统（指开环传递函数在右半 s 平面上没有零、极点和延迟环节的系统；具有相同幅值特性的系统中，最小相位系统的相位变化是最小的；本书中凡未加以特别说明的系统均指最小相位系统），对数幅频特性与对数相频特性之间有一一对应的关系，当 ω 由 $0\rightarrow\infty$ 时，$\varphi(\omega)$ 由 $-v\times90°\rightarrow-(n-m)\times90°$；且当 $L(\omega)$ 的斜率对称时，$\varphi(\omega)$ 曲线也是对称的。非最小相位系统没有这样的对应关系。

【例 3-10】　已知某系统的开环传递函数为 $G(s)=\dfrac{100(s+2)}{s(s+1)(s+20)}$，试绘制该系统的伯德图，并求相角 $\varphi(\omega_c)$。

解　（1）将 $G(s)$ 转换为典型环节串联的标准形式，即 $G(s)=\dfrac{10(0.5s+1)}{s(s+1)(0.05s+1)}$。

（2）确定各环节的转折频率 $\omega_1=1$、$\omega_2=2$、$\omega_3=20$，依次标在 ω 轴上，如图 3-43 所示。

（3）由 $G(s)$ 可知，$v=1$，$K=10$，通过 A 点（$\omega=1$，$20\lg K=20$dB）做一条斜率为 -20dB/dec 的直线，即低频段渐近线。

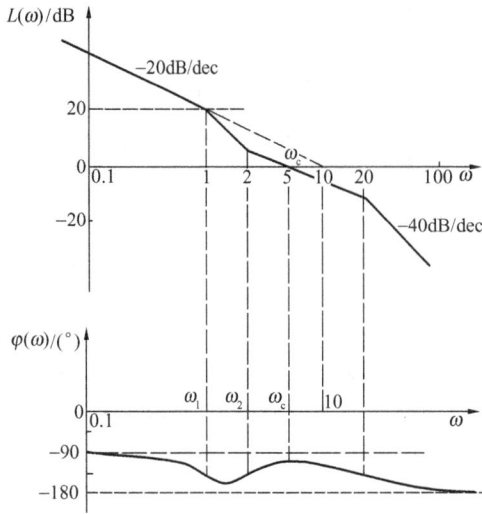

图 3-43　　[例 3-10] 系统的伯德图

（4）在 $\omega_1=1$ 处，考虑一阶惯性环节的作用，将渐近线斜率转为 $-40\mathrm{dB/dec}$；在 $\omega_2=2$ 处，考虑一阶微分环节的作用，将渐近线斜率由 $-40\mathrm{dB/dec}$ 转为 $-20\mathrm{dB/dec}$；在 $\omega_3=20$ 处，考虑一阶惯性环节的作用，将渐近线斜率由 $-20\mathrm{dB/dec}$ 转为 $-40\mathrm{dB/dec}$；即得开环对数幅频特性的渐近线，如图 3-43 所示。在所绘制的 $L(\omega)$ 的渐近线上应标注出各频段对应的斜率。

（5）系统开环对数相频特性为 $\varphi(\omega)=-90°-\arctan\omega+\arctan(0.5\omega)-\arctan(0.05\omega)$，用描点法绘制如图 3-43 所示。

（6）根据剪切频率的定义有 $A(\omega_c)=$

$$\frac{10\sqrt{1+(0.5\omega_c)^2}}{\omega_c\sqrt{1+\omega_c^2}\sqrt{1+(0.05\omega_c)^2}}\approx\frac{10\times0.5\omega_c}{\omega_c^2}=1$$

求得 $\omega_c=5$，则有 $\varphi(\omega_c)=-90°-\arctan5+\arctan(0.5\times5)-\arctan(0.05\times5)=-114.5°$

（三）由开环系统的伯德图来确定相应的传递函数

频率特性实际上是线性系统在特定情况下的传递函数，故由传递函数可以得到系统（环节）的频率特性。反过来，由频率特性即可求得响应的传递函数。最小相位系统的幅频特性与相频特性是唯一相关的，一条对数幅频特性曲线只能有一条对数相频特性曲线与之对应，因而只需作出系统开环对数频率特性曲线，即可写出最小相位系统的传递函数，并进行分析与校正。

对于最小相位系统，由对数幅频特性确定相应的传递函数的步骤如下：

（1）由低频段渐近线的斜率为 $-20v$ dB/dec 来确定系统类型 v，如图 3-44 所示。

1）$L(\omega)$ 低频段的斜率为 0dB/dec（水平直线），则 $v=0$，为 0 型系统。

2）$L(\omega)$ 低频段的斜率为 $-20\mathrm{dB/dec}$，则 $v=1$，为 Ⅰ 型系统。

3）$L(\omega)$ 低频段的斜率为 $-40\mathrm{dB/dec}$，则 $v=2$，为 Ⅱ 型系统。

（2）由低频段渐近线的位置来确定 K。

因为当 $\omega\to0$ 时，$L(\omega)\approx20\lg\dfrac{K}{\omega^v}=20\lg K-20\lg\omega^v$，故可由以下两种方法确定 K，如图 3-44 所示。

1）当 $\omega=1$ 时，$L(\omega)=20\lg K$，因此由低频段渐近线或其延长线和 $\omega=1$ 平行纵轴的直线交点处的 L 值 a 可确定 K，$K=10^{\frac{a}{20}}$。

2）当 $L(\omega)=0$ 时，$K=\omega^v$，因此由低频段渐近线或其延长线与 0dB 线交点处的频率值 $\omega=\sqrt[v]{K}$。

（3）由各转折频率 ω_i 确定各个环节对应的时间常数 $T_i=\dfrac{1}{\omega_i}$。

（4）由各转折频率处两边折线的斜率变化情况确定 T_i 所对应的环节形式。

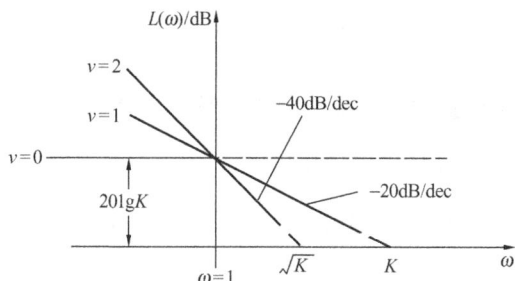

图 3-44　开环对数频率特性起始段

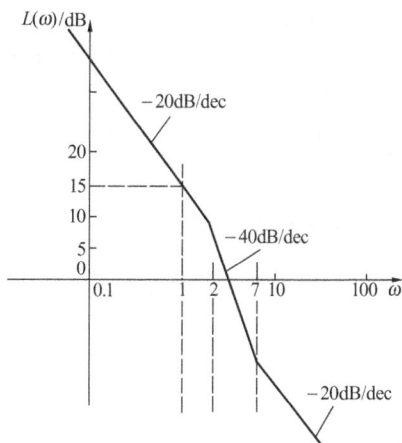

图 3-45　[例 3-11]系统对数幅频特性曲线

【例 3-11】　某最小相位系统的开环对数幅频特性如图 3-45 所示，试确定系统的开环传递函数。

解　（1）由图可以看出，该系统由一个积分环节、一个惯性环节和一个一阶微分环节组成。

（2）写出典型环节表达式 $G(s)H(s)=\dfrac{K(1+T_2 s)}{s(1+T_1 s)}$。

（3）计算各环节参数。

由 $\omega=1$ 处，低频渐近线的幅值 $a=15$，可确定 $L(1)=20\lg K=15$，$K=10^{\frac{15}{20}}=5.6$。

由各转折频率 $\omega_1=2$，$T_1=1/2$，$\omega_2=7$，$T_2=1/7$。

所以，该系统的开环传递函数为

$$G(s)H(s)=\frac{5.6(1+s/7)}{s(1+s/2)}$$

第四节　基于 MATLAB 的线性系统分析法

一、基于 MATLAB 的时域分析

为了研究控制系统的时域特性，经常采用系统在典型信号作用下的动态响应（如阶跃响应、冲激响应），下面介绍如何利用 MATLAB 来求系统的时域响应。

（一）控制系统时域响应求解

1. 单位阶跃响应

在 MATLAB 的控制系统工具箱中，求解单位阶跃响应的函数是 step( )和 impulse( )。调用格式为

[y, t _ out]=step(sys)

y=step(sys, t _ in)

[y, t _ out, x]=step(sys)

输入变量中，sys 为给定系统的模型，变量 t _ in 是由要计算的点所在时刻的值组成的

向量，一般可以由 t_in＝0：dt：t_end 等步长地产生出来，其中 t_end 为终值时间，而 dt 计算步长。输出变量中，系统输出值在 y 向量中返回；由系统模型 sys 的特性自动生成的时间变量在向量 t_out 中返回；如果系统模型 sys 由状态方程给出，状态向量由 x 返回，否则 x 将返回空矩阵。如果用户在调用此函数时不返回任何变量，则将自动地绘制出阶跃响应曲线。同时绘制出稳态值。step()函数还有其他的调用格式，用户可以通过 help 得到其帮助信息。下面举例说明其应用。

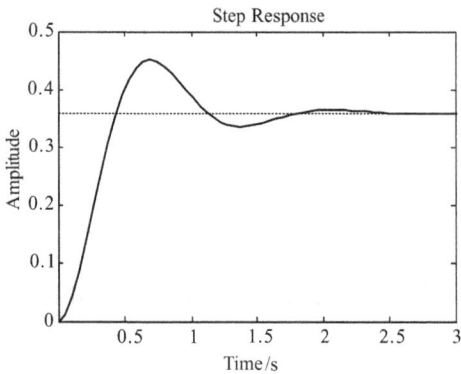

图 3-46　系统单位阶跃响应曲线

[y，t_out，x]＝impulse(sys)
参数含义同 step()。

【例 3-13】　求[例 3-12]所示系统的单位冲激响应。

解　在 MATLAB 命令窗口输入如下指令
≫sys＝tf(9，[1　4　25])；
≫impulse(sys)
单位冲激响应曲线如图 3-47 所示。

3. 斜坡响应

在 MATLAB 中没有斜坡响应的命令。因此，需要利用阶跃响应命令求斜坡响应。可以先用 $\Phi(s)$ 除以 s，再利用阶跃响应命令求斜坡响应。

【例 3-14】　已知系统的闭环传递函数 $\frac{C(s)}{R(s)}=\frac{1}{s^2+s+1}$，求其单位斜坡响应。

解　对于单位斜坡输入量 $R(s)=1/s^2$，因此，$C(s)=\frac{1}{s^2+s+1}=\frac{1}{(s^2+s+1)s}\frac{1}{s}$。

在 MATLAB 命令窗口输入如下指令
≫sys＝tf(1，[1　1　1　0])；
≫t＝0：1：10；

【例 3-12】　已知系统的闭环传递函数 $\Phi(s)=\frac{9}{s^2+4s+25}$，求其单位阶跃响应。

解　在 MATLAB 命令窗口输入如下指令
≫sys＝tf(9，[1　4　25])；
≫step(sys)
单位阶跃曲线如图 3-46 所示。

2. 单位冲激响应

在 MATLAB 的控制系统工具箱中，求解单位冲激响应的函数是 impulse()。调用格式为
[y，t_out]＝impulse(sys)
y＝impulse(sys，t_in)

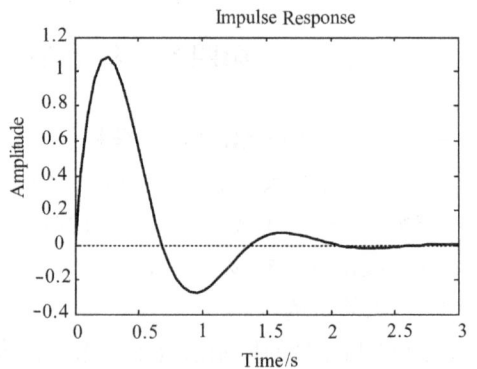

图 3-47　系统单位冲激响应曲线

```
≫plot(t，t，′：′)；
≫hold on；
≫step(sys，t)
```

得到单位斜坡响应曲线如图 3-48 所示。图 3-48 中虚线代表输入信号，实线代表输出响应。

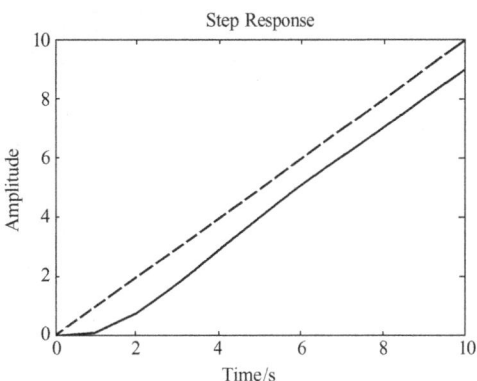

图 3-48　系统单位斜坡响应

4. 任意输入响应

在控制系统工具箱中提供了 lsim( )函数来求任意输入信号激励下的时域响应，这个函数的调用格式如下

y＝lsim(sys，u，t)

此函数的调用格式和 step( )函数的调用格式很接近，只是在这个函数的调用中多了一个 u 向量，该向量表示系统输入信号在各个时刻的值。

【例 3-15】　设系统的闭环传递函数为 $\Phi(s)=\dfrac{5s+100}{s^4+8s^3+32s^2+80s+100}$，求系统在输入信号 $r(t)=1+e^{-t}\cos(t)$ 作用下的响应曲线。

解　在 MATLAB 命令窗口输入如下指令

```
≫sys＝tf([5  100]，[1  8  32  80  100])；
≫t＝0：0.04：4；
≫u＝1＋exp(−t).＊cos(2＊t)；
≫lsim(sys，u，t)
```

得到系统在给定输入作用下的响应曲线如图 3-49 所示。图 3-49 中虚线代表输入信号，实线代表输出响应。

（二）应用 Simulink 分析系统的时域响应

当控制系统的数学模型以结构图的形式给出，或控制系统的输入信号是诸如锯齿波等特殊信号时，此时利用 Simulink 的仿真功能，可以很方便地得到系统的时间响应。

【例 3-16】　系统的结构图如图 3-50 所示。利用 Simulink 求系统的单位阶跃响应。

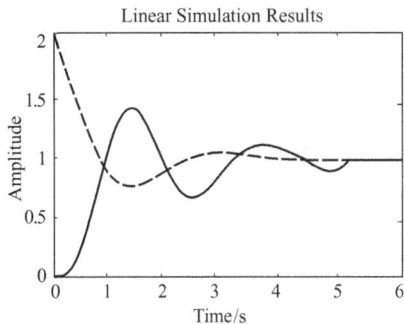

图 3-49　系统在给定输入下的响应

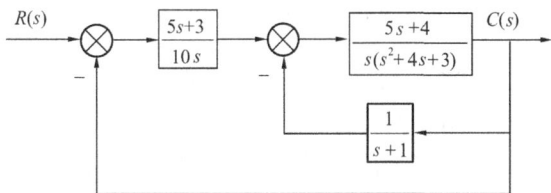

图 3-50　系统结构图

解　利用 Simulink 建立的控制系统仿真模型如图 3-51 所示。

在系统的仿真模型中，Step 是单位阶跃输入，Scope 是示波器输出，仿真控制参数可以

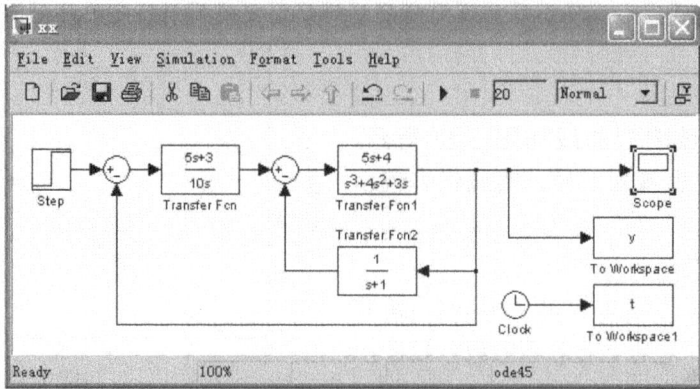

图 3-51　系统仿真模型

通过选择 Simulink | Parameters 菜单命令来设置，如仿真算法、仿真误差和仿真终止时间等。To workspace 和 Time 是输出到工作空间的数值形式的响应和时间，变量名分别为 y 和 t。通过示波器观察的系统单位阶跃响应如图 3-52 所示。在 MATLAB 的命令窗口输入

　　≫plot(t，y)

得到系统单位阶跃响应曲线如图 3-53 所示。

　　从图 3-52 和图 3-53 中可以看出，从示波器观察的系统输出和系统的单位阶跃响应曲线是完全相同的。因此通过 Simulink，既可以观察系统的响应，也可以得到系统的数值解。

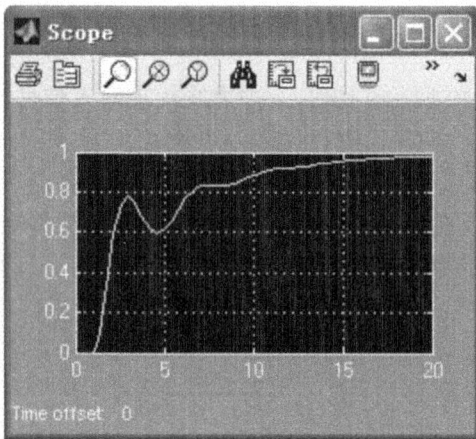

图 3-52　从示波器观察的系统输出

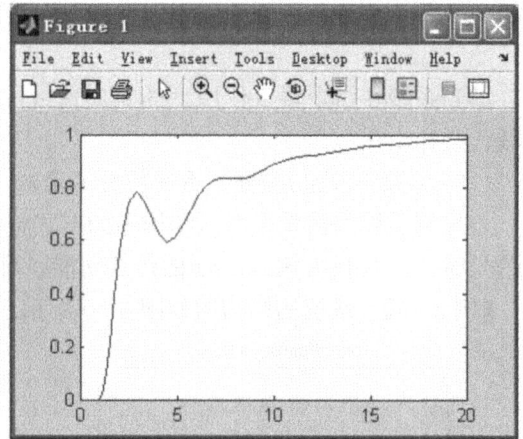

图 3-53　系统单位阶跃响应曲线

二、基于 MATLAB 的频域分析

　　频域分析法是分析控制系统的一种有效的方法，频域分析的一个重要特点是利用图解的方法来反映系统的频率特性，这些图形包括 Bode 图、Nyquist 曲线、Nichols 曲线等。利用 MATLAB 可以很容易地绘制这些曲线，从而利用这些曲线来对系统进行分析和设计。

　　1. 利用 MATLAB 绘制 Nyquist 曲线

　　在 MATLAB 的控制系统工具箱中提供了一个 nyquist( ) 函数，该函数可以用来直接求解 Nyquist 阵列，或绘制出 Nyquist 图。该函数的调用格式为

[re, im]＝nyquist(sys, w_in)

[re, im, w_out]＝nyquist(sys)

nyquist(sys)

nyquist(sys, w_in)

nyquist(sys, {wmin, wmax})

nyquist(sys1, sys2, …, w_in)

输入变量中，sys 为给定系统的模型；变量 w_in 为由要计算的点所在的角频率 ω 值组成的向量；{wmin, wmax} 代表计算角频率 ω 的范围，wmin 是 ω 范围的最小值，wmax 是 ω 范围的最大值。

输出变量中，re 和 im 分别为系统 Nyquist 阵列的实部和虚部。如果只给出一个返回变量，则返回的变量为复数矩阵，其实部和虚部可以用来绘制系统的 Nyquist 图；由系统模型 sys 的特性自动生成的角频率变量在向量 w_out 中返回。

如果用户在调用此函数时不返回任何变量，则将自动绘制出系统的 Nyquist 曲线，当输入是多个系统时，则在同一图形窗口，同时绘制出多个系统的 Nyquist 曲线。下面举例说明其应用。

【例 3-17】 已知系统的开环传递函数为 $G(s) = \dfrac{1}{s^2 + s + 1}$，试绘制其 Nyquist 曲线。

解 由下面的 MATLAB 命令直接绘制出系统的 Nyquist 图，如图 3-54 所示。

≫sys＝tf(1, [1 1 1])；nyquist(sys)

在这幅图中，实轴和虚轴的范围是自动确定的。直接应用 MATLAB 中的函数 nyquist() 得到的系统 Nyquist 图，其 ω 的变化范围是从 $-\infty$ →$+\infty$。若想得到从 0→$+\infty$ 的 Nyquist 图，可以利用下例介绍的方法。

【例 3-18】 已知系统的开环传递函数为 $G(s) = \dfrac{1}{s(s+1)}$，试绘制其 Nyquist 曲线。

解 在这一传递函数中，因为分母包含 s

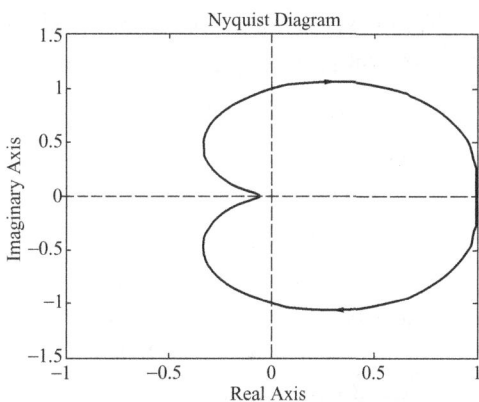

图 3-54 系统 Nyquist 图

项，当 ω 很小时会产生很大的幅值，直接利用 MATLAB 中的 nyquist() 函数得到的图形如图 3-55 所示。这一图形难以反映 ω 较大时幅值和相角的变化规律。利用如下的一组 MATLAB 命令，可以得到 ω 从 0→$+\infty$ 的 Nyquist 图，如图 3-56 所示。

≫sys＝tf(1, [1 1 0])；

≫[re, im]＝nyquist(sys)；

≫plot(re(:), im(:))；

≫axis([−2 2 −5 5])

在上面这组 MATLAB 命令中，利用 nyquist() 函数得到的 Nyquist 阵列的实部(re)和虚部(im)均是三维矩阵。所谓三维矩阵，实际是针对多变量系统而设计的，第 i 个输出变量针对第 j 个输入变量的频域响应实部和虚部分别由 re(i, j,:) 和 im(i, j,:) 给出。对于单变量系统来说，实部和虚部分别可以由 re(:) 和 im(:) 得到。

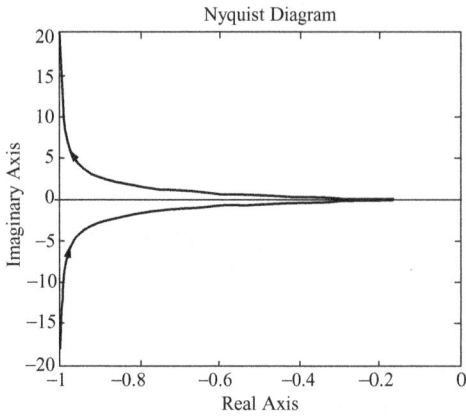

图 3-55 直接用 Nyquist( )函数绘制

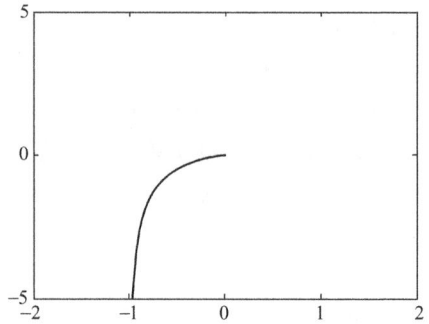

图 3-56 放大后的 Nyquist 图

为了看清系统的 Nyquist 图在(−1，j0)点附近的变化情况，利用命令 axis([−2 2 −5 5])对(−1，j0)点附近的图形进行了放大。

2. 利用 MATLAB 绘制 Bode 图

MATLAB 的控制系统工具箱中提供了 bode( )函数来求取、绘制给定线性系统的 Bode 图，该函数的调用格式如下：

[mag，pha]=bode(sys，w_in)

[mag，pha，w_out]=bode(sys)

bode(sys)

bode(sys，w_in)

bode(sys，{wmin，wmax})

bode(sysl，sys2，···，w_in)

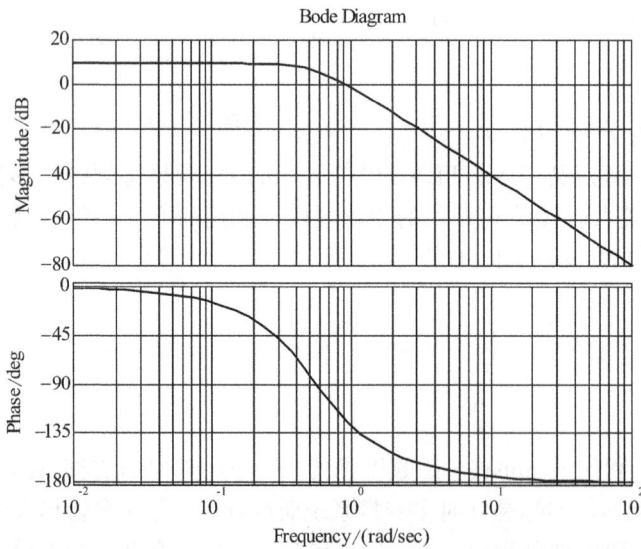

图 3-57 系统 Bode 图

在 bode( )函数的调用格式中，sys、w_in、w_out 和{wmin，wmax}的解释与 nyquist( )函数的解释相同，只是输出变量 mag 和 pha 分别为系统的幅值和相位向量，这里得出的(mag，pha)仍为三维矩阵。下面举例说明其应用。

【例 3-19】 已知系统开环传递函数 $G(s) = \dfrac{s+3}{s^3+4s^2+3s+1}$，试绘制其 Bode 图。

解 由下面的 MATLAB 命令直接绘制出系统的 Bode 图，如图 3-57 所示。

```
≫sys=tf([1 3]，[1 4 3 1]);
≫bode(sys)
≫grid   on
```

三、基于 MATLAB 的根轨迹分析

系统的根轨迹分析方法是一种图解的方法，因此，利用根轨迹分析系统的前提是正确绘制系统的根轨迹。MATLAB 的控制系统工具箱中提供了 rlocus( )函数，可以绘制给定系统的根轨迹。该函数的调用格式如下：

R=rlocus(sys，K_in)

[R，K_out]=rlocus(sys)

rlocus(sys)

输入变量中，sys 为系统的对象模型；K_in 为用户自己选择的增益向量。

输出变量中，R 为根轨迹各个点构成的复数矩阵，K_out 为自动生成的增益向量，K_out 向量中的每个元素对应于 R 矩阵中的一行。这样产生的 K 向量可以用来确定闭环系统稳定的增益范围。

如果在函数调用中不返回任何参数，则将在图形窗口中自动绘制出系统的根轨迹曲线。

下面举例说明根轨迹的绘制与应用。

【例 3-20】 已知系统开环传递函数为 $G(s)=\dfrac{1}{s^3+3s^2+2s}$，试绘制其根轨迹曲线。

解 ≫sys=tf(1，[1 3 2 0]);

≫rlocus(sys)

根轨迹曲线如图 3-58 所示。

【例 3-21】 考虑具有下列传递函数的系统

$$G(s)=\dfrac{s+1}{s(s-1)(s^2+4s+16)}$$

解 ≫sys=tf([1 1]，[conv([1 −1]，[1 4 16])，0]);

≫rlocus(sys)

绘制出的根轨迹曲线如图 3-59 所示。

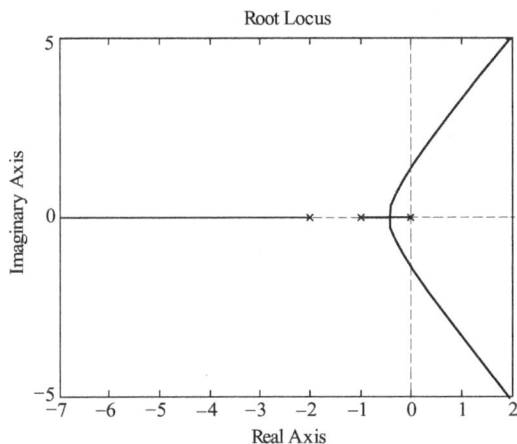

图 3-58 ［例 3-20]系统根轨迹图

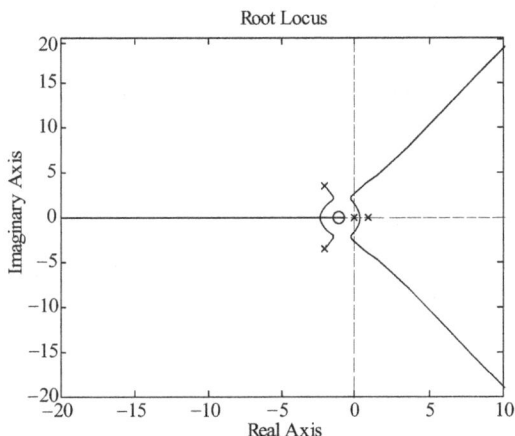

图 3-59 横、纵坐标的标度不是 1：1

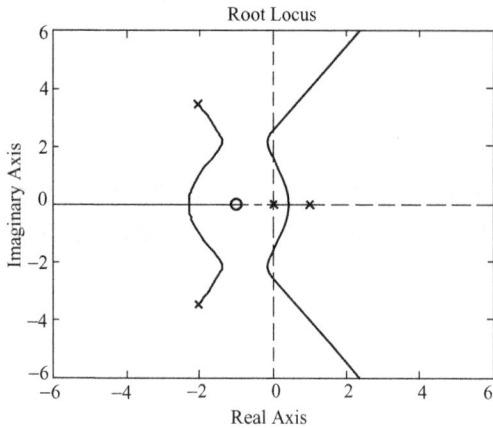

图 3-60 横、纵坐标标度为 1：1

从图 3-59 中可以看出，根轨迹图的横坐标和纵坐标的标度不是 1：1。为保证其标度比为 1：1，使一条斜率为 1 的直线就是理想的 45°斜线，可以在 MATLAB 的命令窗口继续输入下列命令，从而得到系统的根轨迹图如图 3-60 所示。

>>axis([-6 6 -6 6]);%设定横轴和纵轴的范围

>>axis('square');%使图形窗口为正方形

从系统根轨迹图中可以看出，虽然开环系统在 s 右半平面具有不稳定的极点 1，但其构成的闭环系统在一定的根轨迹增益范围内可保证系统的稳定，这一根轨迹增益范围可保证所有闭环系统的极点在 s 平面左半部。

控制系统工具箱中提供了 rlocfind( )函数。该函数允许用户求取根轨迹上指定点处的开环根轨迹增益值，并将该增益下所有的闭环极点显示出来。这个函数的调用格式是

[K，P]=rlocfind(sys)

当这个函数启动之后，在图形窗口上出现要求用户使用鼠标定位的提示，用户可以用鼠标左键单击所关心的根轨迹上的点，这样将返回一个 K 变量，该变量为与所选择点对应的开环根轨迹增益，同时返回的 P 变量则为在该增益下所有闭环极点的位置。此外，该函数还将自动地将该增益下所有的闭环极点直接在根轨迹曲线上显示出来。

对于[例 3-21]所示的系统，在 MATLAB 的命令窗口接着输入

>>[k，p]=rlocfind(sys)

Select a point in the graphics window

selected _ point=

-2.0192+0.9038i

k=

57.2406

p=

0.5428+3.3363i

0.5428-3.3363i

-2.0428+0.9148i

-2.0428-0.9148i

执行 rlocfind( )函数后，利用鼠标在根轨迹图上定位的两个点(以"+"表示)如图 3-61 所示。

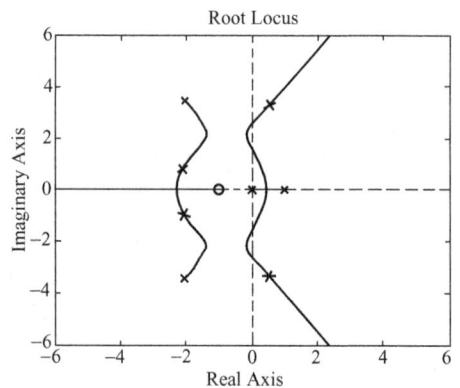

图 3-61 执行 rlocfind( )后的根轨迹

本 章 小 结

在经典控制理论中，常用时域分析法、根轨迹法和频域分析法来分析线性定常系统的

性能。

　　时域分析法直观、准确，是分析系统动态性能和稳态性能最基本的方法。自动控制系统的时域分析法是通过求解控制系统在典型信号作用下的时间响应，来分析系统的稳定性、快速性和准确性。在单位阶跃信号作用下定义了系统的时域性能指标，常以超调量、调节时间和稳态误差等来评价控制系统的性能。对于一阶系统，时间常数是影响响应曲线的主要特征量；在二阶系统的数学模型中，典型结构参数有 ζ、ω_n，单位阶跃信号作用下的欠阻尼系统的响应及性能指标的求取是二阶系统分析的主要内容。对一、二阶系统理论分析的结果，常常是分析高阶系统的基础。

　　根轨迹分析法是自动控制系统分析的一种图解方法，它形象直观，使用简便，特别适用于高阶系统的研究，因此在控制工程的分析和设计中得到了广泛的应用。根轨迹是系统开环传递函数中某一参数变化时，闭环极点在 s 平面上的运行轨迹。常以系统开环根轨迹增益作为变化量。绘制系统根轨迹时，是以开环零、极点为基础，根据基本规则来进行的。绘制根轨迹的基本规则有 9 条，它们都是由根轨迹方程，即幅值方程和相角方程导出的。在绘制系统根轨迹时，s 平面上的坐标比例应相同，以保证如起始角等角度在图形上能正确地反映出来。

　　频率分析法是根据系统的频率特性，在复频域内应用图解法来分析系统性能的一种方法。频率特性是线性系统在不同频率的正弦信号作用下，其稳态输出与输入之比与频率的关系，它可以反映系统的动态响应性能。频率特性也是系统的一种数学模型，它可以从传递函数中得到。当传递函数中，令 $s=j\omega$ 就得到了系统的频率特性。在工程实际中，频率特性也可通过实验方法测得或验证，因此具有明确的物理意义。开环系统的频率分析法主要有奈奎斯特图和伯德图两种，能直观地显示结构参数对系统性能的影响。控制系统一般由若干典型环节组成，熟悉典型环节的频率特性后，可以根据叠加原理来获得系统的开环频率特性，进而获得系统的闭环频率特性。

　　借助 MATLAB，通过数值计算的方法可以求解任意系统在各种输入下的时间响应。其中阶跃响应和冲激响应可以利用提供的 step( )和 impluse( )函数求解；任意输入作用下的系统响应可以利用 lsim( )函数求解；还可利用 MATLAB 的仿真工具 Simulink 求解系统的时域响应。

　　利用 MATLAB 中的 rlocus( )函数可以准确地绘制出系统的根轨迹，或是得到各根轨迹增益计算点的闭环特征根值。利用 rlocfind( )函数可以方便地得到根轨迹上某点对应的闭环极点和开环根轨迹增益。

　　利用 MATLAB 的 nyquist( )和 bode( )函数可以方便地绘制系统的奈奎斯特图和伯德图，在利用 nyquist( )函数绘制具有积分环节的开环传递函数的奈奎斯特图时，注意确定坐标轴的范围。

思　考　题

　　(1) 系统的运动经常使用哪些实验信号？分别考察系统有哪些基本运动。

　　(2) 为了考察系统的运动，都定义了哪些性能指标？

　　(3) 一阶系统的特征参数是什么？有什么物理意义？

（4）什么条件下一阶系统可以分别近似为比例环节或者积分环节？

（5）二阶系统的特征参数是什么？有什么物理意义？

（6）二阶系统的性能指标有哪些？

（7）二阶系统阶跃响应都有哪些类型？是由什么来决定的？

（8）什么是根轨迹？s 平面上的任意点在根轨迹上应满足什么条件？

（9）根轨迹方程的内容是什么？是怎样描述的？

（10）如何确定系统的根轨迹有几条？

（11）什么称为根轨迹的分离点与会合点？

（12）什么称为根轨迹的渐近线？如何做出根轨迹的渐近线？

（13）什么是控制系统的频率特性？

（14）控制系统的频率特性有哪些表示方法？

（15）对数频率特性有哪些优点？

习 题

3-1 系统结构如图 3-62 所示，其中 $G(s) = \dfrac{10}{0.2s+1}$ ，采用负反馈控制后使调节时间 t_s 为原来的 0.1 倍，并保证总的放大倍数不变。试确定参数 K_c 和 K_f 值。

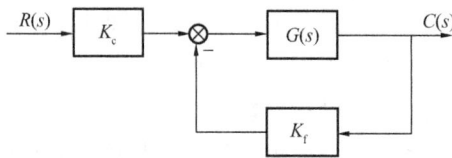

图 3-62 题 3-1 图

3-2 设某单位负反馈系统的闭环传递函数 $\Phi(s) = \dfrac{1}{Ts+1}$，当输入单位阶跃信号时，经过 60s 系统响应才达到稳态值的 95%。试确定系统的时间常数 T 及开环传递函数 $G(s)$。

3-3 已知二阶系统的单位阶跃响应曲线如图 3-63 所示。试确定系统的开环传递函数。设系统为单位负反馈系统。

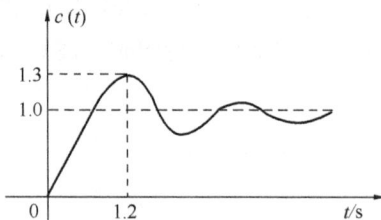

图 3-63 题 3-3 图

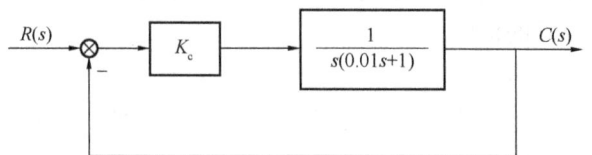

图 3-64 题 3-4 图

3-4 已知控制系统的动态结构如图 3-64 所示，试确定系统具有最佳阻尼比时的 K 值，并计算该系统单位阶跃响应的时域指标 $\sigma\%$、$t_s(\pm5\%)$。

3-5 已知某单位负反馈控制系统的开环传递函数为 $G(s)=\dfrac{K}{s(Ts+1)}$。试求在下列条件下的单位阶跃响应的时域指标 $\sigma\%$、$t_s(\pm2\%)$。

(1) $K=4.5$，$T=1s$。

(2) $K=1$，$T=1s$。

(3) $K=0.16$，$T=1s$。

3-6 已知系统的开环零点、极点分布如图 3-65 所示，试概略绘制系统的根轨迹图。

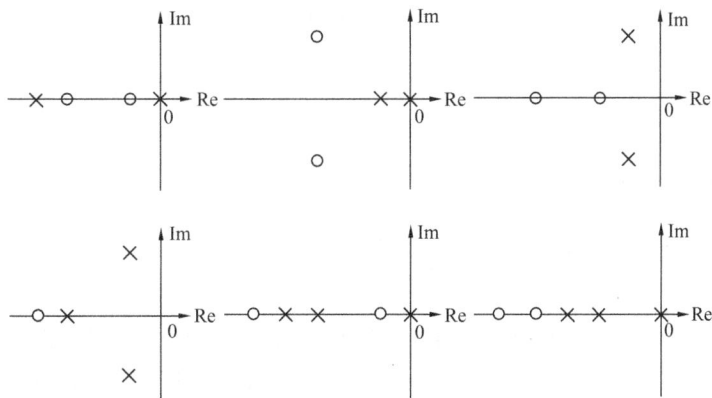

图 3-65 题 3-6 图

3-7 求下列各开环传递函数所对应的负反馈系统的根轨迹。

(1) $G(s)=\dfrac{K_g(s+3)}{(s+1)(s+2)}$　　　　(2) $G(s)=\dfrac{K_g(s+5)}{s(s+3)(s+2)}$

(3) $G(s)=\dfrac{K_g(s+3)}{(s+1)(s+5)(s+10)}$　　　(4) $G(s)=\dfrac{K_g(s+2)}{s^2+2s+3}$

(5) $G(s)=\dfrac{K_g}{s(s+2)(s^2+2s+2)}$　　　(6) $G(s)=\dfrac{K_g(s+2)}{s(s+3)(s^2+2s+2)}$

3-8 已知单位负反馈系统的开环传递函数为 $G(s)=\dfrac{10}{s+1}$，当系统的给定信号分别为

(1) $r(t)=\sin(t+30°)$;　　　　(2) $r(t)=2\cos(2t-45°)$;

(3) $r(t)=\sin(t+30°)-2\cos(2t-45°)$ 时，求系统的稳态输出。

3-9 已知开环传递函数如下，试分别概略绘制各系统的幅相频率特性曲线。

(1) $G(s)=\dfrac{10}{0.1s+1}$　　　　(2) $G(s)=\dfrac{s+0.2}{s(s+0.02)}$

(3) $G(s)=\dfrac{4}{(s+1)(s+2)}$　　　(4) $G(s)=\dfrac{80(s+1)}{s(s+4)(s+5)}$

3-10 已知开环传递函数如下，试分别绘制各系统的对数频率特性曲线。

(1) $G(s)=\dfrac{10}{5s+1}$　　　　(2) $G(s)=\dfrac{10}{(2s+1)(5s+1)}$

(3) $G(s)=\dfrac{10(s+0.1)}{s^2(s+2)}$　　　(4) $G(s)=\dfrac{100}{s^2(s+1)(10s+1)}$

3-11　已知最小相位系统开环对数幅频特性如图 3-66 所示。试写出其传递函数，并绘制出近似的对数相频特性。

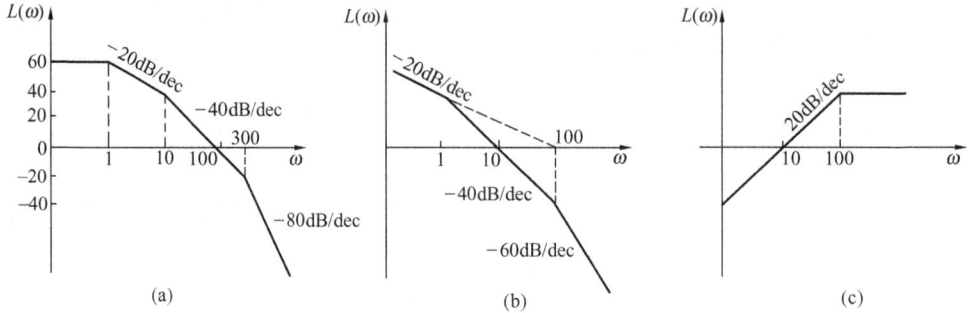

图 3-66　题 3-11 图

3-12　对于典型二阶系统 $\dfrac{C(s)}{R(s)} = \dfrac{\omega_n^2}{s^2 + 2\zeta\omega_n s + \omega_n^2}$，考虑 $\omega_n = 1$ 时，ζ 分别为 0.1、0.3、0.5、0.7、1、1.5 和 2。使用 MATLAB 求出系统的单位阶跃响应，并在图上求出各项性能指标 t_r、t_p、t_s 和 $\sigma\%$。

3-13　利用 MATLAB 绘制题 3-7 各系统的根轨迹图，并与人工绘制的图形进行比较。

3-14　利用 MATLAB 绘制题 3-9 各系统的奈奎斯特图，并与人工绘制的图形进行比较。

3-15　利用 MATLAB 绘制题 3-10 各系统的伯德图，并与人工绘制的图形进行比较。

第四章 线性系统的性能分析

内 容 提 要

稳定性是控制系统的重要性能,也是系统能够正常运行的首要条件。如何分析系统的稳定性并提出保证系统稳定的措施,是自动控制理论的基本任务之一。在控制系统稳定的前提下,对控制系统的分析主要是响应性能分析,包括稳态性能分析和动态性能分析。稳态性能的好坏通常用稳态误差 e_{ss} 表示,它反映了系统的控制精度。动态性能主要反映系统响应的快速性,评价系统动态性能好坏的性能指标主要为调节时间和超调量。

本章首先介绍系统稳定的概念,并介绍几种系统稳定的判定方法,主要包括劳斯稳定判据和频域稳定判据,并用频域指标说明系统的相对稳定性;其次,讨论控制系统的稳态性能,主要包括误差的定义、稳态误差的计算、系统类型与稳态误差之间的关系、根据开环系统的频率特性分析系统的稳态误差。然后,从频域及系统根轨迹两个方面对系统的动态性能进行分析,掌握分析系统动态性能的方法,了解影响系统动态性能的因素,为控制系统的设计打下基础。最后,介绍 MATLAB 在系统稳定性、稳态性能和动态性能分析中的应用。

第一节 线性系统的稳定性分析

一、稳定性的基本概念

系统的稳定性是指自动控制系统在受到干扰作用使平衡状态破坏后,经过调节能重新达到平衡状态的性能。

如当系统受到冲激干扰后,被控量 $c(t)$ 发生偏差 $\Delta c(t)$,这种偏差随时间逐渐减少,系统又逐渐恢复到原来的平衡状态(即 $\lim_{t \to \infty} |\Delta c(t)| = 0$),则系统是稳定的,如图 4-1(a)所示;若这种偏差随时间不断扩大,即使干扰消失,系统也不能回到平衡状态,则系统就是不稳定的,如图 4-1(b)所示。

在自动控制系统中,造成系统不稳定的物理因素主要有:系统中存在惯性或延迟环节,使系统中的信号产生时间上的滞后,使输出信号在时间上较输入信号滞后了一段时间,当系统为负反馈时,就会出现输出量与输入量极性相同的部分,这同极性的部分便具有正反馈的作用,这就是系统不稳定的因素。若滞后的相位过大,或系统放大倍数不适当,使正反馈作用成为主导作用时,系统就会形成振荡而不稳定。

稳定性是系统去掉外作用后,

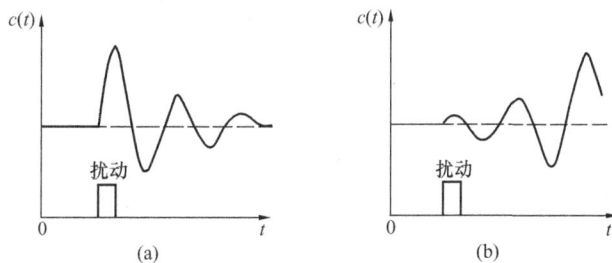

图 4-1 稳定系统与不稳定系统
(a)稳定系统;(b)不稳定系统

自身的一种恢复能力，所以是系统的一种固有特性，它只取决于系统的结构和参数而与初始条件及外作用无关。

系统的稳定性概念又分绝对稳定性(Absolute Stability)和相对稳定性(Relative Stability)。系统的绝对稳定性是指系统稳定的条件，即形成如图 4-1(a)所示状况的充要条件。系统的相对稳定性是指稳定系统的稳定程度，可以用超调量或稳定裕度来表示，如图 4-2 所示。

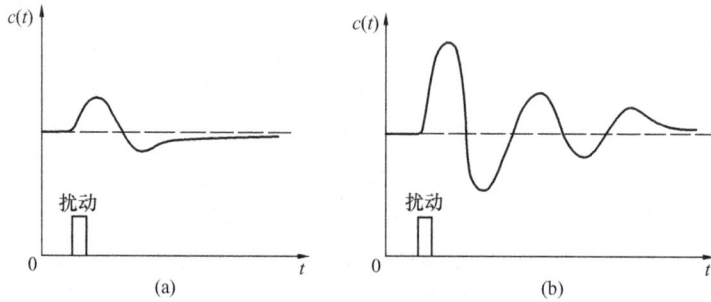

图 4-2　控制系统的相对稳定性
(a)相对稳定性好；(b)相对稳定性差

二、线性系统稳定的充要条件

线性系统的稳定性取决于系统本身固有的特性，而与干扰信号无关，它决定于瞬时干扰取消后动态分量的衰减与否。由第三章二阶系统响应特性分析可以看出，动态分量的衰减与否，决定于系统闭环传递函数的极点(系统的特征根)在 s 平面(即根平面)的分布。

(1) 如果所有极点都分布在 s 平面的左侧，系统的动态分量将逐渐衰减为零，则系统是稳定的；

(2) 如果有共轭极点分布在 s 平面的虚轴上，则系统的动态分量作等幅振荡，系统处于临界稳定状态；

(3) 如果有闭环极点分布在 s 平面的右侧，系统具有发散的动态分量，则系统是不稳定的。

综上所述，线性系统稳定的充分必要条件是：闭环系统特征方程的所有根均具有负实部，或者说，闭环传递函数的极点均位于 s 平面的左半部。如表 4-1 所示为 s 平面上闭环极点(特征根)的位置与稳定性的关系。

表 4-1　　　　　　　　　　**系统稳定性与特征方程的根的关系**

序号	根的性质	根在复平面上的位置	系统运动过程	系统的稳定性
1	负实根			稳定

续表

序号	根的性质	根在复平面上的位置	系统运动过程	系统的稳定性
2	负复根			稳定
3	零根			临界稳定
4	纯虚根			
5	正实根			不稳定
6	正复根			

三、线性系统稳定性的判定方法

从上面的分析可以看出，系统稳定性可以通过解出特征方程式的全部根，再根据上述原则判断系统是否稳定。但是，对于高阶系统，若不借助计算机，求解特征方程式的根是件很麻烦的工作，故过去常采用间接方法来判断特征方程式的全部根是否在 s 平面的左半部。经常采用的间接方法有代数稳定判据法、频域稳定判据法等。系统稳定性的判定方法可总结如下。

（1）直接方法。求解特征方程式的根，由上述系统稳定性的充要条件来判定系统的稳定性。但求解高阶系统特征方程式的根是件十分困难的工作，本章将介绍采用 MATLAB 工具软件帮助求解特征方程的根。

（2）间接方法。间接分析方法通常有代数稳定判据法、频域稳定判据法等。频域法分析系统稳定性不仅能分析系统的稳定性也能方便地分析系统的相对稳定性。根轨迹法对稳定性分析也是有帮助的，它可分析系统中某一参数的变化对系统稳定性的影响，并求出这一参数在系统临界稳定时的取值。

利用 MATLAB 工具软件及间接方法对系统的稳定性和相对稳定性的分析具有特别的方便之处。

（一）系统稳定性的代数分析法

根据系统稳定的充要条件判断线性系统的稳定性，必须求出系统的全部闭环特征根，然后验证所有特征根的实部是否都为负。但当系统为高阶系统时，求解系统特征根的工作量通常很大，也很困难。是否可以不用求解特征方程的根，就可以知道所有特征根是否都具有负实部，从而判断闭环系统是否稳定呢？劳斯稳定判据(Routh Criterion)就是这样一种根据闭环特征方程各项的系数来分析判断系统稳定性的一种代数判据。这里主要介绍劳斯判据。

1. 劳斯判据

劳斯判据是一种代数判据，它不但能提供线性定常系统稳定性的信息，而且还能指出在 s 平面虚轴上和右半平面特征根的个数。

设系统的闭环特性方程为 $D(s) = a_0 s^n + a_1 s^{n-1} + a_2 s^{n-2} + \cdots + a_{n-1} s + a_n = 0$

设 $a_0 > 0$，且 n 个特征根分别为 s_1，s_2，$\cdots$，s_n。将上式的各项系数构造劳斯表，从表的结构知，劳斯表有$(n+1)$行，第一、二行各元素是特征方程各项的系数，以后各元素按下表所列的规律逐行进行，运算中空位置为零。

s^n	a_0	a_2	a_4	$\cdots$
s^{n-1}	a_1	a_3	a_5	$\cdots$
s^{n-2}	b_1	b_2	b_3	$\cdots$
s^{n-3}	c_1	c_2	c_3	$\cdots$
$\vdots$	$\vdots$	$\vdots$	$\vdots$	$\vdots$
s^0	r_1			

其中：$b_1 = \dfrac{a_1 a_2 - a_0 a_3}{a_1}$，$b_2 = \dfrac{a_1 a_4 - a_0 a_5}{a_1}$

$$c_1 = \frac{b_1 a_3 - a_1 b_2}{b_1}, c_2 = \frac{b_1 a_5 - a_1 b_3}{b_1}$$

$$\vdots$$

$$r_1 = a_n$$

为了简化数据运算，可以用一个正整数去除或乘某一行的各项，这时并不改变稳定性的结论。由劳斯表得到的关于系统稳定的结论如下：

(1)劳斯表中第一列各元素都为正，则系统是稳定的。

(2)如果劳斯表第一列中出现小于零的数值，则系统不稳定；且第一列各元素符号改变的次数，代表特征方程正实根的数目。

【例 4-1】 若系统特征方程式为：$3s^4 + 10s^3 + 6s^2 + 40s + 9 = 0$，试用劳斯判据判别系统的稳定性。

解 劳斯表如下

s^4	3	6	9
s^3	10	40	0
s^2	-6	9	
s^1	55	0	
s^0	9		

由于劳斯表中第一列元素符号共改变两次，所以系统有两个位于 s 右半平面的根，系统不稳定。

2. 劳斯判据的两种特殊情况

(1)某行的第一列系数为零，而其余各系数不为零或不全为零。这种情况下，在计算下一行时将得到无穷大，致使劳斯表的计算工作无法继续进行或不好判别。为了解决这个问题，可以用一个很小的正数 ε 来代替等于零的该第一列系数。

【例 4-2】 若系统特征方程式为：$s^4 + 2s^3 + s^2 + 2s + 1 = 0$，试用劳斯判据判别系统的稳定性。

解 劳斯表如下

s^4	1	1	1
s^3	2	2	0
s^2	0	1	

此时第一列出现了 0 元素，用一个很小的正数 ε 来代替该 0，继续完成劳斯表

s^4	1	1	1
s^3	2	2	0
s^2	$0(\varepsilon)$	1	
s^1	$2 - \dfrac{2}{\varepsilon}$	0	
s^0	1		

由于 ε 为一个很小的正数，s^1 行第一列元素就是一个绝对值很大的负数。整个劳斯表中第一列元素符号共改变两次，所以系统有两个位于 s 右半平面的根，系统不稳定。

(2)某行的各系数全为零。这种情况下，劳斯表的计算工作也由于出现无穷大而无法继续进行。为了解决这个问题，可以利用各元素为零的那一行的上一行各元素作为系数，构成一个辅助方程，再用辅助方程求导一次后的系数来代替各元素为零的那一行。辅助方程的解就是原特征方程的部分特征根，而且这部分特征根对称于原点，即必有虚根或右半平面的根。因此，系统是不稳定的。

【例 4-3】 某系统的特征方程如下，试用劳斯判据判断系统的稳定性。
$$D(s) = s^3 + 10s^2 + 16s + 160 = 0$$

解 该系统的劳斯表为

s^3	1	16
s^2	10	160
s^1	0	0

由上表可见，s^1 所对应的行出现了全零，用 s^2 所对应行的系数来构造辅助方程 $F(s) = 10s^2 + 160$。将辅助方程 $F(s)$ 对 s 求导得

$$\frac{\mathrm{d}F(s)}{\mathrm{d}s} = 20s + 0$$

于是用该方程的系数 20、0 代替 s^1 所对应行全零的系数，继续完成劳斯表：

s^3　　1　　16

s^2　　10　　160

s^1　　20　　0

s^0　　160

在这个新的劳斯表中，第一列全为正数，所以系统处于临界稳定，由 $F(s)=10s^2+160$ 的共轭复根为：$s_{1,2}=\pm j4$。

对于上面两种特殊情况，用所介绍的方法完成整个劳斯表后，如果第 1 列元素全部大于零，也不能说明系统是稳定的。因为原劳斯表中某行的第一列元素或某行的各元素全为零，系统实际上处于临界稳定。

3. 劳斯判据的应用

以上讨论了利用劳斯判据判定系统稳定性及根的分布情况的方法。此外劳斯判据还可以有其他方面的用途。

（1）分析参数变化对系统稳定性的影响，或求使系统稳定时参数的取值范围。这些参数可以是系统的开环增益，也可以是其他参数。

【例 4-4】 已知某单位负反馈系统的开环传递函数为 $G(s)H(s)=\dfrac{K}{s(0.1s+1)(0.25s+1)}$，试求使系统稳定时 K 的取值范围。

解　系统的闭环传递函数 $\varPhi(s)=\dfrac{K}{s(0.1s+1)(0.25s+1)+K}$

特征方程 $D(s)=s(0.1s+1)(0.25s+1)+K=0.025s^3+0.35s^2+s+K=0$

列出劳斯表

s^3　　　　0.025　　　　　1

s^2　　　　0.35　　　　　K

s^1　1-0.025K/0.35　　0

s^0　　　　K

如要使系统稳定，则劳斯表中第一列元素必须全部大于零，即 1-0.025K/0.35>0，且 $K>0$，所以，0<K<14。

（2）判断系统的相对稳定性。劳斯稳定判据虽然可以判断系统的稳定性，但不能表明系统特征根在 s 左平面上相对虚轴的距离。有的系统所有的特征根虽然都在 s 左半平面上，但这些根可能离虚轴很近，系统的动态性能也很差。所以，不仅要求系统特征根全部都位于 s 左半平面，而且要求这些根离虚轴要有一定的距离（即稳定裕度，或相对稳定性）。应用劳斯表就可以判断系统的稳定程度。

假设要求特征根与虚轴的距离至少为 $a(a>0)$，把 s 平面的虚轴左移 a，得到一个新的复平面 s_1，如图 4-3

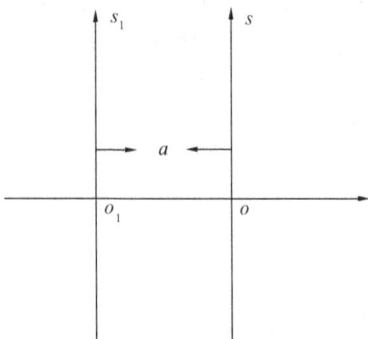

图 4-3　s 平面的虚轴左移 a

所示。

s 平面与 s_1 平面的关系是：$s_1=s+a$ 或 $s=s_1-a$。然后将 $s=s_1-a$ 代入系统的特征方程中，即得到 s_1 平面上的特征方程，应用劳斯判据进行判断。新的劳斯表中第一列有负数，就说明有位于垂线 $s=-a$ 之右的根；第一列符号变化的次数，就等于位于垂线 $s=-a$ 右边的根的数目。

【例 4-5】 已知单位负反馈系统的开环传递函数为 $G(s)H(s)=\dfrac{6500(s+K)}{s^2(s+30)}$，若要求系统的全部闭环极点位于 $s=-1$ 垂线之左，试求 K 的取值范围。

解　系统的闭环传递函数为

$$\Phi(s)=\frac{6500(s+K)}{s^3+30s^2+6500s+6500K}$$

特征方程为　　　　　$D(s)=s^3+30s^2+6500s+6500K=0$

若要求系统的全部闭环极点位于 $s=-1$ 垂线之左，则令 $s=s_1-1$ 带入 $D(s)$ 中

$$D(s_1)=s_1+27s_1^2+6443s_1+(6500K-6471)=0$$

列出劳斯表

s_1^3	1	6443
s_1^2	27	$6500K-6471$
s_1^1	$\dfrac{27\times6443-6500K+6471}{27}$	
s_1^0	$6500K-6471$	

当第一列全大于零时，新系统稳定，原系统的全部闭环极点位于 $s=-1$ 垂线之左，从而有

$$1<K<27.76$$

（二）稳定系统的频率特性分析法

下面讨论在频域中控制系统的稳定性问题，称为频率特性稳定判据，又称为奈奎斯特（Nyquist）稳定判据，简称为奈氏判据。

代数稳定性判据是基于控制系统的闭环特征方程的各项系数来判别闭环特征根的分布，基本上提供的是控制系统绝对稳定性的信息，除了一些较简单的系统，很难由它判别系统的相对稳定性，而且也无法了解系统中结构参数对稳定性的影响。对于一个自动控制系统，一般开环数学模型易于获得，而开环模型中包含了闭环所有环节的动态结构和参数，由开环特性应该能分析出闭环稳定性。奈氏判据正是利用了开环频率特性来判别闭环稳定性及其稳定程度——相对稳定性，而且能方便地研究参数及结构变化对稳定性的影响。由于开环频率特性不仅可方便地由传递函数得到，而且还可由实验测取，因而由奈氏判据来判别闭环系统稳定性的方法，是工程上极为重要又实用的方法。

1. 奈奎斯特稳定判据

奈奎斯特稳定判据是建立在复变函数幅角原理的基础上的，它是一种将开环频率响应 $G(j\omega)H(j\omega)$ 与 $1+G(s)H(s)$ 在 s 右半平面内的零点数和极点数联系起来的判据。这一判据是由奈奎斯特首先提出来的。因为闭环系统的绝对稳定性可以由开环频率响应曲线图解确定，无需实际求出闭环极点，所以这种判据在控制工程中得到了广泛的应用。由解析的方

法，或者由实验的方法得到的开环频率响应曲线，都可以用来进行稳定性分析。根据系统开环传递函数 $G(s)H(s)$ 中是否含有积分环节，奈奎斯特稳定判据有两种情况。

(1)奈奎斯特稳定判据一。当 $G(s)H(s)$ 中不含积分环节时，奈奎斯特稳定判据可表述为：

当 ω 由 0 到 $+\infty$ 变化时，系统开环幅相频率特性 $G(j\omega)H(j\omega)$ 曲线逆时针包围 $(-1,j0)$ 的圈数 N 等于开环传递函数 $G(s)H(s)$ 在 s 右半平面极点数 p 的一半，即 $N=p/2$，则闭环系统稳定。否则 $(N\neq p/2)$，闭环系统不稳定，闭环系统在 s 右半平面的极点个数 $z=p-2N$。如果 $G(j\omega)H(j\omega)$ 曲线正好通过 $(-1,j0)$ 点，表明闭环系统临界稳定，若 $G(j\omega)H(j\omega)$ 曲线通过 $(-1,j0)$ 点的次数为 l，则系统闭环特征方程纯虚根的个数为 $2l$。

另外，如果需要，也可以根据对称关系把 ω 由 $-\infty$ 变化到 0 的负半部分补上。这样，闭环系统稳定的充要条件是：当 ω 由 $-\infty$ 变化到 $+\infty$ 时，系统开环幅相频率特性 $G(j\omega)H(j\omega)$ 曲线逆时针包围 $(-1,j0)$ 的圈数 $N=p$，否则闭环系统不稳定，闭环系统在 s 右半平面的极点个数 $z=p-N$。

(2) 奈奎斯特稳定判据二。当系统开环传递函数包含有积分环节，即坐标原点处有极点，其开环传递函数可表示为

$$G(s)H(s) = \frac{K(\tau_1 s+1)\cdots}{s^v(T_1 s+1)\cdots} \tag{4-1}$$

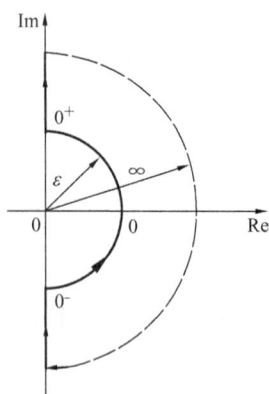

图 4-4　在原点有极点时的处理

开环幅相频率特性在 $\omega=0$ 处，$G(j\omega)H(j\omega)$ 曲线不连续，难以说明是否包围 $(-1,j0)$ 点。在这种情况下，可做如下处理，把 s 沿 $j\omega$ 轴变化的路线在原点处作一修改，以 $\omega=0$ 为圆心，以无穷小量 ε 为半径，在 s 右半平面作一很小的半圆，如图 4-4 所示。这样处理，将坐标原点处的开环极点划到了左半平面，可视其为稳定根。

因此，若开环传递函数串联有 v 个积分环节时，可先绘制 ω 由 $0^+\rightarrow+\infty$ 的 $G(j\omega)H(j\omega)$ 曲线，然后再画出从 $0\rightarrow 0^+$ 的补充圆弧，绘制时应从与频率 0^+ 对应的点开始，顺时针方向补作一个半径为无穷大，圆心角为 $-v\times 90°$ 的大圆弧，则得到了连续变化的轨迹。最后再由完整的 $G(j\omega)H(j\omega)$ 曲线，根据奈奎斯特稳定判据一判断闭环系统稳定与否。补作的大圆弧称为辅助线，在图中用虚线表示，如图 4-4 所示。

(3)奈奎斯特稳定判据的应用。应用奈奎斯特稳定判据来判别线性控制系统的稳定性时，可能发生 3 种情况。

1) $G(j\omega)H(j\omega)$ 曲线不包围 $(-1,j0)$ 点。如果这时 $G(s)H(s)$ 在 s 右半平面上没有极点，则说明系统是稳定的。否则，系统是不稳定的。

2) $G(j\omega)H(j\omega)$ 曲线逆时针包围 $(-1,j0)$ 点。这时如果逆时针包围的次数等于 $G(s)H(s)$ 在 s 右半平面上的极点数，则系统是稳定的。否则，系统是不稳定的。

3) $G(j\omega)H(j\omega)$ 曲线顺时针包围 $(-1,j0)$ 点。这时系统是不稳定的。

下面举例说明奈奎斯特稳定判据的应用。

【例 4-6】 已知 4 个单位负反馈控制系统的开环乃奎斯特曲线如图 4-5 所示。分别判别

对应闭环系统的稳定性。其中，p 为开环传递函数 s 右半平面的极点数，且各系统开环传递函数均不含积分环节(即 $v=0$)。

解　(1)在图 4-5(a)中，当 ω 从 0 变化到 $+\infty$ 时，$G(j\omega)H(j\omega)$ 曲线逆时针绕 $(-1,j0)$ 点转半圈，即 $n=1/2$。根据奈氏判据，闭环系统稳定条件应为 $n=p/2=1/2$，所以闭环系统稳定。

(2) 在图 4-5(b)中，$G(j\omega)H(j\omega)$ 曲线逆时针绕 $(-1,j0)$ 点 1 圈，即 $n=1$，根据奈氏判据，$n=p/2=2/2=1$，符合系统稳定条件，故闭环系统稳定。

(3) 在图 4-5(c)中，$G(j\omega)H(j\omega)$ 曲线顺时针绕 $(-1,j0)$ 点半圈，故闭环系统不稳定，此时闭环系统不稳定的极点数为 $z=p-2n=1-2\times(-1/2)=2$。

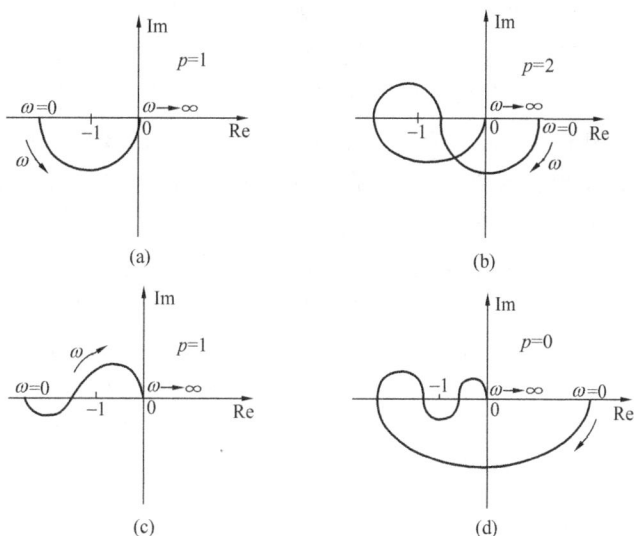

图 4-5　各系统的幅相频率特性曲线
(a)系统 a；(b)系统 b；(c)系统 c；(d)系统 d

(4) 在图 4-5(d)中，$G(j\omega)H(j\omega)$ 曲线未包围 $(-1,j0)$ 点，符合 $n=p/2=0$ 的条件，故闭环系统稳定。

【例 4-7】　判断如图 4-6 所示各奈奎斯特曲线对应系统的闭环稳定性，并求出闭环右半平面极点数 z。其中，p，v 分别为开环传递函数 s 右半平面和原点处的极点数。

解　根据各系统开环传递函数在原点处的极点数 v 绘制辅助线如图 4-6 中虚线所示，对于图 4-6(a)、(b)中的曲线都不包围 $(-1,j0)$ 点，且 p 均为 0，所以它们对应的闭环系统均是稳定的，$z=0$。图 4-6(c)中，曲线逆时针围绕 $(-1,j0)$ 点转半圈，$N=1/2=p/2$，所以它所对应的闭环系统也是稳定的，且 $z=p-2N=1-2\times\dfrac{1}{2}=0$。

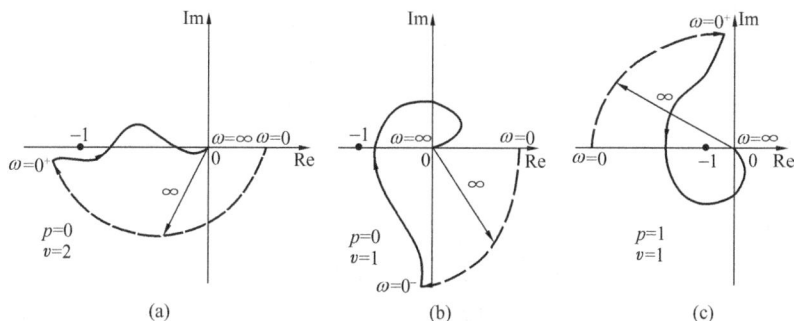

图 4-6　有积分环节的幅相频率特性曲线
(a)系统 a；(b)系统 b；(c)系统 c

2. 根据穿越次数判别系统稳定性

当开环幅相曲线的形状复杂时，很难分清它对$(-1, j0)$点的包围方向和次数，如图 4-7 所示，这时常采用"穿越"的概念来判断稳定性。

所谓穿越，是指开环幅相频率特性曲线穿越$(-1, j0)$点以左的负实轴。沿频率 ω 增加的方向，开环幅相频率特性曲线自上向下穿过$(-1, j0)$点以左的负实轴，称为正穿越；反之，沿频率 ω 增加的方向，开环幅相频率特性曲线自下向上穿过$(-1, j0)$点以左的负实轴，称为负穿越。显然，在正穿越时，$G(j\omega)H(j\omega)$ 的相角将有正的增量，而在负穿越时，$G(j\omega)H(j\omega)$ 的相角将有负的增量。此外，还有半次穿越的说法，即沿频率 ω 增加的方向，曲线自$(-1, j0)$点以左的负实轴开始向下，称为半次正穿越；反之，沿频率 ω 增加的方向，曲线自$(-1, j0)$点以左的负实轴开始向上，称为半次负穿越。可以看出，正穿越一次，对应于 $G(j\omega)H(j\omega)$ 曲线逆时针包围$(-1, j0)$点一圈，负穿越一次，对应于 $G(j\omega)H(j\omega)$ 曲线顺时针包围$(-1, j0)$点一圈，如图 4-7 所示，若用 a 表示正穿越次数，用 b 表示负穿越次数，并在曲线上以$(+)$、$(-)$标注出穿越情况。则曲线包围$(-1, j0)$点的圈数 $N = a - b$。

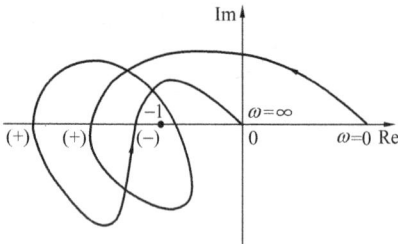

图 4-7　复杂的包围情况

故奈氏判据可叙述如下：若开环传递函数 $G(s)H(s)$ 有 p 个右极点，则闭环系统稳定的充要条件是，当 ω 从 0 变化到 $+\infty$ 时，开环幅相频率特性 $G(j\omega)H(j\omega)$ 曲线对$(-1, -\infty)$实轴段的正、负穿越次数之差为 $p/2$，即 $a - b = p/2$，若不满足上式，则闭环系统不稳定，且有 z 个右极点，$z = p - 2(a - b)$。

如图 4-7 所示开环幅相特性曲线，按穿越情况 $a = 2$，$b = 1$，若 $p = 2$，则闭环系统是稳定的，若 $p \neq 2$，则闭环系统是不稳定的。

3. 奈奎斯特稳定判据在伯德图上的应用

由于开环频率特性的奈奎斯特图和伯德图之间具有一定的对应关系，因此，可以将奈奎斯特稳定判据应用到对数频率特性曲线上，即利用开环对数幅频和相频特性曲线判断闭环系统的稳定性。这种方法称为对数频率稳定判据，其实质是奈奎斯特稳定判据的另一种形式。两者的对应关系如图 4-8 所示。

开环频率特性的奈奎斯特图与伯德图是对同一系统的两

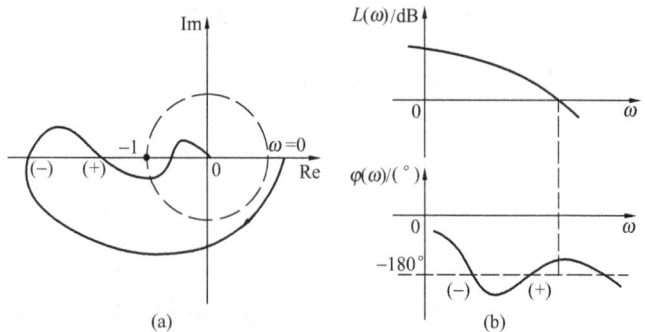

图 4-8　奈氏图与伯德图的对应关系
(a)奈奎斯特图；(b)伯德图

种不同的图示方法，由图 4-8 可以看出这两种特性曲线之间存在下述对应关系：

(1)奈奎斯特图上的单位圆对应伯德图上的 0dB 线，即对数幅频特性曲线的横坐标。单位圆之外的区域对应对数幅频特性曲线 0dB 线以上的区域，即 $L(\omega) > 0$ 的部分。单位圆之内的区域对应对数幅频特性曲线 0dB 线以下的区域，即 $L(\omega) < 0$ 的部分。

（2）幅相频率特性图上的负实轴对应于对数相频特性图上的−180°线。

根据上述对应关系，幅相频率特性曲线的穿越次数可以利用在 $L(\omega)>0$ 的区间内 $\varphi(\omega)$ 曲线对−180°线的穿越次数来计算。在 $L(\omega)>0$ 的区间内 $\varphi(\omega)$ 曲线自下而上通过−180°线为正穿越，$\varphi(\omega)$ 曲线自上而下通过−180°线为负穿越。

当开环传递函数存在积分环节时，在对数相频特性曲线的 $\omega=0$ 的地方，由下向上补画一条虚线，该虚线通过的相角为 $v\times90°$，这里的 v 是积分环节数。计算正负穿越次数时，应将补上的虚线看成对数相频特性曲线的一部分。

因此，对数频率稳定判据可表述为：设开环系统有 p 个右极点，则闭环系统稳定的充分必要条件是，当 ω 从 0 变化到 $+\infty$ 时，在开环对数幅频特性 $L(\omega)>0$ 的所有频段内，对数相频特性曲线 $\varphi(\omega)$ 对−180°线的正、负穿越次数之差应等于 $p/2$，即 $a-b=p/2$。否则，闭环系统不稳定，且有 $z=p-2(a-b)$ 个右极点。

【例 4-8】 已知某系统的开环传递函数为 $G(s)H(s)=\dfrac{K}{s^2(Ts+1)}$，试用对数频率特性分析系统的稳定性。

解 根据系统的开环传递函数，可画出其对数频率特性如图 4-9 所示。由于该系统是Ⅱ型系统，$v=2$，因此在开环对数相频特性曲线 $\varphi(\omega)$ 的最左端补画一条 0°→180°的虚线，作为 $\varphi(\omega)$ 的一部分。很显然，在 $L(\omega)>0$ 的区段内，$\varphi(\omega)$ 对−180°线负穿越一次，即 $b=1$，$a=0$。又根据开环传递函数 $p=0$，故闭环系统不稳定，其闭环右半平面的极点数 $z=p-2(a-b)=2$。

图 4-9 ［例 4-8］图

四、控制系统的相对稳定性

在设计一个控制系统时，不仅要求系统必须是绝对稳定的，还应使系统具有一定的稳定程度，即具有适度的相对稳定性。只有这样，才能满足性能指标，不会因建立系统数学模型和系统分析设计中的某些简化处理，或系统特性参数变化而导致系统不稳定。

观察如图 4-10 所示的 3 种不同放大系数 K 时的曲线，设 $K_1<K_2<K_3$，可以发现，随着 K 的增加，曲线由形式Ⅰ→Ⅱ→Ⅲ。前面分析已知，若开环系统稳定，则闭环系统稳定的充分必要条件是开环幅相频率特性曲线不包围（−1，j0）点，如图 4-10 中曲线Ⅰ所示；当 $K=K_2$ 时，$G(j\omega)H(j\omega)$ 曲线正好通过（−1，j0）点，如图 4-10 中曲线Ⅱ所示，闭环系统处于临界稳定状态；若继续增大 $K=K_3$ 时，$G(j\omega)H(j\omega)$ 曲线包围（−1，j0）点，如图 4-10 中曲线Ⅲ所示，闭环系统成为不稳定系统。

由此可见，开环频率特性曲线随着频率 ω 的增加与负

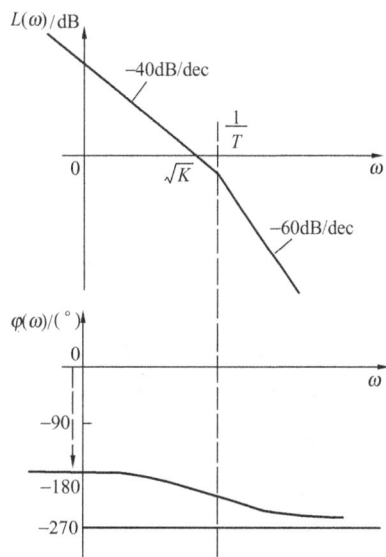

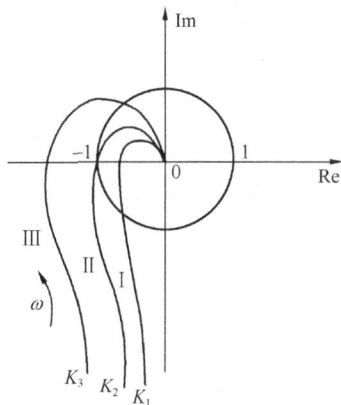

图 4-10 开环频率特性曲线附 K 变化情形

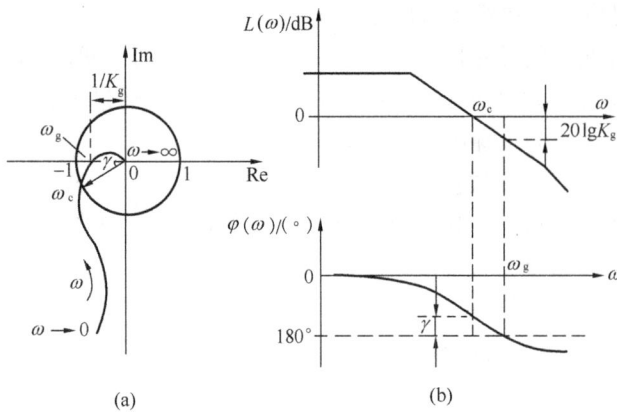

图 4-11 稳定裕度 γ 与 K_g 的表示

(a)奈奎斯特图中稳定裕度；(b)伯德图中稳定裕度

实轴相交时，其交点与$(-1，j0)$点的"距离"表征着系统的相对稳定程度。

通常以稳定裕度表示系统的相对稳定性，它包括两方面，即幅值裕度 K_g 和相角裕度 γ。

（1）相角裕度 γ。相角裕度用 γ 表示，其定义为：开环幅频的模值 $|G(j\omega_c)H(j\omega_c)|$ 为 1 时，其矢量与负实轴$(-180°)$的夹角。在伯德图上，相当于 $L(\omega_c)=0$dB 时，$\varphi(\omega_c)$ 与 $-180°$ 线的相角差，如图 4-11 所示。

即
$$|G(j\omega_c)H(j\omega_c)|=1 \ 或 \ 20\lg|G(j\omega_c)H(j\omega_c)|=0 \ dB$$
$$\gamma=\varphi(\omega_c)-(-180°)=180°+\varphi(\omega_c) \tag{4-2}$$

式中 ω_c——剪切频率（又称截止频率）。

（2）幅值裕度 K_g。幅值裕度用 K_g 表示，其定义为：当开环相频特性的相角 $\varphi(\omega_g)$ 为 $-180°$时，其幅值 $|G(j\omega_g)H(j\omega_g)|$ 的倒数，如图 4-11 所示。

即
$$\varphi(\omega_g)=-180°$$
$$K_g=\frac{1}{|G(j\omega_g)H(j\omega_g)|} \ 或 \ 20\lg K_g=-20\lg|G(j\omega_g)H(j\omega_g)|=-L(\omega_g) \tag{4-3}$$

式中 K_g——幅值裕度；

ω_g——穿越频率，即 $\varphi(\omega_g)$ 与负实轴$(-180°$线$)$相交时的频率。

综上所述，幅值裕度 K_g 与相角裕度 γ 反映了开环频率特性 $G(j\omega)H(j\omega)$ 曲线在$(-1，j0)$点附近的位置。当 $G(j\omega)H(j\omega)$ 曲线正好穿过$(-1，j0)$点，此时 $\gamma=0$，$K_g=1$（或 $20\lg K_g=0$dB），系统为临界稳定。对于一个稳定系统，$G(j\omega)H(j\omega)$ 曲线离$(-1，j0)$点越远，则相对稳定性越好。

如图 4-12 所示为闭环系统不稳定时的情形，此时 $\gamma<0$，$K_g<1$（或 $20\lg K_g<0$dB）。

通过以上分析，可得出如下结论：

（1）若 $\omega_c<\omega_g$，则闭环系统稳定。

（2）对于最小相位系统（即开环系统 s 右半平面无极点的系统），若 $\omega_c=\omega_g$，则闭环系统临界稳定。

（3）若 $\omega_c>\omega_g$，则闭环系统不稳定。

一般要求，控制系统的稳定裕度为 $\gamma\in(30°\sim60°)$，$K_g\in(2\sim3)$ 或 $K_g\in(6\sim10)$dB。

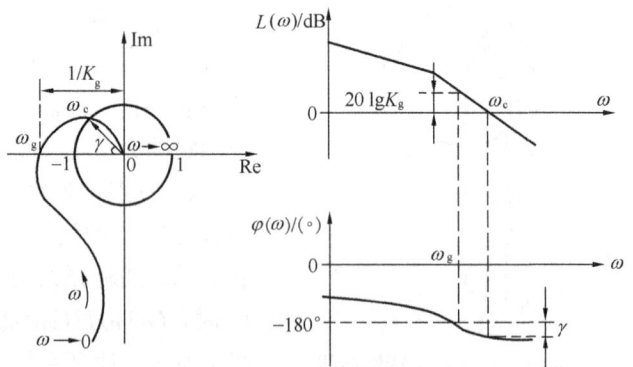

图 4-12 不稳定系统的稳定裕度

【例 4-9】　已知某单位负反馈控制系统的开环传递函数为 $G(s)=\dfrac{400(0.1s+1)}{s^2(0.01s+1)}$。试计算系统的幅值裕度 K_g 和相角裕度 γ，并判断闭环系统的稳定性。

解　（1）根据系统开环传递函数画出系统的伯德图，如图 4-13 所示。图 4-13 中，$\omega_1=10(\mathrm{rad/s})$。

（2）求相角裕度 γ 和幅值裕度 K_g。

由渐近模值方程

$$|G(\mathrm{j}\omega_c)|=\frac{400\sqrt{(0.1\omega_c)^2+1^2}}{\omega_c^2\sqrt{(0.01\omega_c)^2+1^2}}$$

$$\approx\frac{400(0.1\omega_c+0)}{\omega_c^2(0+1)}=1\ 得\ \omega_c=40(\mathrm{rad/s})。$$

另外，可以用斜率法计算 ω_c：由图可知 $20\lg\dfrac{\omega_c}{\omega_1}=40\lg\dfrac{\omega_0}{\omega_1}$，得 $\omega_c=\dfrac{\omega_0^2}{\omega_1}=\dfrac{400}{10}=40(\mathrm{rad/s})$。

计算相角裕度

$$\gamma=180°+\varphi(\omega_c)=\arctan4-\arctan0.4=76°-21.8°=54.2°。$$

计算幅值裕度：从图中可以看出，$\omega\to\infty$ 时，$\varphi(\omega)\to-180°$，故 $K_g(\mathrm{dB})=\infty$。

（3）判断稳定性：由图可知，在 $L(\omega)>0\mathrm{dB}$ 的范围内，$\varphi(\omega)$ 曲线没有穿过 $-180°$ 线，即正负穿越次数为 0；又由于 $p=0$，所以闭环系统稳定。同时，由相角裕度和幅值裕度可知系统具有良好的相对稳定性。

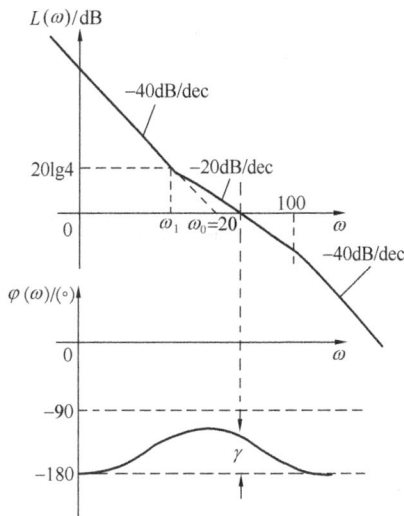

图 4-13　[例 4-9]图

第二节　线性系统的稳态性能分析

自动控制系统的输出量一般都包含两个分量，一个是稳态分量，另一个是动态分量。动态分量反映了控制系统的动态性能。对于稳定的系统，动态分量随着时间的推移，将逐渐减小并最终趋于零。稳态分量反映系统的稳态性能，它反映控制系统跟随给定量和抑制干扰的能力。稳态性能的好坏，一般以稳态误差的大小来衡量。

对于一个实际的控制系统，由于系统结构、输入作用的类型（控制量或干扰量）、输入函数的形式（阶跃、速度或加速度）不同，控制系统的稳态输出不可能在任何情况下都与输入量一致，也不可能在任何形式的干扰作用下都能准确地恢复到原平衡状态。同时，由于系统中不可避免地会有非线性因素的影响，会造成附加的稳态误差。因此，控制系统的稳态误差是不可避免的，控制系统设计的任务之一，是尽量减小系统的稳态误差，或者使稳态误差小于某一允许值。

一、系统误差

系统误差是指被控量要求达到的值（希望值）与实际值之差。由于误差本身存在确定的量纲问题，所以对于如图 4-14 所示的典型结构，误差有两种不同的定义方法。

（1）从输入端定义：把误差定义为给定输入 $R(s)$ 和主反馈信号 $B(s)$ 之差，如图 4-14(a) 所示，即

$$E(s) = R(s) - B(s) \tag{4-4}$$

这样定义的误差是系统中实际存在的量，可以测到，具有实际的物理意义。

（2）从输出端定义：把误差定义为被控量的期望值 $R'(s)$ 和实际值 $C(s)$ 之差，如图 4-14（b）所示，即

$$E'(s) = R'(s) - C(s) \tag{4-5}$$

式中　$R'(s)$——输出量的期望值。这种定义方法多用于性能要求中，其数学意义更为重要。

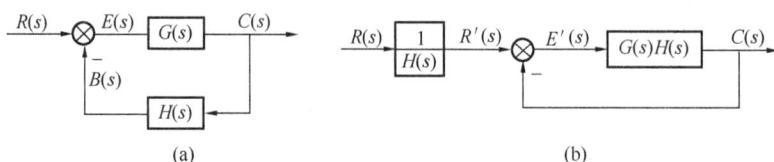

图 4-14　系统的结构图

(a)非单位反馈系统；(b)等效的单位反馈系统

从上面的结构图来分析，有

$$E(s) = R(s) - B(s) = R(s) - H(s)C(s)$$

$$E'(s) = R'(s) - C(s) = R(s) \cdot \frac{1}{H(s)} - C(s)$$

所以，两种误差定义之间的关系为

$$E'(s) = E(s)\frac{1}{H(s)} \tag{4-6}$$

当系统为单位反馈系统时，两者是相等的。因此本书主要讨论以输入端定义的误差。

二、系统稳态误差

系统误差 $e(t)$ 由动态分量和稳态分量组成。其中，误差的稳态分量称为稳态误差，用 e_{ss} 表示，其定义式为

$$e_{ss} = \lim_{t \to \infty} e(t) \tag{4-7}$$

若 $sE(s)$ 的极点均在 s 平面的左半平面时，可用拉氏变换终值定理求得稳态误差 e_{ss}，即

$$e_{ss} = \lim_{t \to \infty} e(t) = \lim_{s \to 0} sE(s) \tag{4-8}$$

由上式可见，如果知道误差信号 $E(s)$ 即可求出系统的稳态误差。

控制系统在工作过程中会受到两类信号的作用，一类是输入信号 $r(t)$，一类是干扰信号 $d(t)$。系统的稳态误差为两类信号作用下产生的稳态误差之和，即

$$e_{ss} = e_{ssr} + e_{ssd} \tag{4-9}$$

式中　e_{ssr}——给定输入作用下系统的稳态误差；

　　　e_{ssd}——干扰输入作用下系统的稳态误差。

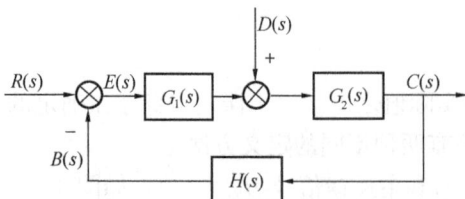

图 4-15　控制系统的典型结构

对于一般的系统，方框图如图 4-15 所示。

给定输入的误差传递函数

$$\frac{E(s)}{R(s)} = \frac{1}{1 + G_1(s)G_2(s)H(s)} \tag{4-10}$$

干扰输入的误差传递函数

$$\frac{E(s)}{D(s)} = \frac{-G_2(s)H(s)}{1+G_1(s)G_2(s)H(s)} \tag{4-11}$$

则系统的稳态误差为

$$e_{ss} = e_{ssr} + e_{ssd} = \lim_{s\to 0} s \cdot \frac{1}{1+G_1(s)G_2(s)H(s)} \cdot R(s) + \lim_{s\to 0} s \cdot \frac{-G_2(s)H(s)}{1+G_1(s)G_2(s)H(s)} \cdot D(s) \tag{4-12}$$

【例 4-10】 单位负反馈系统的开环传递函数为 $G(s) = \dfrac{1}{Ts+1}$，试求输入信号为 $r(t) = 1$ 时系统的稳态误差。

解 (1)由 $r(t) = 1$，可知

$$R(s) = \frac{1}{s}$$

(2)系统的稳态误差为

$$E(s) = \frac{1}{1+G(s)}R(s) = \frac{Ts+1}{Ts+2} \cdot \frac{1}{s}$$

(3)由于 $s \cdot E(s)$ 的极点均在 s 平面的左半平面，所以

$$e_{ss} = \lim_{s\to 0} s \cdot E(s) = s\frac{1}{s}\frac{Ts+1}{Ts+2} = \frac{1}{2}$$

三、给定输入作用下的稳态误差

当只有给定输入作用时，系统的结构如图 4-16 所示。

由上面分析可得，系统的稳态误差为

$$E(s) = \Phi_e(s)R(s) = \frac{1}{1+G(s)H(s)}R(s) \quad (4-13)$$

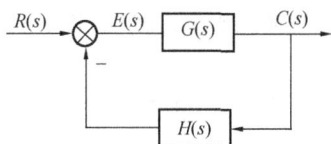

图 4-16 给定作用下的控制系统

这说明系统的稳态误差与结构参数和输入信号有关。系统结构参数不同，开环传递函数 $G(s)H(s)$ 将不同；输入 $R(s)$ 不同，系统的稳态误差也会不同。

一般情况，系统的开环传递函数可表示为

$$G(s)H(s) = \frac{K(1+\tau_1 s)(1+\tau_2 s)\cdots(1+\tau_m s)}{s^v(1+T_1 s)(1+T_2 s)\cdots(1+T_{n-v}s)} \tag{4-14}$$

式中 K——系统的开环增益；

v——积分环节个数；

τ_i 和 T_i——时间常数。

利用终值定理，则

$$e_{ss} = \lim_{s\to 0} sE(s) = \lim_{s\to 0} s \cdot \frac{1}{1+G(s)H(s)} \cdot R(s)$$

$$= \lim_{s\to 0} s \cdot \frac{1}{1+\dfrac{K}{s^v}} \cdot R(s) = \lim_{s\to 0} s \cdot \frac{s^v}{s^v+K} \cdot R(s) \tag{4-15}$$

这表明，当输入信号 $R(s)$ 一定时，e_{ss} 仅和系统的 v 和 K 有关。下面分别讨论不同输入信号作用下，稳态误差与系统结构和参数的关系。

1. 阶跃输入时的稳态误差

当输入为阶跃函数[即 $r(t) = R \cdot 1(t)$],即 $R(s) = \dfrac{R}{s}$ 时,稳态误差为

$$e_{ss} = \lim_{s \to 0} s \cdot \frac{1}{1 + G(s)H(s)} \cdot \frac{R}{s} = \lim_{s \to 0} \frac{R}{1 + G(s)H(s)} = \frac{R}{1 + K_p}$$

式中　$K_p = \lim\limits_{s \to 0} G(s)H(s)$ ——定义为静态位置误差系数。应该指出,所谓位置不仅限于字面上的含义,输出量可以是位置,也可以是温度、压力、流量等。因为这些输出量的物理名称对于分析问题并不重要,故把它们统称为位置。

不同类型系统的位置误差系数和阶跃输入作用下的稳态误差为

O 型系统　　　　　　　　　　　　　$K_p = K,\ e_{ss} = \dfrac{R}{1 + K}$

Ⅰ型系统及以上　　　　　　　　　　$K_p = \infty,\ e_{ss} = 0$

可见,O 型系统对阶跃输入引起的稳态误差为一常值,其大小与 K 有关。K 越大,e_{ss} 越小,但总有误差,除非 K 为无穷大。所以 O 型系统又常称为有差系统。如果在阶跃输入时,要求系统稳态误差为零,则系统必须是Ⅰ型或高于Ⅰ型的系统。

2. 斜坡输入时的稳态误差

当输入为斜坡函数[即 $r(t) = Rt$],即 $R(s) = \dfrac{R}{s^2}$ 时,稳态误差为

$$e_{ss} = \lim_{s \to 0} s \cdot \frac{1}{1 + G(s)H(s)} \cdot \frac{R}{s^2} = \lim_{s \to 0} \frac{R}{s + sG(s)H(s)} = \frac{R}{\lim\limits_{s \to 0} sG(s)H(s)} = \frac{R}{K_v}$$

式中　$K_v = \lim\limits_{s \to 0} sG(s)H(s)$ ——定义为静态速度误差系数。这里所指的速度也是一种统称,所谓速度是指输出量的变化率。另外 K_v 虽然称为速度误差系数,但并不是指速度上的误差,而是指系统在跟踪速度信号(即斜坡信号)时,造成在位置上的误差。

不同类型系统的速度误差系数和斜坡输入作用下的稳态误差为

O 型系统　　　　　　　　　　　　　$K_v = 0,\ e_{ss} = \infty$

Ⅰ型系统　　　　　　　　　　　　　$K_v = K,\ e_{ss} = \dfrac{R}{K}$

Ⅱ型系统及以上　　　　　　　　　　$K_v = \infty,\ e_{ss} = 0$

上述分析表明,O 型系统在稳态时,不能跟踪斜坡信号,其稳态误差为无穷。Ⅰ型系统在稳态时,输出与输入在速度上恰好相等,其输出能跟踪斜坡信号,但有一个常值位置误差,其大小与开环增益 K 成反比。对于Ⅱ型或Ⅱ型以上的系统,其稳态误差为零。

3. 抛物线输入时的稳态误差

当输入为抛物线函数[即 $r(t) = \dfrac{R}{2}t^2$],即 $R(s) = \dfrac{R}{s^3}$ 时,稳态误差为

$$e_{ss} = \lim_{s \to 0} s \cdot \frac{1}{1 + G(s)H(s)} \cdot \frac{R}{s^3} = \lim_{s \to 0} \frac{R}{s + s^2 G(s)H(s)} = \frac{R}{\lim\limits_{s \to 0} s^2 G(s)H(s)} = \frac{R}{K_a}$$

式中　$K_a = \lim\limits_{s \to 0} s^2 G(s)H(s)$ ——定义为静态加速度误差系数。这里加速度误差系数 K_a 也是表示在加速度输入信号时,输出在位置上的误差。

不同类型系统的加速度误差系数和加速度输入作用下的稳态误差为

O 型系统　　　　　　　　　　　　$K_a=0, e_{ss}=\infty$

Ⅰ型系统　　　　　　　　　　　　$K_a=0, e_{ss}=\infty$

Ⅱ型系统　　　　　　　　　　　　$K_a=K, e_{ss}=\dfrac{R}{K}$

上述分析表明，Ⅱ型以下系统的输出不能跟踪加速度信号，在跟踪过程中产生的位置误差随时间增长逐渐变大，并在稳态时达到无穷大。Ⅱ型系统能跟踪加速度输入，但有一个常值位置误差，其大小与开环增益 K 成反比。如表 4-2 所示为系统型别、静态误差系数及输入信号与稳态误差之间的关系。

表 4-2　　　　　　　　　　　　给定输入信号作用下的稳态误差

系统型别	静态误差系数			阶跃输入 $r(t)=R \cdot 1(t)$	斜坡输入 $r(t)=Rt$	抛物线输入 $r(t)=\dfrac{1}{2}Rt^2$
	K_p	K_v	K_a	$e_{ss}=\dfrac{R}{1+K_p}$	$e_{ss}=\dfrac{R}{K_v}$	$e_{ss}=\dfrac{R}{K_a}$
O 型系统	K	0	0	$\dfrac{R}{1+K}$	∞	∞
Ⅰ型系统	∞	K	0	0	$\dfrac{R}{K}$	∞
Ⅱ型系统	∞	∞	K	0	0	$\dfrac{R}{K}$

利用表 4-2 可以直接得出给定输入作用下系统的稳态误差，而无须再利用终值定理逐步计算。但是，必须注意以下几点：

（1）系统必须是稳定的，否则计算稳态误差没有意义。

（2）表 4-2 的结论只适用于给定输入信号作用下系统的稳态误差，不适用于干扰作用下系统的稳态误差。

（3）表 4-2 中及前述稳态误差计算式中的 K，必须是系统开环增益，即开环传递函数中，各典型环节常数项为 1 时的增益。

如果系统的输入是几种典型输入信号的组合，根据线性系统的叠加原理，系统总的稳态误差为各典型输入下的稳态误差之和。

【例 4-11】　已知系统的开环传递函数为 $G(s)H(s)=\dfrac{5(0.5s+1)}{s(s+1)(2s+1)}$，当输入信号 $r(t)=1(t)+t+\dfrac{1}{2}t^2$ 时，用误差系数法求系统的稳态误差。

解　（1）由劳斯判据可知该系统是稳定的。

（2）各误差系数为

$K_p=\lim\limits_{s\to 0}G(s)H(s)=\infty, K_v=\lim\limits_{s\to 0}sG(s)H(s)=5, K_a=\lim\limits_{s\to 0}s^2G(s)H(s)=0$

（3）当输入为 $r_1(t)=1(t)$ 时，$e_{ss1}=\dfrac{R}{1+K_p}=0$

　　当输入为 $r_2(t)=t$ 时，$e_{ss2}=\dfrac{R}{K_v}=\dfrac{1}{5}$

　　当输入为 $r_3(t)=\dfrac{1}{2}t^2$ 时，$e_{ss3}=\dfrac{R}{K_a}=\infty$

（4）系统总的稳态误差 $e_{ss} = e_{ss1} + e_{ss2} + e_{ss3} = \infty$

四、扰动输入作用下的稳态误差

前面已经研究了系统在给定输入信号作用下的稳态误差计算问题。但是，控制系统除承受给定输入信号作用外，还经常处于各种干扰作用之下，如：电源电压和频率的波动、负荷力矩的变动、环境温度的变化等。干扰信号破坏了系统输出和给定输入的对应关系，控制系统一方面要使输出保持和给定输入一致，另一方面要使干扰对输出的影响应尽可能小。因此，干扰引起的稳态误差反映了系统的抗干扰能力。

计算系统在干扰作用下的稳态误差常用终值定理。此时应注意以下两点：

（1）干扰加于系统的作用点和给定输入不同，因此同一形式的给定输入和干扰输入引起的稳态误差不同。

（2）干扰引起的全部输出就是误差。

由式（4-11）可知，干扰输入作用下的稳态误差为

$$e_{ssd} = \lim_{s \to 0} s \cdot E(s) = \lim_{s \to 0} s \cdot \frac{-G_2(s)H(s)}{1+G_1(s)G_2(s)H(s)} \cdot D(s) \tag{4-16}$$

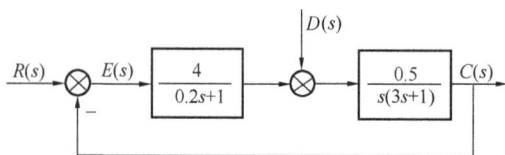

图 4-17　[例 4-12]图

【例 4-12】　某单位反馈系统结构如图4-17所示，已知给定输入 $r(t) = t$，干扰 $d(t) = -3$。试计算该系统总的稳态误差。

解　（1）由劳斯判据可知，该系统闭环稳定。

（2）给定输入作用时的稳态误差。

由 $R(s) = \frac{1}{s^2}$，$G(s)H(s) = \frac{2}{s(0.2s+1)(3s+1)}$，系统为 I 型系统，可得

$$K_v = \lim_{s \to 0} sG(s)H(s) = 2, e_{ssr} = \frac{1}{K_v} = 0.5$$

（3）干扰作用时的稳态误差。

由 $D(s) = -\frac{3}{s}$，可得　$e_{ssd} = \lim_{s \to 0} s \cdot E(s) = \lim_{s \to 0} s \cdot \frac{-\frac{0.5}{s(3s+1)}}{1+\frac{2}{s(0.2s+1)(3s+1)}} \cdot \frac{-3}{s} = 0.75$

（4）总的稳态误差。　$e_{ss} = e_{ssr} + e_{ssd} = 0.5 + 0.75 = 1.25$

五、根据频率特性分析系统的稳态性能

根据系统频率特性分析系统的稳态性能，主要是根据系统伯德图中的低频段分析系统的稳态误差。伯德图中的低频段是指 $L(\omega)$ 的渐近曲线在第一个转折频率以前的区段。这一频段特性完全由系统开环传递函数中串联积分环节的个数 v 和开环增益 K 决定。因此，可以由 $L(\omega)$ 的低频段判断出系统的型别和开环增益，进而确定有差系统稳态误差的大小。

1. 由 $L(\omega)$ 低频段的斜率判断系统型别

（1）$L(\omega)$ 低频段的斜率为 0dB/dec（水平直线），则 $v=0$，为 O 型系统，如图 4-18(a)所示。

（2）$L(\omega)$ 低频段的斜率为 -20dB/dec，则 $v=1$，为 I 型系统，如图 4-18(b)所示。

（3）$L(\omega)$ 低频段的斜率为 -40dB/dec，则 $v=2$，为 II 型系统，如图 4-18(c)所示。

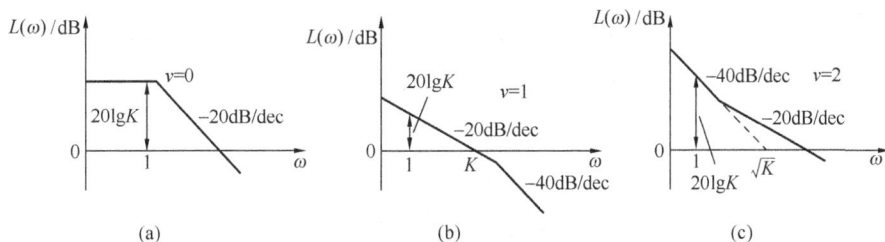

图 4-18　$L(\omega)$ 的低频段特性

(a)O 型系统；(b)Ⅰ型系统；(c)Ⅱ型系统

2. 由 $L(\omega)$ 低频段判断系统开环增益

(1) $L(\omega)$ 在 $\omega = 1$ 的高度为 $20\lg K$，由此确定 K，如图 4-18(a)所示。

(2) 对于Ⅰ型或Ⅰ型以上系统，低频段 $L(\omega)$ 或其延长线和 0dB 线的交点频率 $\omega_c = \sqrt[v]{K}$，由此确定 K，如图 4-18(b)、图 4-18(c)所示。

3. 由 $L(\omega)$ 低频段确定系统的稳态误差

根据系统的型别和开环增益，可以求出系统在给定输入信号作用下的稳态误差。

【例 4-13】　已知系统开环对数幅频特性如图 4-19所示，求系统在输入信号 $r(t) = t^2$ 作用下的稳态误差。

解　因为系统 $L(\omega)$ 低频段的斜率为 $-40\mathrm{dB}/\mathrm{dec}$，则 $v=2$，系统为Ⅱ型系统。开环增益 K 满足如下方程

$$40 \times (\lg \sqrt{K} - \lg 0.5) = 20 \times (\lg 1 - \lg 0.5)$$

求得　　　　　　　　　$K = 0.5$

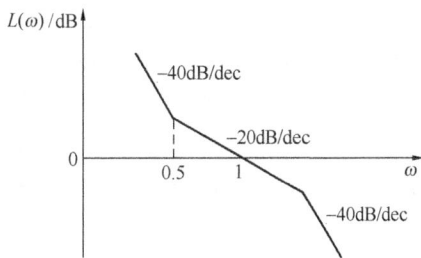

图 4-19　[例 4-13]图

输入信号为加速度信号，幅值 $R=2$，因此，查表 4-2 可得

$$e_{ss} = 2/0.5 = 4$$

第三节　线性系统的动态性能分析

一、系统动态性能的频域分析

前面讨论了系统的开环频率特性，以及系统的开环频域指标如剪切频率 ω_c、相角裕度 γ 和幅值裕度 K_g。下面首先讨论典型二阶系统频域指标和系统动态性能的关系，然后讨论系统的开环频率特性对系统动态性能的影响。

（一）典型二阶系统频域指标和动态性能的关系

典型二阶系统的开环传递函数为　　　$G(s) = \dfrac{\omega_n^2}{s(s + 2\zeta\omega_n)}\ (0 < \zeta < 1)$

其开环频率特性为　　　　　　$G(j\omega) = \dfrac{\omega_n^2}{j\omega(j\omega + 2\zeta\omega_n)}$

因此　　　　　　　　　　$A(\omega) = \dfrac{\omega_n^2}{\omega\sqrt{\omega^2 + (2\zeta\omega_n)^2}}$

$$\varphi(\omega) = -90° - \arctan \frac{\omega}{2\zeta\omega_n}$$

在 $\omega = \omega_c$ 处,$A(\omega_c) = 1$,即

$$A(\omega_c) = \frac{\omega_n^2}{\omega_c \sqrt{\omega_c + (2\zeta\omega_n)^2}} = 1$$

$$\omega_c = \omega_n \sqrt{\sqrt{4\zeta^4 + 1} - 2\zeta} \tag{4-17}$$

当 $\omega = \omega_c$ 时

$$\varphi(\omega_c) = -90° - \arctan \frac{\omega_c}{2\zeta\omega_n}$$

$$\gamma = 180° + \varphi(\omega_c) = 90° - \arctan \frac{\omega_c}{2\zeta\omega_n} = \arctan \frac{2\zeta\omega_n}{\omega_c} \tag{4-18}$$

将式(4-17) 代入式(4-18) 得

$$\gamma = \arctan \frac{2\zeta}{\sqrt{\sqrt{4\zeta^4 + 1} - 2\zeta^2}} \tag{4-19}$$

1. γ 与 $\sigma\%$ 之间的关系

从系统时域分析中知道

$$\sigma\% = e^{-\frac{\zeta\pi}{\sqrt{1-\zeta^2}}} \times 100\%$$

由此可知,频域指标 γ 和时域指标 $\sigma\%$ 都是阻尼比的函数,因此 γ 与 $\sigma\%$ 之间必存在函数关系,以 ζ 为参变量 γ 与 $\sigma\%$ 的关系如图 4-20 所示,根据给定的 γ 可以由曲线直接查得对应的 $\sigma\%$ 值。由图可见,γ 越大,$\sigma\%$ 越小;γ 越小,$\sigma\%$ 越大。因此,相角裕度 γ 可反映时域中超调量 $\sigma\%$ 的大小,是频域中的平稳性指标。为使二阶系统具有较满意的动态性能,一般希望 $30° \leqslant \gamma \leqslant 70°$。

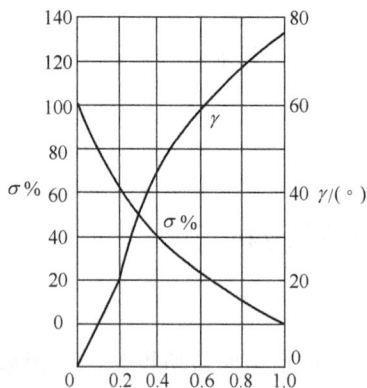

图 4-20　γ 和 $\sigma\%$ 之间的关系

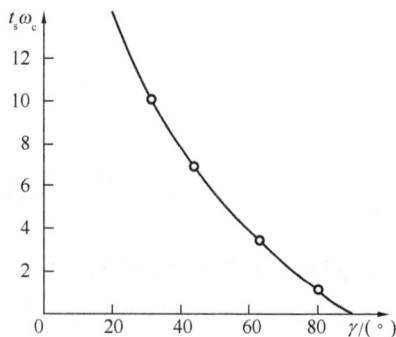

图 4-21　$t_s\omega_c$ 和 γ 之间的关系

2. γ、ω_c 与 t_s 之间的关系

在时域分析中,可知

$$t_s = \frac{3}{\zeta\omega_n}$$

将式(4-17)代入上式,得

$$t_a\omega_c = \frac{3}{\zeta} \sqrt{\sqrt{4\zeta^4 + 1} - 2\zeta^2} \tag{4-20}$$

由式(4-19)和式(4-20)可得

$$t_s\omega_c = \frac{6}{\tan\gamma} \tag{4-21}$$

将 $t_s\omega_c$ 与 γ 的关系绘成曲线，如图 4-21 所示。

可以看出，如果系统的相角裕度 γ（即 $\sigma\%$）已经给定，那么 t_s 与 ω_c 成反比。ω_c 越大，系统的调节时间越短。

综上所述，开环频域指标 ω_c 可反映系统响应的快速性，是频域中的快速性指标。

（二）开环频率特性对系统动态性能的影响

从上面二阶系统的频域分析中可以看出，典型二阶系统的开环频率特性决定了二阶系统的动态性能。而对任一单位负反馈控制系统，其闭环传递函数为

$$\Phi(s) = \frac{G(s)}{1+G(s)H(s)}$$

可以看出，开环传递函数的结构和参数，决定了闭环系统的传递函数。开环系统的频率特性和闭环系统的动态性能之间有着内在的联系，其中对闭环系统的动态性能起决定性影响的是开环频率特性的中频段。

1. 中频段特性与系统的动态性能

中频段是指伯德图中 $L(\omega)$ 在剪切频率 ω_c 附近的区域。因为中频段的形状和位置决定了系统的频域指标 ω_c 和 γ，因此，这段特性集中反映了闭环系统动态响应的平稳性和快速性。下面在假定闭环系统稳定的条件下，对两种极端情况进行分析。

（1）中频段斜率为 $-20\mathrm{dB/dec}$。设 $L(\omega)$ 中频段斜率为 $-20\mathrm{dB/dec}$，且有较宽的频率区域，如图 4-22(a)所示。

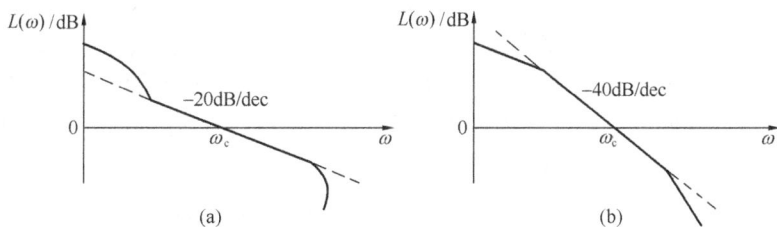

图 4-22 中频段对数幅频特性曲线

(a)中频段斜率为 $-20\mathrm{dB/dec}$ 的系统伯德图；(b)中频段斜率为 $-40\mathrm{dB/dec}$ 的系统伯德图

此时可近似认为整个系统的开环幅频特性为 $-20\mathrm{dB/dec}$，其对应的开环传递函数为

$$G(s)H(s) \approx \frac{K}{s} = \frac{\omega_c}{s}$$

对单位负反馈系统，其闭环传递函数为

$$\Phi(s) = \frac{G(s)}{1+G(s)} = \frac{\omega_c/s}{1+\omega_c/s} = \frac{1}{\omega_c s+1} = \frac{1}{Ts+1}$$

式中 $T=\frac{1}{\omega_c}$——时间常数。

可见，这相当于一阶系统。其阶跃响应为指数规律，超调量 $\sigma\%=0$，即系统稳定性好；调节时间 $t_s\approx 3T=\frac{3}{\omega_c}$。可以得出结论，$\omega_c$ 越高，t_s 越小，系统的快速性越好。

（2）中频段斜率为 $-40\mathrm{dB/dec}$。若 $L(\omega)$ 中频段斜率为 $-40\mathrm{dB/dec}$，如图 4-22(b)所示。

对应的开环传递函数为

$$G(s)H(s) \approx \frac{K}{s^2} = \frac{\omega_c^2}{s^2}$$

对单位负反馈系统，其闭环传递函数为

$$\Phi(s) = \frac{G(s)}{1+G(s)} \approx \frac{(\omega_c/s)^2}{1+(\omega_c/s)} = \frac{\omega_c}{s^2+\omega_c^2}$$

上式相当于二阶系统 $\zeta=0$ 时的情况，其阶跃响应为等幅振荡过程，系统处于临界稳定状态。

因此，中频段斜率为 -40dB/dec 或小于 -40dB/dec 时，闭环系统难以稳定。因此，通常中频段斜率取 -20dB/dec，以期得到满意的平稳性。同时通过提高 ω_c 来保证系统的快速性。

2. 高频段特性与系统动态性能

高频段是指伯德图中 $L(\omega)$ 曲线在中频段以后（通常 $\omega > 10\omega_c$）的区域。高频段特性是由系统中时间常数小的环节决定的，所以对系统的动态性能影响较小。

在高频段，一般有 $L(\omega) \ll 0$，即 $|G(\text{j}\omega)H(\text{j}\omega)| \ll 1$，故对单位负反馈系统，有

$$|\Phi(\text{j}\omega)| = \frac{|G(\text{j}\omega)|}{|1+G(\text{j}\omega)|} \approx |G(\text{j}\omega)|$$

即闭环幅频近似等于开环幅频。

由此可知，高频段幅频特性 $L(\omega)$ 曲线的高度反映了系统抗高频干扰的能力。$L(\omega)$ 曲线越低，系统抗高频干扰的能力越高。

综上所述，对于最小相位系统，系统的性能完全可以由开环对数频率特性反映出来。一个设计合理的系统，其开环对数幅频特性低、中、高 3 个频段的形状应包括以下特征：

（1）低频段的斜率陡、增益大，表明系统的稳态精度高。如果要求系统具有一阶或二阶无静差特性，则 $L(\omega)$ 曲线低频段的斜率应为 -20dB/dec 或 -40dB/dec，而且曲线要保持足够的高度，以满足系统的稳态精度。

（2）中频段以 -20dB/dec 斜率穿越 0dB 线，且有一定的宽度，此时系统的平稳性好。

（3）要提高系统的快速性，应增加剪切频率 ω_c。

（4）高频段的斜率要陡，其分贝数要小，以提高系统抗高频干扰的能力。

高阶 I 型系统开环对数幅频渐近特性曲线的合理分布如图 4-23 所示。

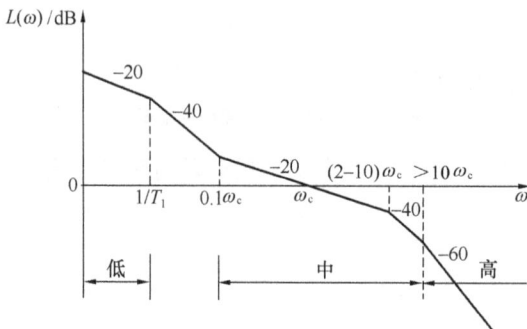

图 4-23　I 型系统的对数幅频特性曲线的典型分布

3 个频段的划分并没有很严格的确定性准则，但是 3 频段的概念，为直接运用开环特性判别稳定的闭环系统动态特性的性能，指出了原则和方向。

二、系统动态性能的根轨迹分析

在绘制了控制系统的根轨迹后，根据一定的条件，利用根轨迹幅值条件，不难确定相应

的闭环极点，如果闭环零点也已知就能求出系统的响应，从而实现对系统性能的分析。系统的开环零、极点的变化，会对系统轨迹产生很大的影响。因此，有目的地改变开环零、极点在 s 平面上的分布，可使系统的动态性能满足一定的要求。

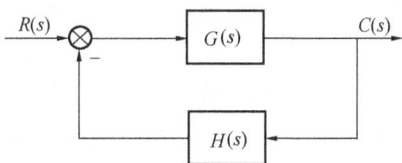

图 4-24　控制系统的动态结构图

（一）用闭环零、极点表示系统的阶跃响应

设控制系统如图 4-24 所示。n 阶系统的闭环传递函数 $\Phi(s)$ 可表示为

$$\Phi(s) = \frac{C(s)}{R(s)} = \frac{G(s)}{1+G(s)H(s)} = \frac{b_m s^m + b_{m-1}s^{m-1} + \cdots + b_1 s + b_0}{a_n s^n + a_{n-1}s^{n-1} + \cdots + a_1 s + a_0} = \frac{K\prod\limits_{j=1}^{m}(s-z_j)}{\prod\limits_{i=1}^{n}(s-p_i)}$$

式中　z_j——闭环系统的零点；

$\quad\quad p_i$——闭环系统的极点。

令输入信号为单位阶跃函数，即 $r(t)=1(t)$, $R(s)=1/s$，可得到系统响应的拉氏变换式为

$$C(s) = \Phi(s)R(s) = \frac{K\prod\limits_{j=1}^{m}(s-z_j)}{\prod\limits_{i=1}^{n}(s-p_i)} \cdot \frac{1}{s}$$

为简单起见，设 $\Phi(s)$ 中无重极点，则上式可分解为部分分式，即

$$C(s) = \frac{A_0}{s} + \frac{A_1}{s-p_1} + \cdots + \frac{A_n}{s-p_n} = \frac{A_0}{s} + \sum_{k=1}^{n}\frac{A_k}{s-p_k} \tag{4-22}$$

其中，$A_0 = \left. \dfrac{K\prod\limits_{j=1}^{m}(s-z_j)}{s\prod\limits_{i=1}^{n}(s-p_i)}s \right|_{s=0} = \dfrac{K\prod\limits_{j=1}^{m}(-z_j)}{\prod\limits_{i=1}^{n}(-p_i)} = \Phi(0)$

$A_k = \left. \dfrac{K\prod\limits_{j=1}^{m}(s-z_j)}{s\prod\limits_{\substack{i=1}}^{n}(s-p_i)}s \right|_{s=p_k} = \dfrac{K\prod\limits_{j=1}^{m}(p_k-z_j)}{p_k\prod\limits_{\substack{i=1\\i\neq k}}^{n}(p_k-p_i)}$

对式(4-22)进行拉氏反变换，得到系统的单位阶跃响应为

$$c(t) = A_0 + \sum_{k=1}^{n}A_k \mathrm{e}^{p_k t} \qquad t \geqslant 0 \tag{4-23}$$

从式(4-22)、式(4-23)中可以看出，系统响应与系统的闭环零、极点有关。

（二）闭环零、极点对系统动态性能的影响

控制系统的响应 $c(t)$ 由闭环极点 p_k（或 p_i）、系数 A_k 决定，而系数 A_k 由系统的闭环零点 z_j、闭环极点 p_k 决定。欲满足控制系统动态性能方面的要求，系统闭环零、极点应遵循以下分布原则：

（1）为保证系统稳定，所有的闭环极点 p_k 必须在 s 平面左半部，即 $\mathrm{Re}[p_k]<0$。

（2）为提高系统的快速性，某一极点对应的分量 $\mathrm{e}^{p_k t}$ 要衰减快，$|p_k|$ 要大，即该闭环极点要远离虚轴。

（3）若系统的某一闭环极点与一个闭环零点靠得很近，且与其他极点及虚轴相距较远，称该零、极点为偶极子。偶极子的极点对应的响应分量 $A_k e^{p_k t}$ 很小，以至于在 $c(t)$ 中可忽略不计。工程中，对那些在响应中对系统性能影响不利的极点，有意识地在其附近安排一个零点，抵消其影响，从而改善系统的性能。

（4）在复平面上，系统中离虚轴最近的极点，且在其附近又无零点，该极点对系统性能影响最大，称为主导极点。系统的响应主要由主导极点来决定。一般认为，主导极点跟虚轴的距离与其他极点跟虚轴的距离之比小于 $1/5$，且其附近又无零点，可将该极点作为主导极点。

因此，为了保证控制系统具有良好的动态性能，必须使系统的闭环极点落在复平面的特定区域上，即系统根轨迹必须在特定区域内，例如落在如图 4-25 所示的区域内。

在图 4-25 中，σ 越大，系统动态响应的衰减越快，即系统的响应速度越快，与负实轴的夹角 $\arccos \zeta$ 越小，阻尼比 ζ 越大，系统响应的超调越小。下面通过系统的根轨迹来分析系统的动态性能。

【例 4-14】 有二阶系统如图 4-26 所示，其中 $a>0$。试从闭环极点在 s 平面上的位置，来分析对系统动态性能的影响。

解 根据系统开环传递函数 $G(s) = \dfrac{K}{s(s+a)}$，绘制闭环系统根轨迹如图 4-27 所示。

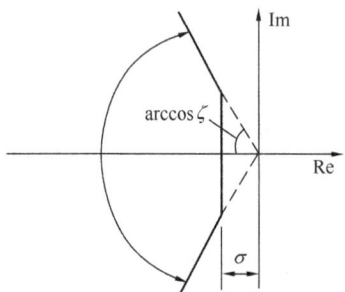

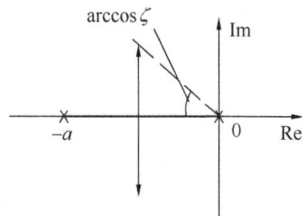

图 4-25 系统根轨迹应位于的区域   图 4-26 系统结构图   图 4-27 系统根轨迹

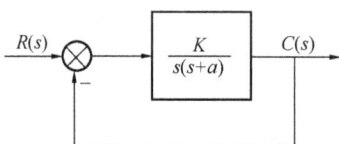

系统的闭环特征方程为 $s^2 + as + K = 0$

（1）当 $K < a^2/4$ 时，闭环极点为两个负实极点，即系统根轨迹在实轴上，此时系统无超调。随着 K 从零逐渐增大，原来 $s=0$ 的极点（对系统响应起主导作用）逐渐远离虚轴，系统响应加快，调节时间减少。

（2）当 $K > a^2/4$ 时，闭环极点为两个共轭复数极点，即系统根轨迹是平行于虚轴的两条射线。随着 K 逐渐增大，系统阻尼比 ζ 减小，超调量增大。同时由于系统根轨迹平行于虚轴，闭环极点的实部不变，即系统动态响应的衰减速度不变，系统响应的调节时间将增加。

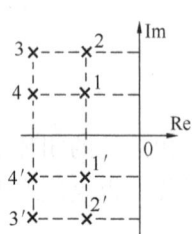

比较项目 组别 系统		振荡频率(高、低)	阻尼系数(大中小)	衰减速度(快、慢)
Ⅰ	1	低	中	慢
	2	高	小	慢
Ⅱ	1	低	中	慢
	3	高	中	快
Ⅲ	1	低	中	慢
	4	高	大	快

(a)   (b)

图 4-28 二阶系统闭环零极点分布及性能比较

(a)二阶系统的闭环极点分布图；(b)二阶系统性能比较表

（3）当 $K = a^2/4$ 时，闭环极点为两个相等的实极点，即系统根轨迹在实轴上的分离点。此时系统阻

尼比 $\zeta=1$，系统响应无超调。

【例 4-15】 已知 4 个二阶系统的闭环极点分布图如图 4-28(a)所示。试以表格的形式比较它们的性能。

解 比较结果如图 4-28(b)所示。

（三）利用根轨迹方法来改善系统的动态性能

系统的根轨迹由系统开环零、极点在 s 平面上的位置而决定，因此在 s 平面上的适当位置，增加开环零点或开环极点，可使原系统的根轨迹发生变化，从而使系统的动态性能得到改善。

1. 附加开环极点

在如图 4-29(a)所示的根轨迹中，开环传递函数为 $G(s)=\dfrac{K}{s(s+2)}$，当附加一个开环极点 $p_3=-3$，则原系统的开环传递函数为 $G(s)=\dfrac{K}{s(s+2)(s+3)}$，其系统的根轨迹如图 4-29(b)所示。

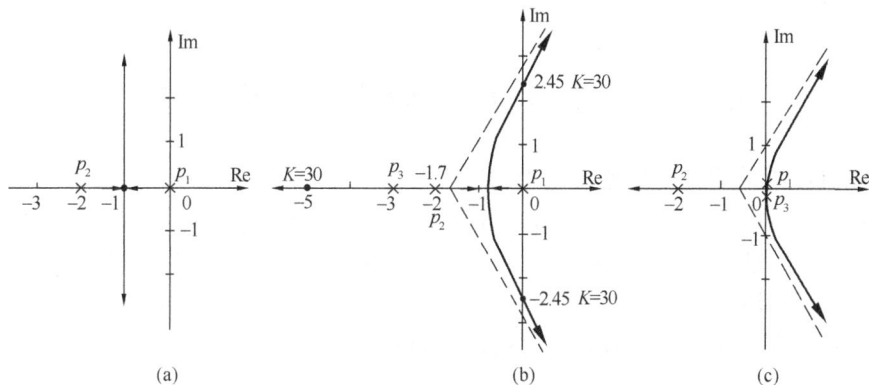

图 4-29　附加开环极点对系统根轨迹的影响
(a)原系统；(b)附加极点 $p_3=-3$；(c)附加极点 $p_3=0$

从图 4-29(a)、(b)中可以看出，原系统中在 K 从 0→∞时，闭环极点均在 s 平面的左半边，系统稳定；增加一个极点($p_3=-3$)后，原系统的根轨迹向右偏移，当 K 增加到一定值后，根轨迹穿过虚轴到 s 平面的右半边，使系统变得不稳定。

若在原系统中，附加一个 $p_3=0$ 的极点，则开环传递函数变为 $G(s)=\dfrac{K}{s^2(s+2)}$，此时系统的根轨迹变成如图 4-29(c)所示，使系统变成不稳定系统。

综上所述，在系统中附加开环极点，将使系统的根轨迹向右移动，并且当增加的极点越靠近坐标原点时，根轨迹的右移越明显。此时系统的动态性能往往变坏，系统的稳定性降低。为克服增加开环极点对系统的影响，在增加开环极点的同时，可增加相应的开环零点。

2. 附加开环零点

设原系统的传递函数 $G(s)=\dfrac{K}{s^2(s+2)}$，其根迹如图 4-29(c)所示，此时系统是不稳定的。若在原系统中增设一个附加零点，其传递函数为 $G_c(s)=\tau s+1$，则原系统传递函数变成

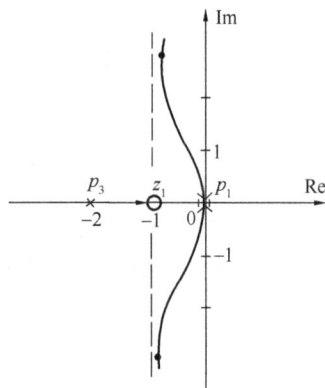

图 4-30　增加零点后的根轨迹

$$G_c(s)G(s) = \frac{K(\tau s + 1)}{s^2(s + 2)}$$

设 $\tau = 1$，该系统的开环零、极点为

$$p_1 = p_2 = 0, p_3 = -2, z_1 = -\frac{1}{\tau} = -1$$

根据其零、极点分布，绘出该系统的根轨迹如图 4-30 所示，与如图 4-29(c)所示的根轨迹相比，原来有两条根轨迹完全位于 s 平面的右半边，系统不稳定。附加零点后，使开环零点个数变成 1(即 $m=1$)，其渐近线由 3 条变成两条，夹角为 $\pm 90°$，与实轴交点坐标为 -1，即渐近线位于 s 平面的左半部，使得从重极点 p_1、p_2 发出的两条根轨迹处于 s 平面的左边。因此，不论开环增益 K 为何值，控制系统均可稳定工作。

设置附加零点后，总体上使系统根轨迹向左偏移，从而增加系统的稳定性，减少系统响应的调节时间。

第四节　基于 MATLAB 的线性系统性能分析

一、MATLAB 在系统稳定性分析中的应用

从上面的分析可以看出，控制系统稳定的本质，是看闭环系统根的实部是大于零、小于零还是等于零。用纸和笔人工求解高阶系统的根是很困难的，而利用 MATLAB 却很容易求解。同时，由于利用 MATLAB 来绘制频率特性和系统根轨迹变得简单，因此，利用 MATLAB 进行系统的频域和根轨迹稳定性分析将更为方便。

(一)根据闭环极点(特征根)判定系统的稳定性

在 MATLAB 中，有几种求解特征根的方法，下面分别加以介绍。

1. 利用 roots( )函数求解

roots( )函数的作用是求多项式的根，其调用格式是

roots(c)

表示计算一个多项式的根，此多项式系数是向量 c 的元素。如果 c 有 $n+1$ 个元素，那么多项式为：$c(1) * x^n + \cdots + x(n) * x + c(n+1)$。

【例 4-16】　已知系统的闭环传递函数为 $\Phi(s) = \dfrac{s+1}{s^5 + 14s^4 + 47s^3 + 76s^2 + 62s + 20}$，试计算该系统的特征根。

　解　在 MATLAB 命令窗口中输入

$\gg$ roots([1 14 47 76 62 20])

ans =

　-10.0000

　$-1.0000 + 1.0000i$

　$-1.0000 - 1.0000i$

　$-1.0000 + 0.0000i$

$-1.0000 - 0.0000$i

可以看出系统的特征根是单根-10，二重根-1，以及共轭复根$1\pm$i，这一系统所有特征根的实部都小于零，系统是稳定的。

2. 闭环传递函数部分分式展开

利用 MATLAB 的 residue( )函数可以把闭环传递函数展开成部分分式的形式，从而得到系统的闭环极点。residue( )函数的调用格式是

［R，P，K］＝residue(B，A)

［R，P，K］＝residue(B，A)是寻找多项式$B(s)$和$A(s)$的比的部分分式展开式的留数、极点和直接项。如果没有多重根，那么

$$\frac{B(s)}{A(s)} = \frac{R(1)}{s-P(1)} + \frac{R(2)}{s-P(2)} + \cdots + \frac{R(n)}{s-P(n)} + K(s)$$

向量B和A按降幂确定多项式的系数，留数在列向量R中，极点在列向量P中，直接项在行向量K中。

【例 4-17】　仍然考虑［例 4-16］的系统，试用部分分式展开式方法计算该系统的特征根。

解　在 MATLAB 命令窗口中输入

≫ num＝［1 1］；den＝［1 14 47 76 62 20］；

≫ ［r，p，k］＝residue(num，den)

r ＝

　　-0.0014

　　$-0.0549 + 0.0061$i

　　$-0.0549 - 0.0061$i

　　　0.1111

　　　0.0000

p ＝

　　-10.0000

　　$-1.0000 + 1.0000$i

　　$-1.0000 - 1.0000$i

　　-1.0000

　　-1.0000

k ＝

　　［ ］

可以看出，极点列向量 p 中的极点和用 roots( )函数求出的特征根相同。因此仍然可以判断闭环系统是稳定的。

3. 将系统化为零极点模型

由于从系统的零极点模型的分母可以直观地看出系统的极点，因而由零极点模型可以直接分析系统的稳定性。由于将系统化为零极点模型的函数 zkp( )在前面已经介绍过，在此直接引用。

【例 4-18】　对于［例 4-16］的系统，用零极点模型方法来直接分析该系统的稳定性。

解 在 MATLAB 命令窗口中输入

≫ sys＝tf（［1 1］,［1 14 47 76 62 20］）；

≫ G1＝zpk（sys）

zero/pole/gain：

$$\frac{(s+1)}{(s+10)(s+1)^2(s^2+2s+2)}$$

系统零极点模型中的复数极点需要经过简单的计算求出，其实就是求解一个二阶代数方程。当复数极点求出后，闭环系统的所有极点就为已知数。根据系统的全部极点可以判断系统的稳定性。

（二）利用根轨迹判定系统的稳定性

由于在 MATLAB 中绘制根轨迹十分方便，因此利用根轨迹判定系统的稳定性也很简单而且可以得到根轨迹增益的稳定范围。

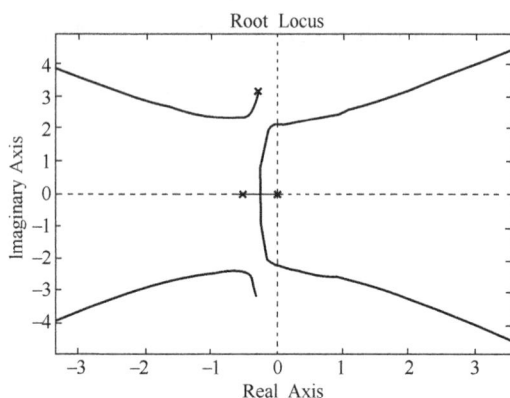

图 4-31 系统根轨迹

【例 4-19】 考虑具有下列开环传递函数的系统 $G(s)=\dfrac{K}{s(s+0.5)(s^2+0.6s+10)}$，试用根轨迹方法判定该系统的稳定性。

解 在 MATLAB 命令窗口中输入

≫ sys = tf(1, conv([1 0.5 0],[1 0.6 10]))；

≫ rlocus(sys)

运行结果如图 4-31 所示。

从系统的根轨迹图形中可以看出，当 K 较大时系统将不稳定。利用前面介绍的 rlocfind（ ）函数可以得到 K 的稳定范围。

（三）利用频率特性判定系统的稳定性

利用 MATLAB 绘制出系统的 Nyquist 图或 Bode 图，然后根据相应的稳定判据可以判断系统的稳定性。下面举例说明其应用。

【例 4-20】 已知系统开环传递函数为

$G(s)=\dfrac{5s^2+0.96s+9.6}{s(s+1)^2(s^2+0.384s+2.56)}$，试分别用 Nyquist 图方法和 Bode 图方法判定该系统的稳定性。

解 （1）在 MATLAB 命令窗口中输入

≫ sys＝tf([5 0.96 9.6],[conv([1 2 1],[1 0.384 2.56]),0])；

≫ nyquist(sys)

≫ axis([−3 0 −1 1])

由上述命令就可以得到系统的 Nyquist

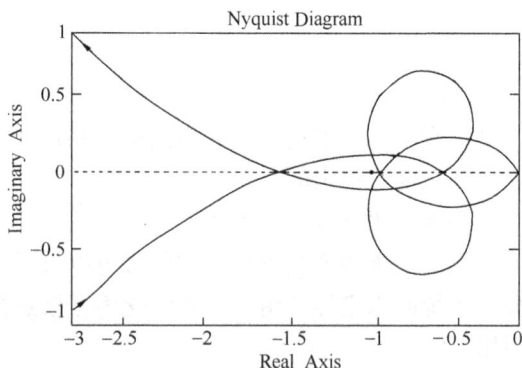

图 4-32 系统 Nyquist 图

图如图 4-32 所示。

从图 4-32 中可以看出，系统 Nyquist 图与负实轴共有 3 个交点，它绕（−1，j0）这一点顺时针转动的圈数为 1，从系统开环传递函数 $G(s)$ 中可以看出，系统没有不稳定的开环极点，故闭环系统有两个不稳定极点。

（2）若在 MATLAB 命令窗口中输入

≫ sys＝tf（[5 0.96 9.6]，[conv（[1 2 1]，[1 0.384 2.56]），0]）；

≫ bode（sys）

≫ grid on

由上述命令就可以得到系统的 Bode 图，如图 4-33 所示。

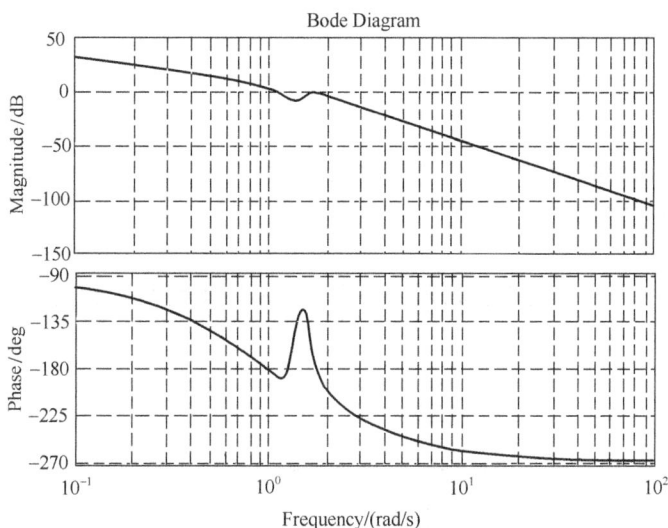

图 4-33 系统 Bode 图

从图 4-33 中可以看出，在 $L(\omega) > 0$ 的频段内，相频特性负穿越的次数为 1，从而可以判定系统不稳定的极点数为 2。

此外，由于计算机的优点是其强大的计算功能，因此通过直接求解系统的输出或通过系统的仿真也可确定系统的稳定性。

（四）计算相角裕度和幅值裕度

控制系统工具箱中提供了 margin（）函数来求取给定线性系统的相角裕度和幅值裕度，该函数的调用格式是

[Gm，Pm，Wcg，Wcp] ＝margin（sys）

[Gm，Pm，Wcg，Wcp] ＝margin（mag，pha，w）

输出变量中，（Gm，Wcg）为幅值裕度与相应的频率，（Pm，Wcp）为相角裕度与相应的频率（剪切频率）。若得出的裕度为无穷大，则给出的值为 inf。这时相应的频率值为 NaN（表示非数值）。

输入变量中，mag、pha 和 w 分别为由 bode（）得到的频域响应的幅值、相位与频率向量。下面举例说明其应用。

【例 4-21】 已知系统开环传递函数为 $G(s) = \dfrac{2}{s^3 + 3s^2 + 2s}$，试计算该系统的相角裕度和幅值裕度。

解 在 MATLAB 命令窗口中输入

≫sys=tf (2, [1 3 2 0]);

≫ [Gm, Pm, wc, wg] =margin (sys)

Gm =

  3.0000

Pm =

  32.6133

wc =

  1.4142

wg =

  0.7494

因此，该系统的相角裕度为 32.6°，幅值裕度为 3。

另外，可输入以下指令

≫ margin (sys)

可得到如图 4-34 所示相角裕度和幅值裕度图，从图上可得到相角裕度和幅值裕度及其对应的频率。

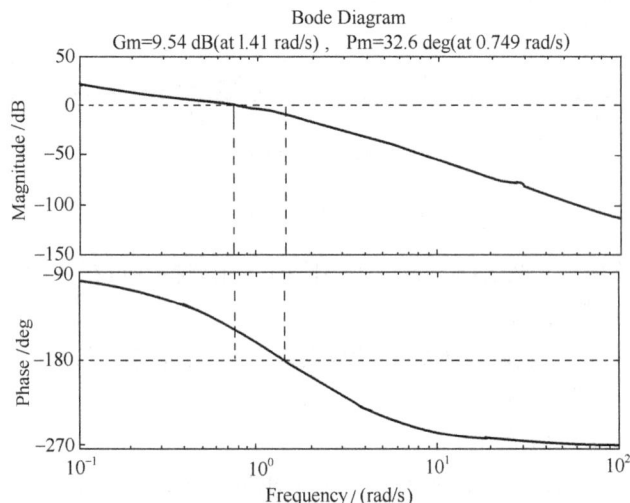

图 4-34　系统相角裕度和幅值裕度

二、MATLAB 在系统稳态性能分析中的应用

控制系统稳态性能分析的一个重要方面是求出系统的稳态误差。利用 MATLAB 的数值计算功能，通过计算得到系统的稳态输出，然后根据稳态误差的定义可以求得系统的稳态误差；或由误差对输入信号的闭环传递函数，直接求得误差输出，从而得到稳态误差的数值。

从前面的分析中可以看出，不同类型的系统，当输入信号不同时，其误差是不同的。下面通过一个 I 型系统的例子来说明。

【例 4-22】　某单位负反馈系统开环传递函数为 $G(s) = \dfrac{16}{s(s+6)}$，试计算该系统分别在单位阶跃、单位速度和单位加速度输入信号作用下的误差。

解　通过下面的 MATLAB 命令可以得到系统在给定输入信号作用下的误差输出，如图 4-35 所示。

```
≫ g1=tf (16，［1 6 0］)；g2=tf (1，［1 0］)；g3=tf (1，［1 0 0］)；
≫ sys1=feedback (g1, 1)；sys2＝sys1＊g2；sys3＝sys1＊g3；
≫ [y1，t］＝step (sys1)；y2＝step (sys2，t)；y3＝step (sys3，t)；
≫ ess1=1−y1；ess2=t−y2；ess3=0.5＊t.^2−y3；
≫ plot (t，ess1，t，ess2，t，ess3)
```

从图 4-35 中可以看出：在阶跃输入时，开始误差较大，最后趋于零，即系统的稳态误差为零；在速度信号输入时，开始误差为零，其后趋于一稳态值；在加速度信号输入时，开始误差也为零，最后趋于无穷大。

利用拉氏变换的终值定理，可以知道系统在某些信号作用下的稳态误差，而对于某些信号（如正弦信号）作用下的系统误差，不能利用终值定理求解，此时可以利用 MATLAB 进行数值求解。

图 4-35　系统在不同输入下的误差输出

【例 4-23】　求下面的单位负反馈闭环系统在输入信号 $r(t) = \sin(2t)$ 作用下的误差输出。

$$\Phi(s) = \frac{5s + 100}{s^4 + 8s^2 + 32s + 80s + 100}$$

解　通过下面的 MATLAB 命令可以得到系统在给定输入信号作用下的误差输出，如图 4-36 所示。

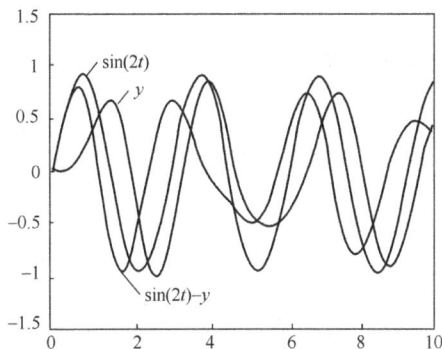

```
≫ sys=tf([5 100],[1 8 32 80 100])；
≫ t=0：0.05：20；
≫ y＝lsim(sys,sin(2＊t),t)；
≫ plot(t,sin(2＊t),t,y',t,sin(2＊t)−y')
≫ axis([0 10 −1.5 1.5])
```

从图 4-36 中可以看出，系统输出 y 和误差 $\sin(2t) - y$ 的稳态值为同频率的正弦信号。误差信号的幅值大于输入信号的幅值。

对于干扰信号引起的系统误差，其实就是求系统在干扰作用下的系统输出。下面举例说明系统在

图 4-36　输入为 $\sin 2t$ 时的输出及误差

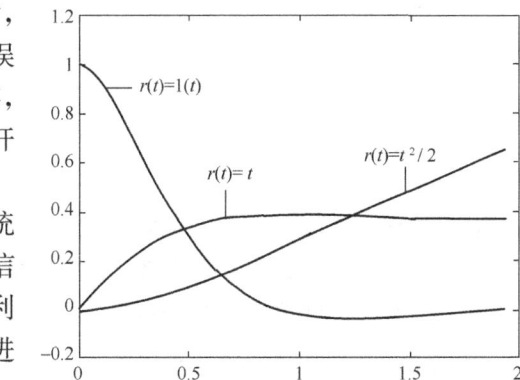

干扰作用下误差的求解。

【例 4-24】　系统结构框图如图 4-37 所示，试求该系统在干扰 $d(t) = 1(t)$ 作用下的误差。

解　通过下面的 MATLAB 命令可以得到系统在单位阶跃干扰信号作用下的误差输出，如图 4-38 所示。

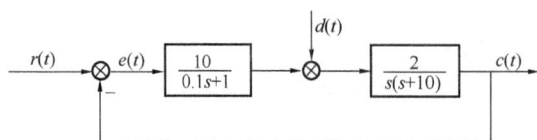

图 4-37　系统结构框图

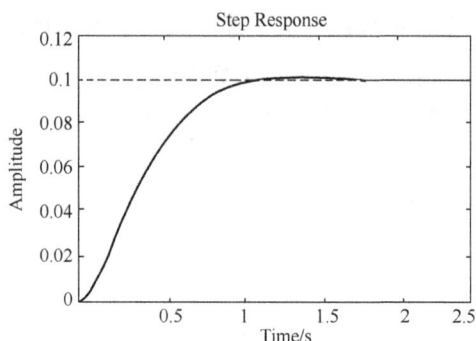

图 4-38　干扰作用下的误差

≫ sys1＝tf（2，[1 10 0]）；

≫ sys2＝tf（10，[0.1 1]）；

≫ sys＝feedback（sys1，sys2）；

≫ step（sys）

由图 4-38 可以看出，该系统误差最终将趋于常值 0.1。

三、MATLAB 在系统动态性能分析中的应用

（一）一阶系统响应速度和结构参数的关系分析

一阶系统的闭环传递函数为 $\varPhi(s) = \dfrac{K}{Ts+1}$，对系统单位阶跃响应产生影响的是参数 K 和 T。首先假设 $K=1$，观察 T 的变化对系统响应的影响。编写如下的 m 文件，T 从 1、5 直到 17 的单位阶跃响应曲线如图 4-39 所示。

```
for T=1：4：20
sys=tf（1，[T 1]）；
step（sys）
hold on
end
```

从图 4-39 中可以看出，随着 T 的增大，系统的响应速度变慢。

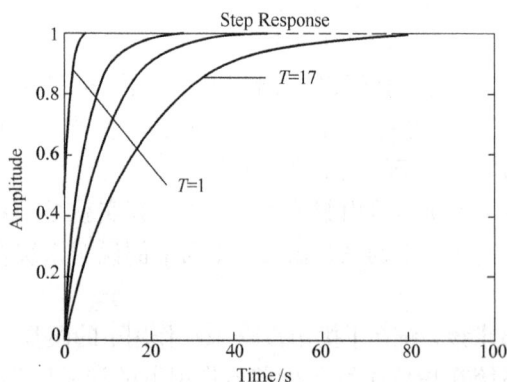

图 4-39　T 变化时的单位阶跃响应

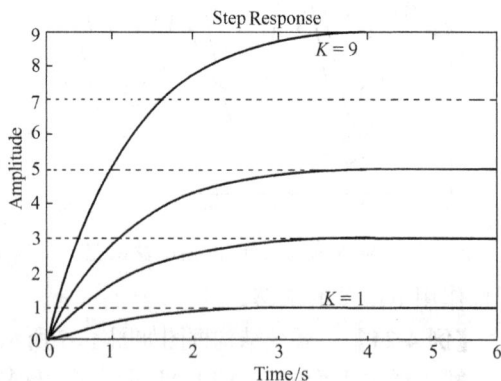

图 4-40　K 变化时的单位阶跃响应

现在假设 $T=1$ 不变，K 从 1 变化到 9，编写如下的 m 文件，可以得到系统的单位阶跃响应曲线，如图 4-40 所示。

```
for K=1：2：10
sys=tf (K，[1 1])；
step（sys）
hold on
end
```

从图 4-40 中可以看出，K 的变化影响系统输出的幅值，不影响系统响应速度的快慢。

（二）二阶系统响应速度和结构参数的关系分析

典型二阶系统的闭环传递函数为 $\Phi(s) = \dfrac{\omega_n^2}{s^2 + 2\zeta\omega_n s + \omega_n^2}$。从以前的分析知道，阻尼比 ζ 主要对系统的超调产生影响，设 $\zeta=0.707$，观察自然角频率 ω_n 的变化对系统响应的影响。编写如下的 m 文件，可以得到 ω_n 从 1、2 直到 5 的单位阶跃响应曲线，如图 4-41 所示。

```
for w=1：5
g=tf(w^2,[1 2^0.707 * w w^2])；
step(g,6)
hold on
end
```

从图 4-41 中可以看出，对于典型二阶系统，当阻尼比 ζ 一定时，随着 ω_n 的增大，系统的响应速度加快。

又设 $\omega_n=1$，观察阻尼比 ζ 的变化对系统响应的影响。编写如下的 m 文件，可以得到 ζ 从 0.1、0.5 直到 1.7 的单位阶跃响应曲线，如图 4-42 所示。

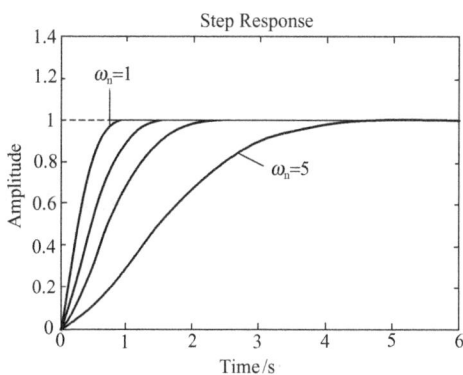

图 4-41　ω_n 变化时的单位阶跃响应

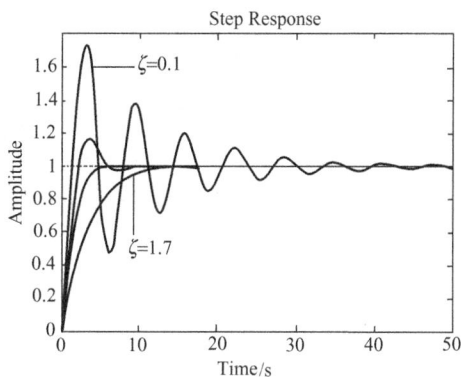

图 4-42　ζ 变化时的单位阶跃响应

```
w=1；
for zeta=0.1：0.4：2
g=tf (w^2，[1 2 * zeta * w w^2])；
step (g，50)
hold on
```

end

（三）高阶系统响应速度分析

对于高阶系统，常通过分析闭环主导极点的方法分析系统。闭环极点的相对主导作用取决于闭环极点实部的比值，同时也取决于在闭环极点上求得的留数的相对大小。留数的大小既取决于闭环极点，又取决于闭环零点。

【例 4-25】 考虑下面的两个系统

$$\Phi_1(s) = \frac{4s^4 + 190s^3 + 2024s^2 + 4280s + 6400}{s^5 + 30s^4 + 418s^3 + 2376s^2 + 3920s + 3200}$$

$$\Phi_2(s) = \frac{4s^4 + 183.4s^3 + 1750s^2 + 1388s + 640}{s^5 + 28.8s^4 + 382.6s^3 + 1894s^2 + 1352s + 320}$$

解 （1）通过下面的 MATLAB 命令把这两个系统进行部分分式展开。

≫ a1＝［4 190 2024 4280 6400］；b1＝［1 30 418 2376 3920 3200］；［r1，p1，k1］＝residue（a1，b1）

r1 ＝

　　0.0000 － 5.0000i

　　0.0000 ＋ 5.0000i

　　4.0000

　　0.0000 － 1.0000i

　　0.0000 ＋ 1.0000i

p1 ＝

　－10.0000 ＋10.0000i

　－10.0000 －10.0000i

　－8.0000

　－1.0000 ＋ 1.0000i

　－1.0000 － 1.0000i

k1 ＝

　　　［］

≫ a2＝［4 183.4 1750 1388 640］；b2＝［1 28.8 382.6 1894 1352 320］；［r2，p2，k2］＝residue（a2，b2）

r2 ＝

　　0.0037 － 5.0016i

　　0.0037 ＋ 5.0016i

　　3.9921

　　0.0002 － 0.4995i

　　0.0002 ＋ 0.4995i

p2 ＝

　－9.9980 ＋ 9.9997i

　－9.9980 － 9.9997i

　－8.0043

$$-0.3999 + 0.2001i$$
$$-0.3999 - 0.2001i$$

k2 =

[ ]

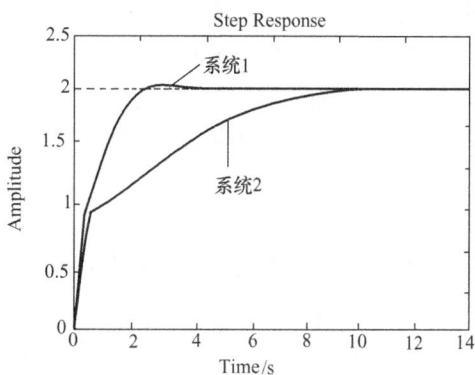

图 4-43　系统的阶跃响应

从部分分式展开的结果可以看出，系统 1 的主导极点为 $-1 \pm i$；系统 2 的主导极点为 $-0.4 \pm 0.2i$。

（2）利用下面的 MATLAB 命令画出这两个系统的单位阶跃响应，其响应曲线如图 4-43 所示。

≫ sys1＝tf（a1，b1）；sys2＝tf（a2，b2）；

≫ step（sys1）；hold on；step（sys2）

从系统的单位阶跃响应可以看出，由于系统 1 的主导极点较系统 2 的主导极点远离虚轴，在其他极点及留数相同的情况下，系统 1 的响应速度要快于系统 2 的响应速度。

本 章 小 结

稳定性是系统正常工作的首要条件。稳定表明了系统自身的恢复能力，它仅与自身的结构与参数有关而与外输入和初始条件无关。

一个系统稳定的充分必要条件是：系统的闭环极点（特征根）均位于 s 的左半平面。判断系统的稳定性可以用代数判据——劳斯判据和几何判据——奈氏判据。劳斯判据是一种代数稳定判剧。应用劳斯判剧的依据是系统的闭环特征方程的系数；奈氏判据和对数稳定判据是基于系统频率特性的稳定判据，它是通过绘制系统的开环 Nyquist 图或 Bode 图来判定闭环系统的稳定性。

相对稳定性表明系统的稳定程度，相对稳定性用相角裕度和幅值裕度来衡量。具有一定的稳定裕度可使系统的响应在稳定性、稳态性能和动态性能方面获得较好的结果。

自动控制系统的稳态性能反映了系统的控制精度，通常用稳态误差 e_{ss} 表示。系统误差有两种定义方法，一种是从输出端定义的方法，是系统输出希望值和实际值之差；还有一种是从输入端定义的方法，是输入信号和反馈信号之差。由于后一种误差可以测量，因此使用更普遍。

系统误差是由两部分构成的。一部分是由输入信号引起的，还有一部分是由干扰信号引起的，对于线性系统，这两部分误差的代数和就是系统总的误差。系统稳态误差的大小与输入信号和干扰信号的形式及系统的结构有关。在满足一定条件的情况下，可以利用拉氏变换的终值定理求稳态误差。当输入信号是阶跃、速度和加速度信号时，还可以利用稳态误差系数的方法求稳态误差。

增大系统的开环增益，或增加积分环节的个数可以减小由输入信号产生的误差。增大干扰作用点和误差信号之间传递函数的放大系数或增加积分环节个数，可以减小干扰信号产生的误差。

对于同一个控制系统，稳态性能对系统的要求往往和稳定性是相矛盾的，因此在选择参数时应兼顾稳态性能和稳定性两方面的要求。

控制系统的动态性能可以进行时域分析、频域分析和根轨迹分析。在第三章的时域分析中，确定了系统的动态性能指标，它们主要有超调量 $\sigma\%$、调节时间 t_s、上升时间 t_r 和峰值时间 t_p 等，其中主要是超调量和调节时间。对于典型的一阶和二阶系统来说，动态性能指标与系统参数 T、ζ 和 ω_n 之间有着特定的联系。而对于高阶系统，在时域中，则要借助计算机进行求解。

在频域中，系统开环对数频率特性的中频段对系统动态性能起主要的影响作用。若要求系统具有良好的动态性能，开环对数幅频特性必须以 -20dB/dec 的斜率穿越 0dB 线，而且必须保证一定的频带宽度。对于典型的二阶系统，其频域指标，如穿越频率 ω_c、相角裕度 γ 和时域指标之间具有确定的关系，对于其他的系统，频域指标和时域指标之间也有一定的关系，一般来说，ω_c 越大，系统响应越快；γ 越大，系统响应越平稳。

由于系统的根轨迹反映了系统闭环极点的位置，因此可以根据根轨迹分析系统的动态性能，为使系统的动态性能满足要求。系统根轨迹必须位于 s 平面的一定范围内。通过增加开环系统的零极点，可以改变系统的根轨迹，从而改善系统的动态性能。

利用 MATLAB 可以求解高阶系统的闭环特征根，因此可以直接利用闭环特征根判定系统的稳定性，这是判定系统稳定性的最直接和有效的方法。MATLAB 提供了绘制系统 Nyquist 图、Bode 图以及系统根轨迹的函数，根据 MATLAB 绘制系统特性曲线，然后根据相应的稳定判据，可以判定系统的稳定性。根据绘制的系统根轨迹，可以判断系统是否稳定及系统稳定的参数范围。

利用 MATLAB 的数值计算功能，可以求出系统误差的数值解。

通过 MATLAB 的数值计算功能，可以直接分析系统的动态性能。

思 考 题

(1) 线性系统稳定的充分必要条件是什么？

(2) 当系统在原点有开环极点时，如何应用奈氏判据？

(3) 什么是系统的稳定裕度？如何用稳定裕度来描述系统的稳定性？

(4) 根据系统的根轨迹图，如何确定关于系统稳定性的信息？

(5) 什么是稳态误差？稳态误差的三要素是什么？

(6) 系统的静态误差系数有哪些？如何使用误差系数来描述系统的稳态误差？

(7) 系统的动态误差系数与系统的静态误差系数之间有什么关系？

(8) 系统的开环增益是以什么方式影响系统的稳态误差的？

(9) 系统的前向积分器是以什么方式影响系统的稳态误差的？

(10) 干扰信号对于系统稳态误差的影响是什么？

(11) 什么是系统的稳定裕度？如何用稳定裕度来描述系统的稳定性？

(12) 从开环对数频率特性上如何读得系统的稳态性能？

(13) 根轨迹图能够提供有关系统稳态性能的信息吗？为什么？

(14) 从开环对数频率特性上如何确定系统的动态性能？

(15) 为什么说靠近虚轴的闭环极点对于系统动态性能的影响较大？

习 题

4-1 有闭环系统的特征方程式如下,试用劳斯判据判断系统的稳定性,并说明特征根在复平面上的分布。

(1) $s^5 + 2s^4 + 2s^3 + 4s^2 + 11s + 10 = 0$ (2) $s^5 + 3s^4 + 12s^3 + 24s^2 + 32s + 48 = 0$

(3) $s^5 + 2s^4 - s - 2 = 0$ (4) $s^5 + 2s^4 + 24s^3 + 48s^2 - 25s - 50 = 0$

4-2 已知系统的结构图如图 4-44 所示,试用劳斯判据确定使系统稳定的 K_f 值的范围。

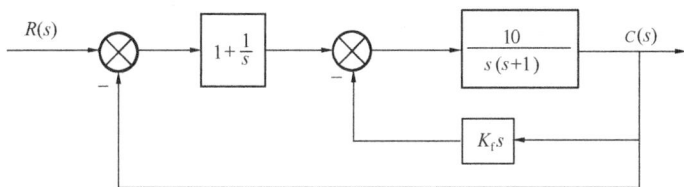

图 4-44 题 4-2 图

4-3 设单位反馈系统的开环传递函数为 $G(s) = \dfrac{K}{s(1+0.33s)(1+0.167s)}$,要求闭环特征根的实部均小于 -1,求 K 值应取的范围。

4-4 已知系统开环传递函数如下:

(1) $G(s)H(s) = \dfrac{K(T_3 s + 1)}{s(T_1 s + 1)(T_2 s + 1)} (T_3 > T_1 + T_2)$

(2) $G(s)H(s) = \dfrac{10}{s(s-1)(0.2s+1)}$

试用奈氏稳定判据判断反馈系统的稳定性。

4-5 如图 4-45 所示为某负反馈系统开环传递函数的幅相频率特性曲线,设开环增益 $K = 500$,$p = 0$。试确定使闭环系统稳定的 K 值的范围。

4-6 设系统的开环幅相频率特性如图 4-46 所示,写出开环传递函数的形式,判断闭环系统是否稳定。图 4-46 中 P 为开环传递函数右半平面的极点数。

4-7 设有一单位负反馈系统,如果其开环传递函数为 $G(s) = \dfrac{10}{s(s+4)(5s+1)}$,求输入量为 $r(t) = t$ 和 $r(t) = 2 + 4t + 5t^2$ 时系统的稳态误差。

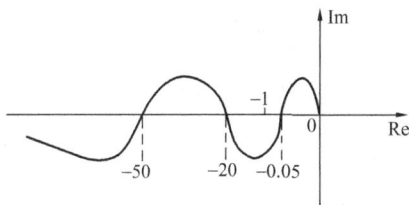

图 4-45 题 4-5 图

4-8 设温度计的传递函数为 $\dfrac{1}{Ts+1}$,用其测量容器内的水温,1min 才能显示出该温度的 98% 的数值。若加热容器使水温按 10℃/min 的速度匀速上升,问温度计的稳态指示误差有多大?

4-9 一闭环反馈控制系统的动态结构图如图 4-47 所示。

(1) 求当 $\sigma\% \leqslant 20\%$、$t_s = 1.8s$(5%)时,系统的参数 K 及 τ 的值。

(2) 求上述系统的位置误差系数 K_p、速度误差系数 K_v、加速度误差系数 K_a 及其相应

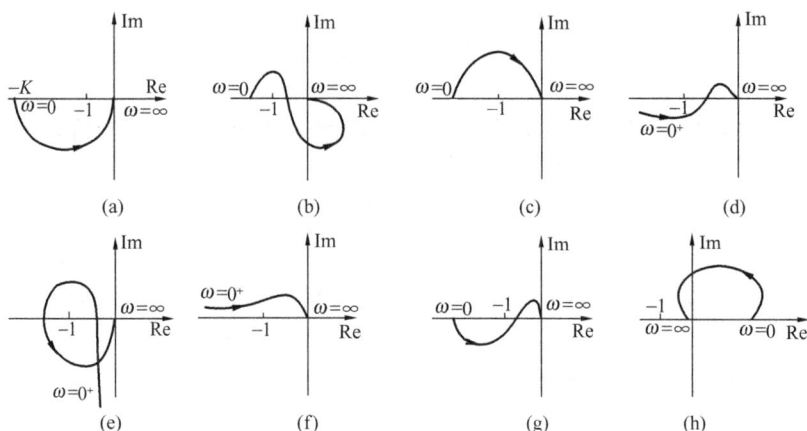

图 4-46　题 4-6 图

(a) $P=1$；(b) $P=1$；(c) $P=1$；(d) Ⅱ型系统；

(e) $P=2$，Ⅰ型系统；(f) Ⅱ型系统；(g) $P=1$；(h) $P=2$

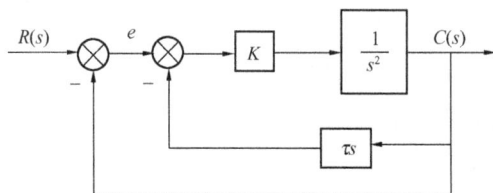

图 4-47　题 4-9 图

的稳态误差。

4-10　已知系统的开环传递函数为 $G(s)=\dfrac{6}{s(0.25s+1)(0.06s+1)}$，试绘制 Bode 图，计算相角裕度及幅值裕度，并判断闭环系统的稳定性。

4-11　已知单位反馈系统的开环传递函数为 $G(s)=\dfrac{48(s+1)}{s(8s+1)(0.05s+1)}$，试按 γ 和 ω_{c} 估算系时域指标 $\sigma\%$ 和 t_{s}。

4-12　典型二阶系统的开环传递函数为 $G(s)=\dfrac{\omega_{\mathrm{n}}^2}{s(s+2\zeta\omega_{\mathrm{n}})}$，若已知 $10\%<\sigma\%<30\%$，试确定相角裕度 γ 的范围。

4-13　利用 MATLAB，采用直接求闭环系统特征根的方法重做题 4-1。

4-14　已知某单位负反馈系统，其开环传递函数为 $G(s)=\dfrac{s^2+2s+1}{s^3+0.2s^2+s+1}$，试采用 MATLAB 绘制系统 Bode 图并求幅值裕度和相角裕度。

第五章 线性系统的性能改善方法

内 容 提 要

控制系统的时域分析法、根轨迹法和频率特性法是在给定了系统结构和参数的条件下，计算或估算系统性能的分析方法。但在实际工程中常常要求针对给定的控制对象和所要求达到的性能指标，设计和选择控制器的结构与参数，这类问题称为系统的综合或校正。

本章主要介绍改善控制系统性能的方案确定和控制器设计，包括：校正的概念；串联校正、反馈校正和复合校正；速度反馈；串联校正控制器的设计，最后介绍 MAT-LAB 在系统设计方面的应用。

第一节 概 述

一、控制系统校正的概念

自动控制系统一般由控制器及被控对象组成。控制器是指对被控对象起控制作用的装置总体，其中包括测量装置及信号转换装置、信号放大装置及功率放大装置以及实现控制指令的执行机构等部分。在工程实践中，这种由控制器的基本组成部分及被控对象组成的反馈控制系统，往往不能同时满足各项性能指标的要求，甚至不能稳定工作。为了改善系统的性能，人们希望通过改变控制器基本组成部分的参数来实现。但通常除了放大器的增益可调外，其他参数都难以改变。而在多数情况下，仅靠调整增益是不能兼顾稳态和动态性能的。这是因为增益小了不能保证系统的稳态精度，而增益大了又可能导致动态性能恶化，甚至造成系统不稳定。因此必须在系统中引入一些附加装置，以改善系统的性能，从而满足工程要求。这种措施称为校正（Correct），所引入的装置称为校正装置（Correct Unit）。为了讨论问题方便，常将系统中除校正装置以外的部分，包括被控对象及控制器的基本组成部分，称为"固有部分"。因此，控制系统的校正，就是按给定的"固有部分"的特性和对系统提出的性能指标要求，选择与设计校正装置。

这里所说的系统校正，主要是通过硬件来实现的；在计算机控制系统中，系统校正通常是通过软件来实现的。

二、校正的实质

从前面的分析可以知道，附加开环零、极点，可以改变系统根轨迹或频率特性的形状。因此适当增加零点和极点，可以使系统满足规定的要求。引入校正装置的目的就在于用附加零点和极点的办法对系统实现校正，其实质就在于改变系统的零极点分布、根轨迹或频率特性的形状。

例如原系统如图 5-1 所示，其开环传递函数为 $G(s)H(s)$。串接了校正装置 $G_c(s)$ 后，开环传递函数变为 $G(s)H(s)G_c(s)$。显然，系统的零极点、根轨迹或频率特性可以得到相应的改变。

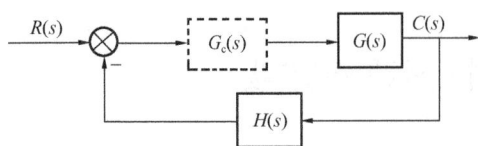

图 5-1　系统的校正

三、校正方案的确定

确定采用的校正装置在系统中的位置以及校正装置的连接方式，称为改善控制系统性能校正方案的确定。在工程中，系统常用的校正方案有以下几种。

1. 串联校正（Series Correct）

将校正装置 $G_c(s)$ 与固有部分串联，称为串联校正，如图 5-2（a）所示。串联校正简单，比较容易实现，串联校正装置常设置在系统前向通道中能量比较低的位置，以减小功率损耗。串联校正装置可以采用有源或无源网络来实现。

2. 反馈校正（Feedback Correct）

将校正装置 $G_c(s)$ 与被控对象作反馈连接，形成局部反馈回路，称为反馈校正，如图 5-2（b）所示。反馈校正可以改造被反馈包围的环节的特性，抑制这些环节的参数波动或非线性因素对系统性能的不利影响。反馈校正装置的信号是从高功率点传向低功率点，一般可以采用无源校正网络来实现。

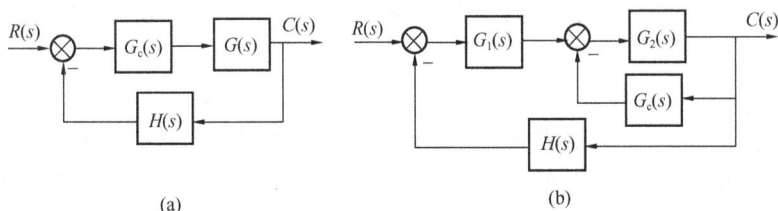

(a)　　　　　　　　　　　　　(b)

图 5-2　校正方案
（a）串联校正；（b）反馈校正

3. 复合校正（Composite Correct）

复合校正是在反馈控制的基础上，引入输入补偿构成的校正方式，可以分为如下两种。

一种是引入输入信号补偿的附加前置校正，称为前馈补偿校正，如图 5-3 所示；另一种是引入干扰补偿的附加前置校正，称为干扰补偿校正，如图 5-4 所示。校正装置 $G_c(s)$ 将直接或间接测量出干扰信号 $D(s)$，经过适当变换之后，作为附加校正信号输入系统，使主要可测干扰对系统的影响得到全补偿，从而使系统对主要可测干扰具有不变性。

选择何种校正方案，取决于系统结构的特点、可供采用的元件、信号的性质、所要达到的性能要求及其他条件。

四、系统性能指标的确定

一个系统的性能指标总是根据它所要完成的具体任务规定的，通常由其使用单位或设计制造单位提出。性能指标的提出应根据系统工作的实际需要而定，对不同系统应有所侧重。切忌盲目地追求高指标而忽视经济性，甚至脱离实际。

一般情况下，几个性能指标的要求往往是互相矛盾的，如减小系统的稳态误差常会降低系统的相对稳定性，甚至导致系统不稳定。在这种情况下，就要考虑哪个性能要求是主要的，首先加以满足；在另一些情况下，就要采取折中的方案，使各方面的性能要求都得到适当的满足。

系统性能指标要能反映出系统实际性能的特点，又要便于测量和检测。常用指标有时域指标和频域指标。时域指标主要有超调量 $\sigma\%$、调节时间 t_s 和稳态误差 e_ss；频域指标主要有相角裕度 γ、截止频率 ω_c、带宽频率 ω_b 和谐振峰值 M_γ 等。

第二节　提高系统准确性的校正方法

通过对控制系统稳态误差的分析和计算可以知道，为减小稳态误差，可增加积分环节个数或提高开环增益。但系统中积分环节一般不能超过两个，开环增益也不能无限增大，否则会引起动态性能恶化，甚至导致系统不稳定。当这两个措施不能进一步提高系统的精度时，通常采用复合控制来对误差进行补偿。常用的补偿方法有两种。

一、引入输入补偿方法

在如图 5-3 所示系统中，为了减小给定作用的稳态误差，由输入端通过 $G_\mathrm{c}(s)$ 引入了输入补偿这一控制环节，构成复合控制系统。

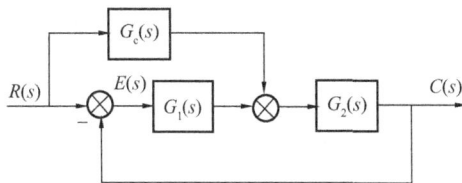

系统闭环传递函数为

图 5-3　引入输入补偿的复合控制系统

$$\varPhi(s)=\frac{C(s)}{R(s)}=\frac{G_1(s)G_2(s)+G_\mathrm{c}(s)G_2(s)}{1+G_1(s)G_2(s)}$$

$$E(s)=R(s)[1-\varPhi(s)]=R(s)\left[1-\frac{G_1(s)G_2(s)+G_\mathrm{c}(s)G_2(s)}{1+G_1(s)G_2(s)}\right]=R(s)\frac{1-G_\mathrm{c}(s)G_2(s)}{1+G_1(s)G_2(s)}$$

如果满足　　　　　　　　　　$1-G_\mathrm{c}(s)G_2(s)=0$

即　　　　　　　　　　　　　　$$G_\mathrm{c}(s)=\frac{1}{G_2(s)}\tag{5-1}$$

则 $E(s)=0,C(s)=R(s)$，系统完全复现输入信号，实现了误差的全补偿。

二、引入扰动补偿方法

如图 5-4 所示为引入扰动补偿的复合控制系统。系统中 $D(s)$ 通过 $G_\mathrm{c}(s)$ 加到控制回路中。当不考虑输入作用，即 $R(s)=0$ 时扰动作用下的误差为

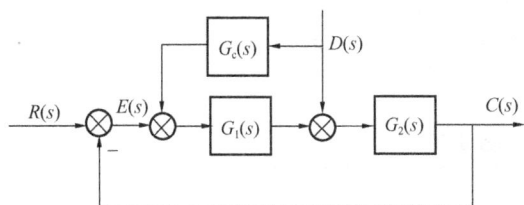

$$E(s)=R(s)-C(s)=-C(s)$$

$$C(s)=\frac{G_2(s)+G_\mathrm{c}(s)G_1(s)G_2(s)}{1+G_1(s)G_2(s)}D(s)$$

如果满足　$1+G_\mathrm{c}(s)G_1(s)=0$

图 5-4　引入扰动补偿的复合控制系统

即　　　　　　$$G_\mathrm{c}(s)=-\frac{1}{G_1(s)}\tag{5-2}$$

这时 $C(s)=0$，系统的输出完全不受扰动的影响，实现了对扰动误差的完全补偿。

【例 5-1】　系统方框图如图 5-3 所示。已知 $G_2(s)=\dfrac{1}{(s+1)(s+2)}$，$G_1(s)=1$。设 $G_\mathrm{c}(s)=a+bs$。试确定系统在给定值扰动下的静态误差与前馈校正装置形式及参数取值的关系。

解　$E(s)=\dfrac{1-\dfrac{bs+a}{s^2+3s+2}}{1+\dfrac{1}{s^2+3s+2}}\cdot R(s)=\dfrac{s^2+(3-b)s+(2-a)}{s^2+3s+3}\cdot R(s)$

（1）当 $a = 2, b = 0$ 时，$G_c(s) = 2$，系统在阶跃扰动信号作用下的稳态误差为

$$e_{ss} = \lim_{s \to 0} s \cdot E(s) = \lim_{s \to 0} s \cdot \frac{s^2 + 3s}{s^2 + 3s + 3} \cdot R(s) = \lim_{s \to 0} s \cdot \frac{s^2 + 3s}{s^2 + 3s + 3} \cdot \frac{r_0}{s} = 0$$

（2）当 $a = 2, b = 3$ 时，$G_c(s) = 2 + 3s$，系统在阶跃扰动下的稳态误差也为 0，斜坡扰动信号作用下的稳态误差为

$$e_{ss} = \lim_{s \to 0} s \cdot E(s) = \lim_{s \to 0} s \cdot \frac{s^2}{s^2 + 3s + 3} \cdot R(s) = \lim_{s \to 0} s \cdot \frac{s^2}{s^2 + 3s + 3} \cdot \frac{r_0}{s^2} = 0$$

结论：当 $a = 2, b = 0$ 时，能保证系统在阶跃扰动下静态无差；当 $a = 2, b = 3$ 时，能保证系统在阶跃扰动或斜坡扰动下均无差。

第三节　改善系统动态性能的校正方法

当控制系统的动态性能不能满足所要求的性能指标时，可以通过串联校正或反馈校正来改善系统的动态性能。

一、串联校正

串联校正是将校正装置串联在系统的前向通路中，来改变系统结构，以达到改善系统性能的方法。在串联校正中，根据校正装置（控制器）的不同，又可分为比例（P）校正、比例微分（PD）校正，比例积分（PI）校正和比例积分微分（PID）校正等。

（一）校正装置

串联校正采用的校正装置有无源校正装置和有源校正装置。

无源校正装置通常是由一些电阻和电容组成的两端口网络，它们的电路、频率特性和传递函数如表 5-1 所示。无源校正装置线路简单、组合方便、无需外供电源，本身没有增益，只有衰减，但输入阻抗较低，输出阻抗又较高，因此多用于要求较低的场合。

有源校正装置是由运算放大器组成的控制器，它们的电路、频率特性和传递函数如表 5-2 所示。有源校正装置本身有增益，且输入阻抗高，输出阻抗低。此外，只要改变反馈阻抗，就可以很容易地改变校正装置的结构，参数调整也方便。所以如今较多采用有源校正装置。

表 5-1　　　　　　　　　　几种典型的无源校正装置

	校正网络	传递函数	伯德图
相位超前校正装置		$G(s) = \dfrac{U_o(s)}{U_i(s)} = \dfrac{K(T_1 s + 1)}{T_2 s + 1}$ 式中 $K = \dfrac{R_2}{R_1 + R_2}$ $T_1 = R_1 C_1$ $T_2 = \dfrac{R_1 R_2}{R_1 + R_2} C_1$ $T_1 \geqslant T_2$	

续表

校正网络	传递函数	伯德图
相位滞后校正装置	$G(s) = \dfrac{U_o(s)}{U_i(s)} = \dfrac{T_1 s + 1}{T_2 s + 1}$ 式中 $T_1 = R_2 C_2$ $T_2 = (R_1 + R_2) C_2$ $T_1 \leqslant T_2$	
相位滞后—超前校正装置	$G(s) = \dfrac{U_o(s)}{U_i(s)}$ $= \dfrac{(T_1 s + 1)(T_2 s + 1)}{(T_1 s + 1)(T_2 s + 1) + R_1 C_2 s}$ $= \dfrac{(T_1 s + 1)(T_2 s + 1)}{(T_1' s + 1)(T_2' s + 1)}$ 式中　$T_1 = R_1 C_1$ 　　　$T_2 = R_2 C_2$ 　　　$T_1 < T_2$	

表 5-2　　　　　　　　**几种典型的有源校正装置**

校正网络	传递函数	伯德图
PI 控制器 相位滞后校正	$\dfrac{U_o(s)}{U_i(s)} = -\dfrac{K(T_1 s + 1)}{T_1 s} = -\left(K + \dfrac{1}{T_2 s}\right)$ $K = \dfrac{R_1}{R_0}$　　$T_1 = R_1 C_1$ 　　　　　　$T_2 = R_0 C_1$	
PD 调节器 相位超前校正	$\dfrac{U_o(s)}{U_i(s)} = -K(T_1 s + 1) = -(T_2 s + K)$ $T_1 = R_0 C_0$　$K = \dfrac{R_1}{R_0}$ $T_2 = R_1 C_0$	

	校正网络	传递函数	伯德图
PID 控制器 (1)	 相位滞后—超前校正	$$\frac{U_o(s)}{U_i(s)} = -\frac{K(T_1s+1)(T_2s+1)}{T_1s}$$ $$= -\left(K' + \frac{1}{T_1's} + T_2's\right)$$ $T_1 = R_1C_1 \quad T_2 = R_0C_0$ $T_1' = R_0C_1 \quad K = \dfrac{R_1}{R_0}$ $T_2' = R_1C_0 \quad K' = \dfrac{R_1}{R_0} + \dfrac{C_0}{C_1}$	
PID 控制器 (2)	 相位滞后—超前校正	$$\frac{U_o(s)}{U_i(s)} = -\frac{K(T_2s+1)(T_3s+1)}{(T_1s+1)(T_4s+1)}$$ $K = \dfrac{R_1+R_2+R_3}{R_0}$ $T_1 = R_2C_1 \quad T_2 = \dfrac{R_1R_2}{R_1+R_2}C_1$ $T_3 = (R_3+R_4)C_2 \quad T_4 = R_4C_2$ $(R_0 \gg R_3)$	

　　根据校正装置频率特性的不同特点，校正装置主要有以下 3 种类型。

　　(1) 相位超前校正。所谓相位超前，是指系统在正弦信号作用下，可以使其正弦稳态输出信号的相位超前于输入信号，或者说具有正的相角特性，而相位超前角是输入信号频率的函数。

　　超前校正的基本原理是利用超前校正装置的相角超前特性去增大系统的相角裕度，以改善系统的动态性能。

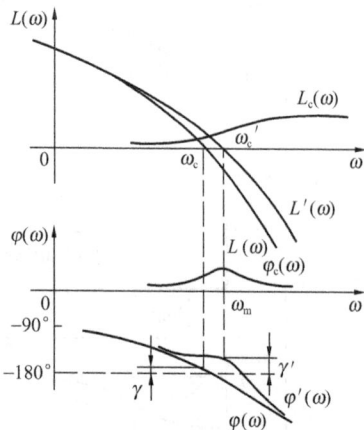

图 5-5　相位超前校正对
系统性能的影响

　　如图 5-5 所示，$L(\omega)$、$\varphi(\omega)$ 和 $L_c(\omega)$、$\varphi_c(\omega)$ 分别为未校正系统和校正装置的对数幅频、相频特性。未校正系统的剪切频率为 ω_c，相角裕度为 γ，ω_m 为校正装置出现最大超前相角 φ_m (ω) 的频率，$L'(\omega)$、$\varphi'(\omega)$ 分别为校正后系统开环对数幅频特性和相频特性。

　　由图可见，校正装置的超前相角使校正后系统的相角裕度增大，对数幅频特性的中频段斜率也将改善，从而提高了系统的相对稳定性；校正装置的高频增益使校正后系统的剪切频率增高，从而提高了系统的快速性。同时，这种相位超前校正装置将使高频增益提高，不利于抑制高频干扰。

　　(2) 相位滞后校正。所谓相位滞后，是指系统在正弦信号作用下，可以使其正弦稳态输出信号的相位滞后于输入信号，或者说具有负的相角特性，而相位滞后角是输入信号频率的函数。

采用相位滞后校正装置改善系统的动态性能，主要是利用其高频幅值衰减特性。

如图 5-6 所示，由于校正装置的高频衰减，校正后系统的剪切频率下降，带宽变小，降低了系统的响应速度。但却使相角裕度增大，提高了系统的相对稳定性。

（3）相位滞后—超前校正。为单纯采用超前校正或滞后校正难以满足给定的性能要求时，即对校正后系统的稳态和动态性能都有较高要求时，应考虑采用相位滞后—超前校正装置对系统进行校正。

其基本原理是利用校正装置中的超前部分改善系统的动态性能，而校正装置中的滞后部分则可提高系统的稳态精度，如图 5-7 所示。

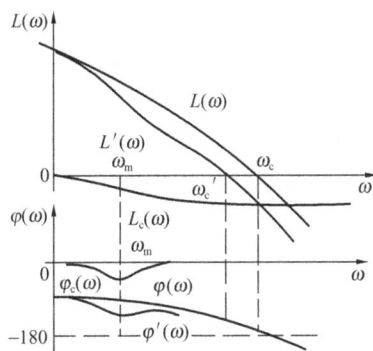

图 5-6 相位滞后校正对
系统性能的影响

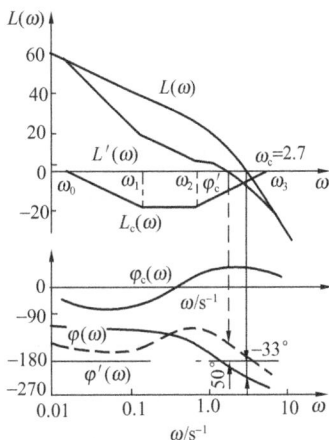

图 5-7 相位滞后—超前校正
对系统性能的影响

（二）PID 控制器校正

当前绝大多数生产过程自动控制系统采用的自动控制装置，不论它是气动的、电动电子的、液动的，还是可编程型的、微机型的，尽管它们的结构不同，但是它们具有的控制规律都是比例、积分和微分规律（即 PID 控制规律），故称之为 PID 控制器。在生产过程自动控制的发展过程中，PID 控制器是实际工业控制过程中应用最广泛、最成功的一种控制方法。

1. 比例（P）校正

比例作用的传递函数为 $G_c(s) = K_c$

下面以如图 5-8 所示系统为例来说明比例校正的特点。

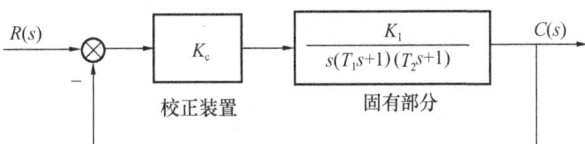

图 5-8 具有比例校正的系统框图

设系统固有部分的传递函数 $G_1(s) = \dfrac{35}{s(0.2s+1)(0.01s+1)}$。若比例作用 $K_c = 0.5$，则校正后的系统开环传递函数为 $G_2(s) = \dfrac{17.5}{s(0.2s+1)(0.01s+1)}$。

如图 5-9 所示为比例校正的伯德图。从图中可以看出，经过比例校正后系统的相角裕度增大，稳定性提高。

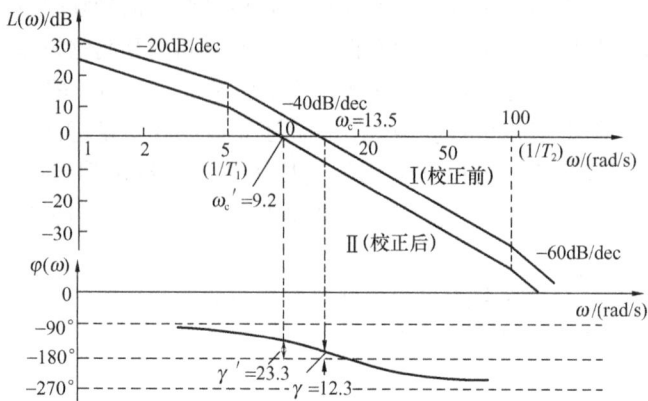

图 5-9 比例校正的伯德图

经比例校正后，系统的单位阶跃响应曲线如图 5-10 所示。图中实线为未校正系统（即 $K_c=1$），虚线为 $K_c=0.5$ 时的校正系统，点划线为 $K_c=0.1$ 时的校正系统。由图可见，经过比例校正后，系统的相对稳定性和动态性能有明显的改善，振幅减小，振荡次数明显减少，调节时间减少；并且随着 K_c 的减小，系统的稳定性和动态性能获得了进一步的改善（超调量减小，振荡次数减少）。

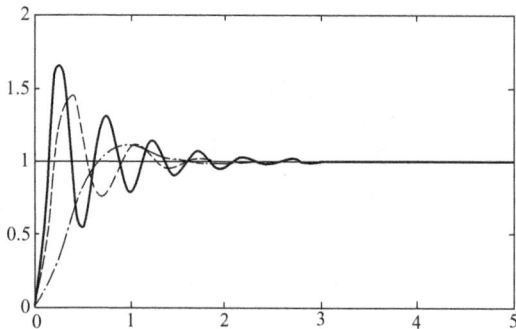

图 5-10 比例校正对含积分环节系统性能的影响

当固有部分中不含积分环节时 $\left[即 G_1(s) = \dfrac{35}{(0.2s+1)(0.01s+1)}\right]$，系统在不同比例作用下的单位阶跃响应曲线如图 5-11 所示。图中实线为未校正系统（即 $K_c=1$），虚线为 $K_c=0.5$ 时的校正系统，点画线为 $K_c=0.1$ 时的校正系统。由图可见，对于不含积分环节的系统，在比例作用下会产生稳态误差；并且随着 K_c 的减少，稳态误差逐渐增加。

由以上分析可见，降低增益后：

（1）使系统的稳定性改善，最大超调量下降，振荡次数减少。

（2）当系统的开环增益降低时，系统的稳态误差将增加，系统的稳态性能变差，系统的稳态精度变差。

综上所述：降低增益，将使系统的稳定性改善，但使系统的稳态精度变差。反之，若增加增益，系统性能变化与上述相反。

控制系统的增益，在系统的相对稳定性和稳态精度之间作某种折衷的选择，以满足（或兼顾）实际系统的要求，是最常用的调节方法之一。

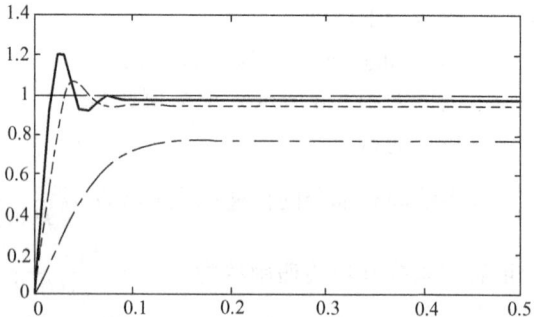

图 5-11 比例校正对不含积分环节
系统性能的影响

由图 5-10 还可见，虽然增益降低，但最大超调量仍然较大，这是由于系统含有一个积分环节和两个较大的惯性环节造成的。因此要进一步改善系统的性能，应采用含有微分环节的校正装置（PD 或 PID 控制器）。

2. 比例微分（PD）校正

在自动控制系统中，一般都包含有惯性环节和积分环节，它们使信号产生时间上的滞后，使系统的快速性变差，也使系统的稳定性变差，甚至造成不稳定。当然有时可以通过调节增益来作某种折中的选择（如上面所作的分析）。但调节增益通常都会带来副作用，而且有时即使大幅度降低增益，也不能使系统稳定。这时若在系统的前向通路上串联比例微分（PD）校正装置，将可抵消惯性环节和积分环节在时间上滞后而产生的不良后果。

比例微分作用的传递函数为

$$G_c(s) = K_c(\tau s + 1)$$

图 5-12 所示为具有 PD 校正的系统框图。

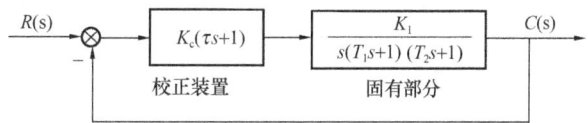

图 5-12 具有比例微分（PD）校正的系统框图

设系统固有部分的传递函数为 $G_1(s) = \dfrac{35}{s(0.2s+1)(0.01s+1)}$。若比例作用 $K_c = 1$，$\tau = 0.2$s，则校正后的系统开环传递函数为 $G_2(s) = \dfrac{35}{s(0.01s+1)}$。以上分析表明，比例微分环节与系统固有部分的大惯性环节的作用相消了。这样，系统由原来的一个积分和两个惯性环节变成一个积分和一个惯性环节，系统由三阶系统变为二阶系统。

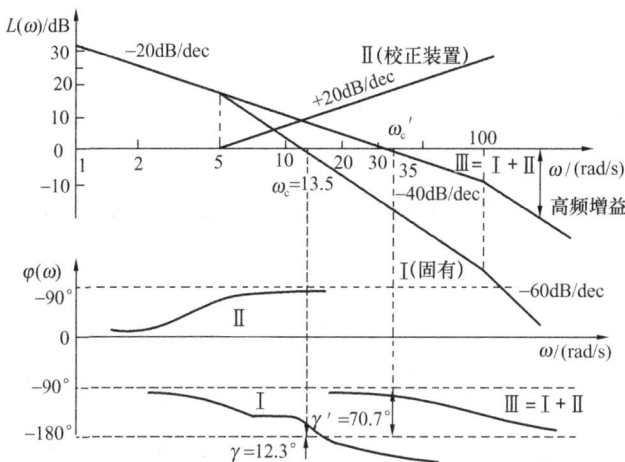

图 5-13 比例微分校正的伯德图

比例微分校正的伯德图如图 5-13 所示。从图中可以看出，校正后的系统相角裕度增加，系统稳定性增强；同时，剪切频率增大，系统的调节时间减小，系统快速性提高。

如图 5-14 所示为采用比例微分校正和比例（$K_c = 0.5$）校正后系统的单位阶跃响应曲线。图中实线为 PD 校正，虚线为 P 校正。

比较 PD 校正与 P 校正，不难看出，增设 PD 控制器后：

（1）比例微分环节使相位超前的作用可以抵消惯性环节使相位滞后的不良后果，使系统的稳定性显著改善。

（2）使穿越频率提高，从而改善了系统的快速性，使调整时间减少。

（3）比例微分控制器使系统的高频增益增大，而很多干扰信号都是高频信号，因此比例微分校正容易引入高频干扰。

（4）比例微分校正对系统的稳态误差不产生直接的影响。

综上所述，比例微分校正将使系统的稳定性和快速性改善，但抗高频干扰能力明显下

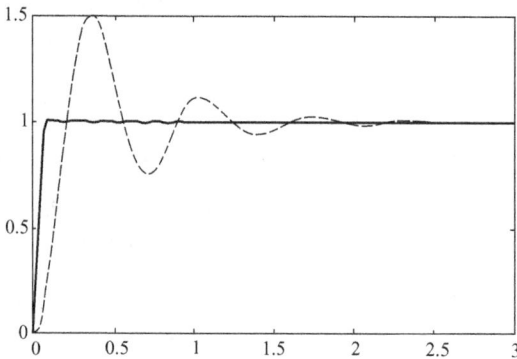

图 5-14 比例微分校正与比例校正对系统性能的影响

降。由于 PD 校正使系统的相位前移，所以又称它为相位超前校正。

比例微分校正，从复平面上的特征根来看，增设一个比例微分环节，相当于增加了一个零点，若选择适当的参数，使零点在复平面上的位置与主导极点重合（如上例所示）。则零点将与主导极点相消，从而显著地改善了系统的稳定性与快速性。即使零、极点不重合，若使零点靠近主导极点，也能显著地改善系统的性能。这在系统设计中也是一个十分有用的、能改善系统性能的设计方法。

3. 比例积分（PI）校正

在自动控制系统中，要实现无静差，系统必须在前向通路上（对扰动量，则在扰动作用点前）含有积分环节。若系统中不包含积分环节而又希望实现无静差，则可以串接比例积分控制器。

比例积分作用的传递函数为

$$G_c(s) = K_c\left(1 + \frac{1}{T_i s}\right)$$

如图 5-15 所示为具有 PI 校正的系统框图。

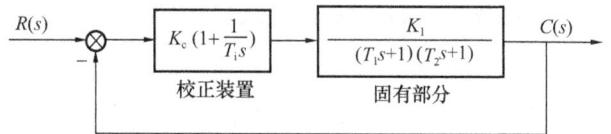

图 5-15 具有比例积分（PI）校正的系统框图

设系统固有部分的传递函数为

$G_1(s) = \dfrac{40}{(0.2s+1)(0.1s+1)}$。可见，此系统不含有积分环节，此为 0 型系统，它显然是有静差系统。

若比例作用 $K_c = 1$，$T_i = 0.2\text{s}$，则校正后的系统开环传递函数为 $G_2(s) = \dfrac{200}{s(0.1s+1)}$。

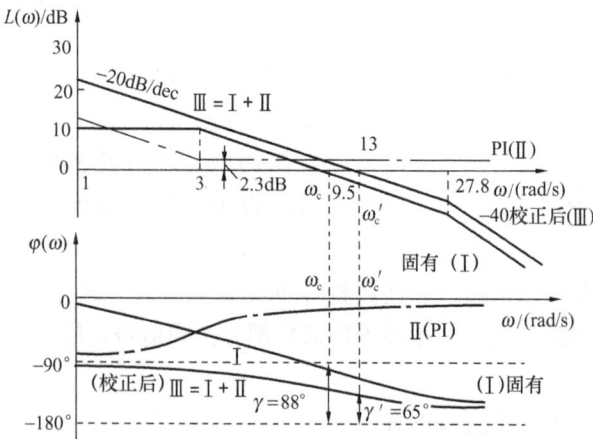

图 5-16 比例积分校正的伯德图

如图 5-16 所示为比例积分校正的伯德图。比例积分校正后，系统相角裕度减小，稳定性降低；同时，系统的型别增加（由 0 型变为 I 型），减小了稳态误差，提高了稳态性能。由于 PI 校正使系统的相位后移，所以又称它为相位滞后校正。

比例积分校正对系统性能的影响如图 5-17 所示。图中虚线表示未校正系统，实线表示经过校正后的系统。

由图 5-17 不难看出，增设 PI 控制器后：

（1）系统由 0 型系统变为Ⅰ型系统（即系统由不含积分环节变为含有积分环节），从而实现了无静差（对阶跃信号）。这样，系统的稳态误差将显著减小，从而显著地改善了系统的稳态性能。

（2）系统由 0 型变为Ⅰ型，是以一个积分环节取代一个惯性环节为代价的，而积分环节在时间（亦即相位）上造成的滞后较惯性环节更为严重，因此会使系统的稳定性变差，系统的超调量将会增大，振荡次数增多。

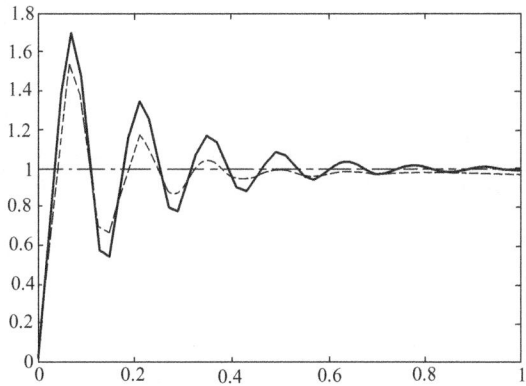

图 5-17　比例积分校正对系统性能的影响

比例积分校正虽然对系统的动态性能有一定的副作用，但它却能使系统的稳态误差大大减小，显著地改善了系统的稳态性能。而稳态性能是系统在运行中长期起着作用的性能指标，往往是首先要求保证的。因此，在许多场合，宁愿牺牲一点动态方面的要求，而首先保证系统的稳态精度，这就是比例积分校正获得广泛采用的原因。

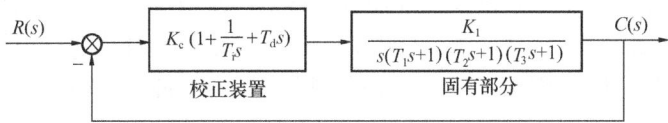

图 5-18　具有比例积分微分（PID）校正的系统框图

综上所述，比例微分校正能改善系统的动态性能，但使抗高频干扰能力下降；而比例积分校正能改善系统的稳态性能，但使动态性能变差；为了能兼得二者的优点，又尽可能减少两者的副作用，常采用比例积分微分（PID）校正。

4. 比例积分微分（PID）校正

比例积分微分作用的传递函数为

$$G_c(s) = K_c\left(1 + \frac{1}{T_i s} + T_d s\right)$$

图 5-18 所示为具有 PID 校正的系统框图。

设系统固有部分的传递函数为

$$G_1(s) = \frac{35}{s(0.2s+1)(0.01s+1)(0.005s+1)}$$

若 $K_c = 1.33$，$T_i = 0.3s$，$T_d = 0.067s$，则校正后的系统开环传递函数为

$$G_2(s) = \frac{350(0.1s+1)}{s^2(0.01s+1)(0.005s+1)}$$

如图 5-19 所示为比例积分微分校正的伯德图。从图中可以看出，校正后，系统型别增加（由Ⅰ型变为Ⅱ型），

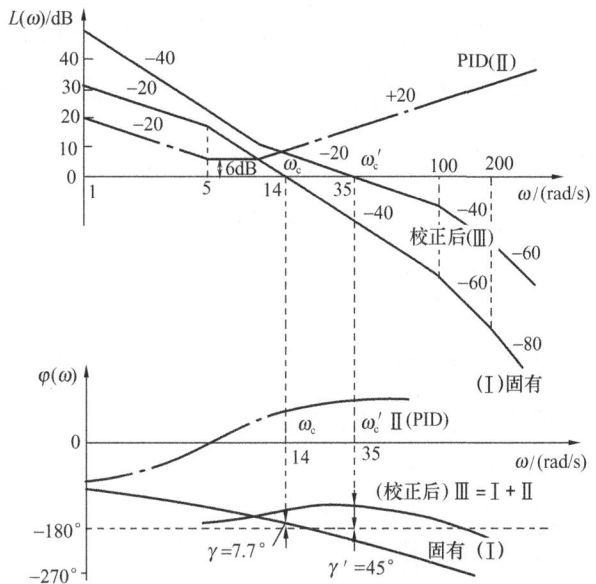

图 5-19　比例积分微分校正的伯德图

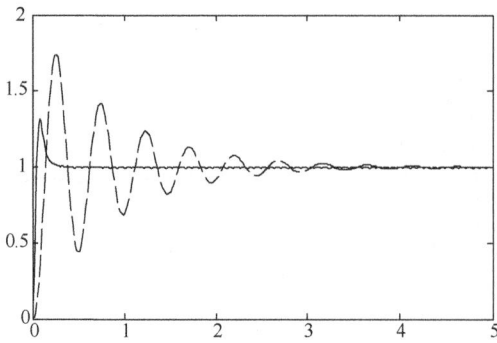

图 5-20 比例积分微分（PID）
校正对系统性能的影响

减小了稳态误差，提高了稳态性能；同时，剪切频率增加，系统调节时间减小，系统快速性提高。由于 PID 校正使系统在低频段相位后移，而在中、高频段相位前移，因此又称它为相位滞后—超前校正。

比例积分微分校正对系统性能的影响如图 5-20 所示。图中虚线表示未校正系统，实线表示经过校正后的系统。从图中可以看出，经过 PID 校正后，系统的动态性能与稳态性能均得到了改善。

综上所述，比例积分微分（PID）校正兼顾了系统稳态性能和相对稳定性的改善，因此在要求较高的场合，较多采用 PID 校正。

二、局部反馈校正

（一）局部反馈校正的原理

在工程实践中，当被控对象的数学模型比较复杂，即微分方程的阶次较高、延迟和惯性较大时，采用串联校正的方法通常无法满足设计要求，此时，一般首先选择局部反馈的设计方法，用于改变被控对象的动态特性（降低阶次或减小惯性与延迟），然后再利用串联校正的方法进行系统的设计与校正。

反馈校正的特点是采用局部反馈包围系统前向通道中的一部分环节以实现校正，其系统结构如图 5-21 所示。$G(s)$ 为被控对象的传递函数、$G_1(s)$ 为被控对象导前区的传递函数、$G_2(s)$ 为被控对象惰性区的传递函数、K_h 为局部反馈系数、$G_c(s)$ 为串联校正装置的传递函数。

从宏观上来看，在没有加入局部反馈校正之前，被控对象的传递函数为 $G(s) = G_1(s)G_2(s)$，系统的开环传递函数为 $G_c(s)G_1(s)G_2(s)$。根据串联校正的设计思想，通常是依据 $G(s)$ 的动态特性选择 $G_c(s)$ 的形式以及参数的取值。但加入局部反馈校正后，被控对象的数学模型改变成为 $\dfrac{G_1(s)}{1+G_1(s)K_h}G_2(s)$，而系统的开环传递函数变成 $\dfrac{G_1(s)}{1+G_1(s)K_h}G_2(s)G_c(s)$，则选择 $G_c(s)$ 的形式以及参数的取值是依据新的被控对象 $\dfrac{G_1(s)}{1+G_1(s)K_h} \cdot G_2(s)$ 的动态特性来确定的。所以局部反馈的加入，使被控对象的数学模型发生了变化。

（二）局部反馈校正的形式与作用

1. 比例反馈包围积分环节可以将积分环节变成一阶惯性环节

如图 5-21 所示，当 $G_1(s) = \dfrac{K}{s}$，K_h 为局部反馈比例系数，等效内回路的传递函数为

$$\frac{\dfrac{K}{s}}{1+\dfrac{KK_h}{s}} = \frac{\dfrac{1}{K_h}}{1+\dfrac{s}{KK_h}}$$ 。由原来的积分环节变成了惯性环节，降低了系统的型别，有利于提高

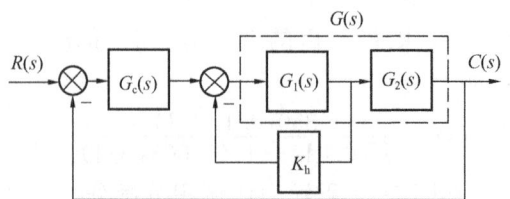

图 5-21 局部反馈校正系统方框图

系统的稳定性。一阶惯性环节的时间常数由 K_h 调整。

2. 比例反馈包围惯性环节可以减小惯性时间常数

如图 5-21 所示，当 $G_1(s) = \dfrac{K}{Ts+1}$，K_h 为局部反馈比例系数，等效内回路的传递函数

为 $\dfrac{\dfrac{K}{Ts+1}}{1+\dfrac{KK_h}{Ts+1}} = \dfrac{\dfrac{K}{KK_h+1}}{\dfrac{T}{KK_h+1}s+1}$。加入局部比例反馈后，仍然是惯性环节，但惯性环节的时

间常数减小，局部反馈比例系数越大，惯性时间常数越小。

3. 微分反馈包围惯性环节可以增大惯性时间常数

当 $G_1(s) = \dfrac{K}{Ts+1}$，$K_h s$ 为局部微分反馈的传递函数，等效内回路的传递函数为

$\dfrac{\dfrac{K}{Ts+1}}{1+\dfrac{KK_h s}{Ts+1}} = \dfrac{K}{(T+KK_h)s+1}$。加入局部微分反馈后，仍然是惯性环节，但惯性环节的时间

常数增大，局部反馈系数 K_h 越大（即微分作用越大），惯性时间常数越大。

4. 微分反馈包围二阶振荡环节可以使阻尼系数增大

当 $G_1(s) = \dfrac{K}{T^2 s^2 + 2\zeta Ts + 1}$，$K_h s$ 为局部微分反馈的传递函数，等效内回路的传递函

数为 $\dfrac{\dfrac{K}{T^2 s^2 + 2\zeta Ts + 1}}{1+\dfrac{KK_h s}{T^2 s^2 + 2\zeta Ts + 1}} = \dfrac{K}{T^2 s^2 + (2\zeta T + KK_h)s + 1}$。加入局部微分反馈后，仍然是二阶

振荡环节，但阻尼系数增大，局部反馈系数 $K_h s$ 越大，阻尼系数越大。

综上所述，局部反馈对被控对象的修正作用取决于局部反馈的形式和被控对象被包围部分的形式。在工程实际应用中，应该了解怎样改变被控对象的结构，才能有利于串联校正装置的选择，有利于满足控制系统性能指标的要求。

第四节　MATLAB 在改善系统性能方面的应用

通过上面的分析可以看出，控制系统性能的改善有多种途径，而校正方案确定好之后，控制系统是否能达到要求的性能指标，往往要先对系统进行仿真，若不能满足设计要求，需要重新进行设计，利用 MATLAB 的仿真功能，可以对校正前后的系统进行仿真，判断校正的效果。由于有些校正方法具有固定的步骤，因此可以利用 MATLAB 设计相应的程序来设计控制器，如超前校正、滞后校正和滞后—超前校正等。也可利用 Simulink 来进行仿真。下面通过例子说明 MATLAB 在这方面的应用。

一、利用 MATLAB 程序进行系统设计与校正

【例 5-2】　对给定的对象环节 $G(s) = \dfrac{100}{s(0.04s+1)}$，分别演示超前校正和滞后校正的频率特性以及校正前后的时间响应。

　解　（1）在 MATLAB 命令窗口输入如下指令

```
≫ sys=tf(100,[0.04 1 0]);
≫ [Gm,Pm,wg,wc]=margin(sys);
≫ [Gm,Pm,wg,wc]
ans =
      Inf 28.0243 Inf 46.9701
```

可以看出，这个模型有无穷大的幅值裕度，相角裕度 $\gamma=28°$，其发生的频率为 $\omega_c=47\mathrm{rad/s}$。

（2）通过下面的命令画出原系统在 [0.1，1000] 频率范围内的 Bode 图，如图 5-22（a）所示。

```
≫ bode (sys，{0.1，1000})
≫ grid on
```

（3）下面引入超前校正和滞后校正来增大相角裕度。设根据超前校正和滞后校正的设计原则设计的超前校正和滞后校正装置的传递函数分别为

$$G_{c1}(s)=\frac{1+0.0262s}{1+0.0106s} \quad G_{c2}(s)=\frac{1+0.5s}{1+2.5s}$$

通过下面的 MATLAB 指令可得出超前校正和滞后校正装置的 Bode 图，如图 5-22（b）、（c）所示。

```
≫ Gc1=tf ([0.0262 1]，[0.0106 1]);
≫ bode (Gc1，{0.1，1000})
≫ grid on
≫ Gc2=tf ([0.5 1]，[2.5 1]);
≫ bode (Gc2，{0.1，1000})
≫ grid on
```

通过下面的 MATLAB 指令可得出超前校正和滞后校正后的幅值裕度和相角裕度。

（4）对于超前校正。

```
≫ Go1=sys * Gc1;
≫ [Gm, Pm, wg, wc] =margin (Go1);
≫ [Gm, Pm, wg, wc]
ans =
      Inf 47.5917 Inf 60.3251
```

可以看出，超前校正后，幅值裕度仍为无穷大，相角裕度 $\gamma=47.6°$，其发生的频率为 $\omega_c=60\mathrm{rad/s}$。

（5）对于滞后校正。

```
≫ Go2=sys * Gc2;
≫ [Gm, Pm, wg, wc] =margin (Go2);
≫ [Gm, Pm, wg, wc]
ans =
      Inf 50.7573 Inf 16.7338
```

可以看出，滞后校正后，幅值裕度仍为无穷大，相角裕度 $\gamma = 50.7°$，其发生的频率为 $\omega_c = 16.7 \text{rad/s}$。

（6）校正前后，系统的单位阶跃响应可由下列语句得出，如图 5-22（d）所示。

$\gg$ sys1＝feedback（sys，1）；

$\gg$ sys2＝feedback（Go1，1）；

$\gg$ sys3＝feedback（Go2，1）；

$\gg$ step（sys1，1.5）；hold on；step（sys2）；hold on；step（sys3）

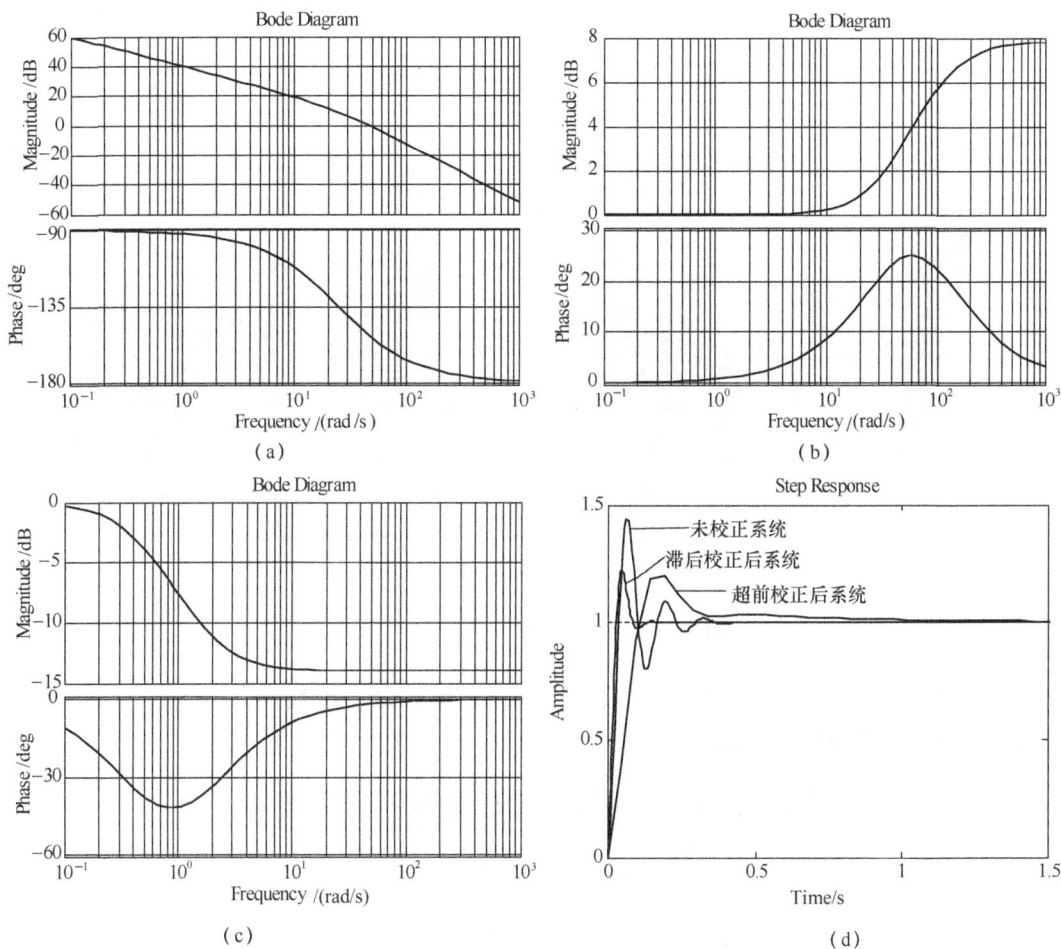

图 5-22　系统频率特性及响应的比较

（a）原系统 Bode 图；（b）超前校正装置 Bode 图；（c）滞后校正装置 Bode 图；（d）单位阶跃响应

二、Simulink 下的系统设计与校正

在 Simulink 仿真环境下采用串联滞后—超前校正模型如图 5-23 所示。校正前后系统的单位阶跃响应曲线如图 5-24 所示。

关于 PID 控制作用，最后通过对一个三阶系统 $G_o(s) = \dfrac{1}{s^3 + 3s^2 + 3s + 1}$ 的例子来研究

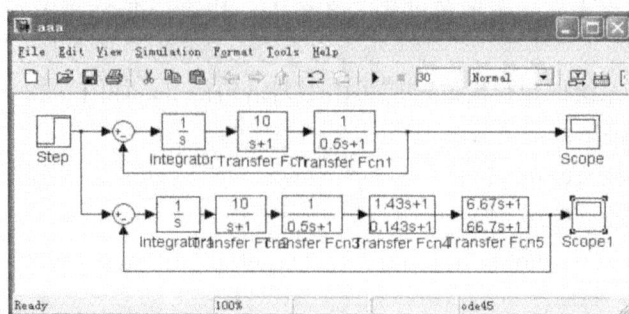

图 5-23 加校正环节前、后的仿真模型

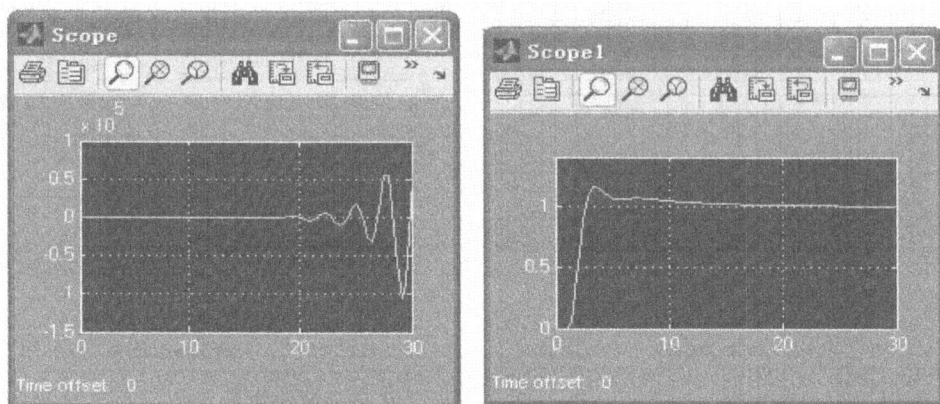

图 5-24 校正前、后系统的单位阶跃

比例 K_P、积分 K_I、微分 K_D3 种控制作用。其仿真模型如图 5-25 所示,给出 $K_P=1$,$K_I=1$ 时 K_D 变化的阶跃响应曲线如图 5-26 所示。

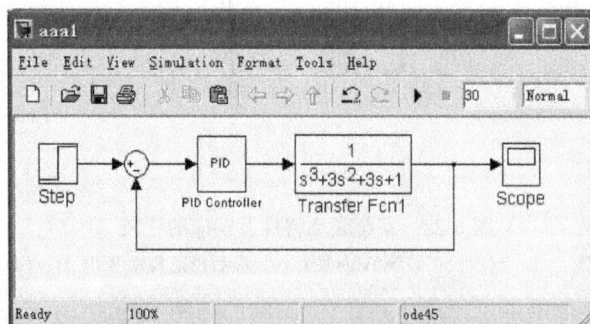

图 5-25 仿真模型

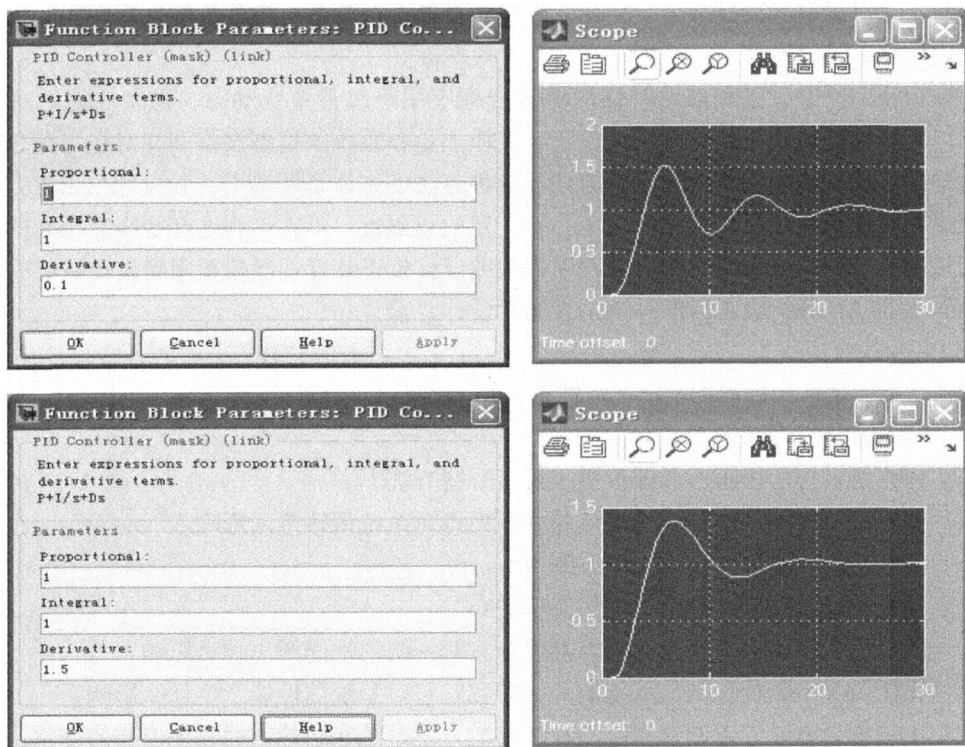

图 5-26　阶跃响应仿真曲线

本　章　小　结

为了改善控制系统的性能，常需在系统中加入适当的附加装置来改善系统的性能，使其满足给定的性能指标要求。这些为校正系统性能而引入的装置称为校正装置。控制系统的校正，就是指按给定的性能指标和系统固有部分的特性，设计校正装置。

通过对控制系统稳态误差的分析和计算知道，可以通过增加前向通道或扰动作用点到 $E(s)$ 间积分环节的个数和提高放大系数来减小稳态误差，改善系统的控制精度。当兼顾到系统的动态性能，不能靠增加积分环节或放大系数来提高系统的稳态精度时，可以在控制系统中引入与给定或扰动作用有关的附加控制作用，构成复合控制系统，以进一步减小系统的稳态误差。

根据校正装置在反馈系统中的连接方式划分，有串联校正和反馈校正。串联校正便于在伯德图上分析校正装置对系统性能的影响，且设计简单易于实现，因而应用广泛。当必须改造未校正系统某一部分特性方能满足性能指标要求时，应采用反馈校正。

串联校正对系统结构、性能的改善，效果明显，校正方法直观、实用。但无法克服系统中元件（或部件）参数变化对系统性能的影响。在生产过程自动控制的发展过程中，PID 控制器是实际工业控制过程中应用最广泛、最成功的一种控制方法。

反馈校正能改变被包围的环节的参数、性能，甚至可以改变原环节的性质。这一特点，使反馈校正能用来抑制元件（或部件）参数变化和内、外部扰动对系统性能产生的消极影响，有时甚至可以取代局部环节。由于反馈校正可能会改变被包围环节的性质，因此也可能会带来副作用。

串联校正、反馈校正和前馈补偿的综合合理应用是改善系统动态、稳态性能的有效途径。但以经典控制理论为依据的系统校正，实质上是在系统的稳态误差和相对稳定性之间作某种折中的选择。它们属于一种工程方法，这种方法的主体是调整增益和设计校正装置。这种方法虽然是建立在试探法的基础之上，有一定的局限性，但在工程上却是很有用处的。

通过 MATLAB 可以编制相应的程序来帮助设计校正装置；当校正网络设计好以后，可以通过 MATLAB 分析校正后的系统是否满足设计要求。

思 考 题

（1）什么是系统的校正？系统校正主要有哪些方法？

（2）分别说明增加系统的开环零点和开环极点对系统根轨迹的影响。

（3）提高系统准确度的校正方法有哪些？

（4）提高系统动态性能的校正方法有哪些？

（5）比例串联校正调节系统的什么参数？它对系统的性能产生什么影响？

（6）比例微分串联校正调节系统的什么参数？它对系统的性能产生什么影响？

（7）比例积分串联校正调节系统的什么参数？使系统在结构方面发生怎样的变化？它对系统的性能产生什么影响？

（8）比例积分微分串联校正调节系统的什么参数？使系统在结构方面发生怎样的变化？它对系统的性能产生什么影响？

（9）简述串联校正的优点与不足。

（10）试说明系统中局部反馈对系统产生哪些主要影响。

习 题

5-1　如图 5-27 所示系统中，$G_1(s)=K_1$，$G_2=\dfrac{K_2}{s(Ts+1)}$，$r(t)=t$。若要求 $e_{ss}=0$，试确定 $G_c(s)$。

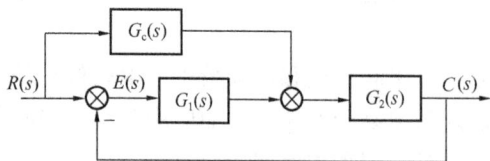

图 5-27　题 5-1 图

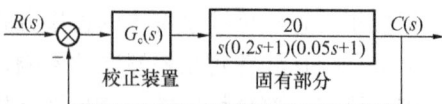

图 5-28　题 5-2 图

5-2　如图 5-28 所示为一随动系统框图。

（1）若不设位置控制器，即 $G_c(s)=1$ 时，系统能否正常运行？

（2）若 $G_c(s)$ 采用比例（P）控制器，即 $G_c(s)=K_c$。试求 K_c 最大能调到多少？分析采用比例控制器对系统性能的影响。

（3）若 $G_c(s)$ 采用比例微分（PD）控制器，请提出建议方案，并分析采用比例微分控制器对系统性能的影响。

（4）若 $G_c(s)$ 采用比例积分（PI）控制器，试分析采用比例积分控制器对系统性能的影响。

（5）若 $G_c(s)$ 采用比例积分微分（PID）控制器，请提出建议方案，并分析采用此方案可能对系统性能的影响。

5-3 设未加校正装置的系统开环传递函数为 $G(s) = \dfrac{10}{s(0.5s+1)(0.1s+1)}$，若采用传递函数为 $G_c(s) = \dfrac{0.23s+1}{0.023s+1}$ 的串联超前校正装置。试求校正后系统的相角裕度。利用 MATLAB 画出校正前后的单位阶跃响应曲线，并进行比较。

第六章　采样控制系统分析

内 容 提 要

近年来，随着数字式元部件，特别是微处理器及计算机的迅速发展，采样控制系统得到了广泛的应用。基于工程实践的需要，作为分析和设计采样控制系统的理论基础，采样系统理论的发展十分迅速。

采样系统与连续系统相比，既有本质上的不同，又有分析研究方面的相似性。如连续系统采用拉氏变换法研究系统，并采用传递函数的概念；而采样系统采用 z 变换法研究系统，并采用脉冲传递函数的概念。本章着重介绍从连续信号到采样信号的变换、z 变换和逆 z 变换、系统脉冲传递函数及采样控制系统的时域分析方法，为采样控制系统的分析和设计奠定一定的理论基础。

第一节　信号的采样与复现

一、采样控制系统的结构

根据系统中信号的连续性来分，可把系统分为连续控制系统和离散控制系统。在连续控制系统中，每处的信号都是时间的连续函数，该信号称为连续信号或模拟信号。而在离散控制系统中，一处或几处的信号不是时间的连续函数，称为离散信号。离散信号通常是按

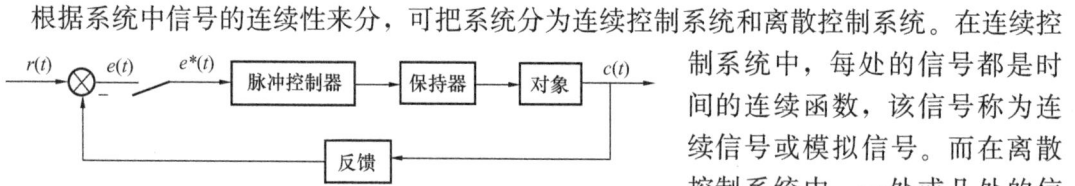

图 6-1　采样控制系统的结构图

照一定的时间间隔对连续信号进行采样而得到的，故又称为采样信号。这种既有连续信号又有采样信号的离散控制系统亦称为采样控制系统（Sampling Control System）。采样控制系统的一般结构如图 6-1 所示。

图中，$e(t)$ 是连续信号，采样开关将 $e(t)$ 离散化，转换为一脉冲序列 $e^*(t)$（$*$ 表示离散化），送给脉冲控制器，脉冲控制器的输出为离散信号，经过保持器又变成连续信号，以控制被控对象。

系统中，采样开关的作用如图 6-2 所示。采样开关每经过时间 T 闭合一次，T 称为采样周期。采样开关每次闭合时间为 τ。

在系统中，如果用计算机来代替脉冲控制器，实现对偏差信号的处理，就构成了数字控制系统，也称为计算机控制系统（Computer Control Sys-

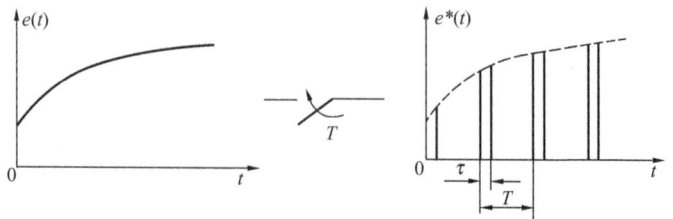

图 6-2　连续信号的采样

tem)。它是离散控制的另外一种形式。系统的结构如图 6-3 所示。

图 6-3　数字控制系统典型结构图

系统中的连续误差信号通过 A/D 转换装置转换成数字量，经计算机处理后，再经 D/A 转换装置转变成模拟量，然后对被控对象进行控制。无论是采样控制系统还是数字控制系统都具有采样装置。

二、信号的采样

（一）采样过程

把连续信号变换为脉冲序列的装置称为采样器，又叫采样开关。采样器的采样过程，可以用一个周期性闭合的采样开关 S 来表示，如图 6-4 所示。假设采样器每隔 Ts 闭合一次，闭合的持续时间为 τ；采样器的输入 $e(t)$ 为连续信号；输出 $e^*(t)$ 为宽度等于 τ 的调幅脉冲序列，在采样瞬时 $nT(n = 0,1,2,\cdots,\infty)$ 时出现。换句话说，在 $t=0$ 时，采样器闭合 τs，此时 $e^*(t) = e(t)$；$t = \tau$ 以后，采样器打开，输出 $e^*(t) = 0$；以后每隔 Ts 重复一次这种过程。显然，采样过程要丢失采样间隔之间的信息。

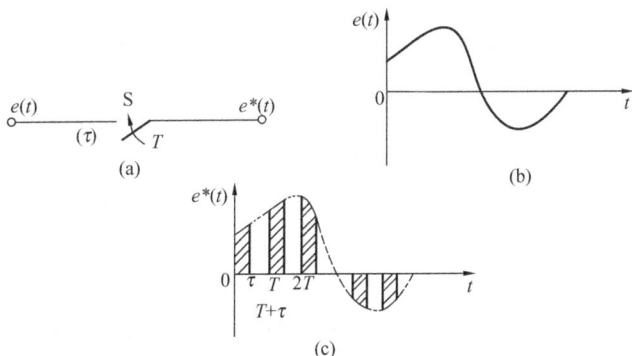

图 6-4　实际采样过程

（a）采样器；（b）采样器的输入信号；（c）采样器的输出信号

对于具有有限脉冲宽度的采样系统来说，要准确进行数学分析是非常复杂的，且无必要。考虑到采样开关的闭合时间 τ 非常小，通常为毫秒到微秒级，一般远小于采样周期 T 和系统连续部分的最大时间常数。因此在分析时，可以认为 $\tau=0$。这样，采样器就可以用一个理想采样器来代替。采样过程可以看成是一个幅值调制的过程。理想采样器好像是一个载波为 $\delta_T(t)$ 的幅值调制器，如图 6-5（b）所示，其 $\delta_T(t)$ 为理想单位脉冲序列。如图 6-5（c）所示的理想采样器的输出信号 $e^*(t)$，可以认为是如图 6-5（a）所示的输入连续信号 $e(t)$ 调制在载波 $\delta_T(t)$ 上的结果，而各脉冲强度（即面积）用其高度来表示，它们等于相应采样瞬时 $(t=nT)$ 时 $e(t)$ 的幅值。

如果用数学形式描述上述调制过程，则有

$$e^*(t) = e(t)\delta_T(t) \tag{6-1}$$

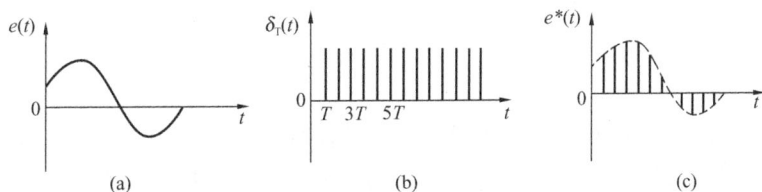

图 6-5　理想采样过程

因为理想单位脉冲序列 $\delta_{\mathrm{T}}(t)$ 可以表示为

$$\delta_{\mathrm{T}}(t) = \sum_{n=0}^{\infty} \delta(t-nT) \qquad (6\text{-}2)$$

其中 $\delta(t-nT)$ 是出现在时刻 $t=nT$ 时、强度为 1 的单位脉冲，故式（6-1）可以写为

$$e^*(t) = e(t)\sum_{n=0}^{\infty} \delta(t-nT)$$

由于 $e(t)$ 的数值仅在采样瞬时才有意义，所以上式又可表示

$$e^*(t) = \sum_{n=0}^{\infty} e(nT)\delta(t-nT) \qquad (6\text{-}3)$$

值得注意的是，在上述讨论过程中，假设了

$$e(t) = 0 (t < 0)$$

因此，脉冲序列从零开始。这个前提在实际控制系统中，通常都是满足的。

（二）香农采样定理（Shannon's Sampling Theorem）

在设计采样系统时，香农采样定理是必须严格遵守的一条准则，因为它指明了从采样信号中不失真地复现原连续信号所必需的理论上的最小采样周期 T。

香农采样定理指出：如果采样器的输入信号 $e(t)$ 具有有限带宽，并且有直到 $\omega_{\max}$ 的频率分量，则使信号 $e(t)$ 完满地从采样信号 $e^*(t)$ 中恢复过来的采样周期 T，满足下列条件

$$T \leqslant \frac{\pi}{\omega_{\max}} \qquad (6\text{-}4)$$

应当指出，香农采样定理只是给出了一个选择采样周期 T 或采样频率 ω_s 的指导原则，它给出的是由采样脉冲序列无失真地再现原连续信号所允许的最大采样周期，或最低采样频率。

三、信号的复现

用数字计算机作为系统的信息处理机构时，处理结果的输出如同原始信息的获取一样，一般也有两种方式。一种是直接数字输出，如屏幕显示、打印输出，或将数列以二进制形式馈给相应的寄存器；另一种需要把数字信号转换为连续信号。用于这后一种转换过程的装置，称为保持器。从数学上说，保持器的任务是解决各采样点之间的插值问题。

1. 保持器的数学描述

由采样过程的数学描述可知，在采样时刻上，连续信号的函数值与脉冲序列的脉冲强度相等。在 nT 时刻，有

$$e(t)\,|_{t=nT} = e(nT) = e^*(nT)$$

而在 $(n+1)T$ 时刻，则有

$$e(t)\,|_{t=(n+1)T} = e[(n+1)T] = e^*[(n+1)T]$$

然而，在由脉冲序列 $e^*(t)$ 向连续信号 $e(t)$ 的转换过程中，在 nT 与 $(n+1)T$ 时刻之间，即当 $0<\Delta t<T$ 时，连续信号 $e(nT+\Delta t)$ 究竟有多大？它与 $e(nT)$ 的关系如何？这就是保持器要解决的问题。

实际上，保持器是具有外推功能的元件。保持器的外推作用，表现为现在时刻的输出信号取决于过去时刻离散信号的外推。通常，采用如下多项式外推公式来描述保持器：

$$e(nT+\Delta t) = a_0 + a_1\Delta t + a_2(\Delta t)^2 + \cdots + a_m(\Delta t)^m \qquad (6\text{-}5)$$

式中：Δt 是以 nT 时刻为原点的坐标。式（6-5）表示：现在时刻的输出 $e(nT+\Delta t)$ 值，取决于 $\Delta t=0$，$-T$，$-2T$，$\cdots$，$-mT$ 各过去时刻的离散信号 $e^*(nT),e^*[(n-1)T],e^*[(n-2)T],\cdots,e^*[(n-m)T]$ 的 $(m+1)$ 个值。外推公式中 $(m+1)$ 个待定系数 $a_i(i=0,1,\cdots,m)$ 唯一地由过去各采样时刻 $(m+1)$ 个离散信号值 $e^*[(n-i)T](i=0,1,\cdots,m)$ 来确定，故系数 a_i 有唯一解。这样保持器称为 m 阶保持器。若取 $m=0$，则称零阶保持器；$m=1$，称一阶保持器。在工程实践中，普遍采用零阶保持器。

2. 零阶保持器

零阶保持器的外推公式为

$$e(nT+\Delta t)=a_0$$

显然，$\Delta t=0$ 时，上式也成立。所以

$$a_0=e(nT)$$

从而，零阶保持器的数学表达式为

$$e(nT+\Delta t)=e(nT)\ 0\leqslant\Delta t<T$$

上式说明，零阶保持器是一种按常值外推的保持器，它把前一采样时刻 nT 的采样值 $e(nT)$ [因为在各采样点上，$e^*(nT)=e(nT)$] 一直保持到下一采样时刻 $(n+1)T$ 到来之前，从而使采样信号 $e^*(t)$ 变成阶梯信号 $e_h(t)$，如图 6-6 所示。

如果把阶梯信号 $e_h(t)$ 的中点连接起来，如图 6-6 中点画线所示，则可以得到与连续信号 $e(t)$ 形状一致但在时间上落后 $T/2$ 的响应 $e(t-T/2)$。

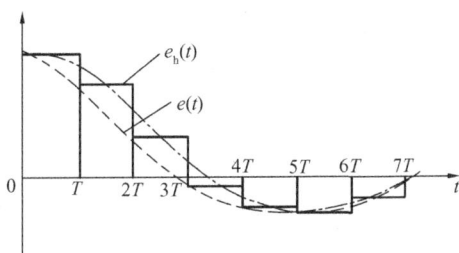

图 6-6　零阶保持器的输出特性

第二节　z 变 换

在连续系统的性能分析中，用微分方程来描述系统，用拉氏变换作为求解工具。而在采样系统的性能分析中，则用差分方程来描述系统，用 z 变换（Z Transform）作为求解的工具。

一、z 变换的定义

对连续函数 $e(t)$ 进行拉氏变换，即

$$E(s)=\int_0^\infty e(t)\mathrm{e}^{-st}\mathrm{d}t$$

对于式（6-3）所表示的采样信号 $e^*(t)$，其拉氏变换为

$$E^*(s)=\int_0^\infty[\sum_{n=0}^\infty e(nT)\delta(t-nT)]\mathrm{e}^{-st}\mathrm{d}t=\sum_{n=0}^\infty e(nT)[\int_0^\infty\delta(t-nT)\mathrm{e}^{-st}\mathrm{d}t]=\sum_{n=0}^\infty e(nT)\mathrm{e}^{-nTs}$$

引入新变量 $z=\mathrm{e}^{Ts}$，则

$$E(z)=E^*(s)\Big|_{s=\frac{1}{T}\ln z}=\sum_{n=0}^\infty e(nT)z^{-n} \tag{6-6}$$

称 $E(z)$ 为 $e^*(t)$ 的 z 变换，并记作

$$E(z) = Z[e^*(t)] \tag{6-7}$$

二、z 变换的方法

1. 级数求和法

根据定义式（6-7）展开，即

$$E(z) = \sum_{n=0}^{\infty} e(nT)z^{-n} = e(0)z^0 + e(T)z^{-1} + e(2T)z^{-2} + e(3T)z^{-3} + \cdots$$

然后利用级数求和，就可求得 $E(z)$ 的表达式。

【例 6-1】　求下列常用函数的 z 变换

解　（1）单位阶跃函数。

$$e(t) = 1(t), e(kT) = 1$$

$$E(z) = \sum_{n=0}^{\infty} e(nT)z^{-n} = 1 + z^{-1} + z^{-2} + z^{-3} + \cdots = \frac{z}{z-1}$$

（2）指数函数。

$$e(t) = e^{-at}, e(nT) = e^{-anT}$$

$$E(z) = \sum_{n=0}^{\infty} e(nT)z^{-n} = 1 + e^{-at}z^{-1} + e^{-2at}z^{-2} + e^{-3at}z^{-3} + \cdots = \frac{z}{z - e^{-at}}$$

（3）单位冲激函数。

$$e(t) = \delta(t), e(nT) = \delta(nT)$$

$$E(z) = \sum_{n=0}^{\infty} e(nT)z^{-n} = 1$$

（4）单位斜坡函数。

$$e(t) = t, e(nT) = nT$$

$$E(z) = \sum_{n=0}^{\infty} e(nT)z^{-n} = Tz^{-1} + 2Tz^{-2} + 3Tz^{-3} + \cdots = \frac{Tz}{(z-1)^2}$$

（5）正弦函数。

$$e(t) = \sin\omega t = \frac{e^{j\omega t} - e^{-j\omega t}}{2j}, e(nT) = \sin\omega t = \frac{e^{j\omega nT} - e^{-j\omega nT}}{2j}$$

$$E(z) = \sum_{n=0}^{\infty} e(nT)z^{-n} = \frac{1}{2j}\left[\frac{1}{1 - e^{j\omega T}z^{-1}} - \frac{1}{1 - e^{-j\omega T}z^{-1}}\right] = \frac{z\sin \omega T}{z^2 - 2z\cos \omega T + 1}$$

用同样方法可得 $e(t) = \cos \omega t$ 的 z 变换为 $E(z) = \dfrac{z(z - \cos \omega T)}{z^2 - 2z\cos \omega T + 1}$。

2. 部分分式法

利用部分分式法求 z 变换时，先求出已知连续函数 $e(t)$ 的拉氏变换 $E(s)$，然后将有理分式函数 $E(s)$ 展开成部分分式之和的形式，使每一部分分式对应简单的时间函数，其相应的 z 变换是已知的，然后通过查表或计算求得 $E(z)$。常用时间函数的 z 变换表如表 A-1 所示。

若

$$E(s) = \sum_{i=1}^{n} \frac{A_i}{s - p_i}$$

则

$$E(z) = \sum_{i=1}^{n} \frac{A_i}{1 - e^{p_i T}z^{-1}}$$

式中　p_i——$E(s)$ 的极点；

　　A_i——待定系数。下面举例说明。

【例 6-2】　已知 $E(s) = \dfrac{1}{s(s+1)}$，求原函数 $e(t)$ 的 z 变换 $E(z)$。

解　将 $E(s)$ 展开为部分分式 $E(s) = \dfrac{1}{s(s+1)} = \dfrac{1}{s} - \dfrac{1}{s+1}$

z 变换为　　　　$E(z) = \dfrac{z}{z-1} - \dfrac{z}{z-\mathrm{e}^{-T}} = \dfrac{z(1-\mathrm{e}^{-T})}{(z-1)(z-\mathrm{e}^{-T})}$

【例 6-3】　已知 $E(s) = \dfrac{1}{s^2(s+1)}$，求原函数 $e(t)$ 的 z 变换 $E(z)$。

解　$E(s) = \dfrac{1}{s^2(s+1)} = \dfrac{1}{s^2} - \dfrac{1}{s} + \dfrac{1}{s+1}$

查表，得　　　　$E(z) = \dfrac{Tz^{-1}}{(1-z^{-1})^2} - \dfrac{1}{1-z^{-1}} + \dfrac{1}{1-\mathrm{e}^{-1}z^{-1}}$

三、z 变换的基本定理

z 变换的基本定理为 z 变换的运算提供了方便。

1. 线性定理
$$Z[a_1e_1(t) \pm a_2e_2(t)] = a_1E_1(z) \pm a_2E_2(z)$$

2. 延迟定理
$$Z[e(t-kT)] = z^{-k}E(z)$$

【例 6-4】　已知函数 $e(t) = t - T$，求 $e(t)$ 的 z 变换 $E(z)$。

解　$E(z) = \dfrac{Tz}{(z-1)^2}z^{-1} = \dfrac{T}{(z-1)^2}$

3. 超前定理
$$Z[e(t+kT)] = z^k\left[E(z) - \sum_{m=0}^{k-1} e(mT)z^{-m}\right]$$

【例 6-5】　求函数 $e(t) = t + 2T$ 的 z 变换。

解　$E(z) = z^2\dfrac{z}{z-1} - z^2[e(0)z^0 + e(T)z^{-1}] = \dfrac{z^3}{z-1} - z^2 - z = \dfrac{z}{z-1}$

4. 位移定理
$$Z[e(t)\mathrm{e}^{\mp at}] = E(z\mathrm{e}^{\pm aT})$$

【例 6-6】　已知函数 $e(t) = t\mathrm{e}^{-at}$，求 $E(z)$。

解　$E(z) = \dfrac{Tz\mathrm{e}^{aT}}{(z\mathrm{e}^{aT}-1)^2}$

5. 初值定理

若 $e(t)$ 变换为 $E(z)$，且 $\lim\limits_{z\to\infty}E(z)$ 存在，则 $e(0) = \lim\limits_{z\to\infty}E(z)$。

【例 6-7】　求 $e(t) = \mathrm{e}^{-at}$ 的初值 $e(0)$。

解　$e(0) = \lim\limits_{z\to\infty}\dfrac{z}{z-\mathrm{e}^{-aT}} = \lim\limits_{z\to\infty}\dfrac{1}{1-\mathrm{e}^{-aT}z^{-1}} = 1$

6. 终值定理

若 $e(t)$ 的 z 变换为 $E(z)$，而 $(1-z^{-1})E(z)$ 在 z 平面上以圆点为圆心的单位圆周上或圆外没有极点，则 $e(\infty) = \lim\limits_{z \to \infty} e(t) = \lim\limits_{z \to 1}(1 - z^{-1})E(z)$。在采样控制系统分析中，常采用终值定理求取输出序列的终值误差。

【例 6-8】 已知 $E(z) = \dfrac{0.79z^2}{(z-1)(z^2 - 0.41z + 0.2)}$，求 $e(\infty)$。

解 $e(\infty) = \lim\limits_{z \to 1}(1 - z^{-1})E(z) = \lim\limits_{z \to 1}\dfrac{0.79z}{z^2 - 0.41z + 0.2} = 1$

四、z 反变换

如果已知 z 变换式，要求其原函数，这一变换过程称作 z 反变换，记为 $Z^{-1}[E(z)] = e^*(t)$。下面介绍 z 反变换的长除法和部分分式法。

1. 长除法

这种方法是将 z 变换式直接用除法求出 z^{-n} 按降幂排列的展开式，再求反变换或查表得原函数。

【例 6-9】 求单位阶跃信号 z 变换 $E(z) = \dfrac{z}{z-1}$ 的反变换。

解

$$
\begin{array}{r}
1 + z^{-1} + z^{-2} + z^{-3} \\
z-1 \overline{\smash{\big)}\ z } \\
\underline{z-1} \\
1 \\
\underline{1 - z^{-1}} \\
z^{-1} \\
\underline{z^{-1} - z^{-2}} \\
z^{-2}
\end{array}
$$

$$E(z) = \frac{z}{z-1} = 1 + z^{-1} + z^{-2} + z^{-3} + \cdots$$

$$e^*(t) = \delta(t) + \delta(t - T) + \delta(t - 2T) + \cdots$$

2. 部分分式法

先将变换式写成 $E(z)/z$，并展开成部分分式，然后再乘以 z；得 $E(z)$ 的希望展开式，最后逐项查表或用计算的方法求其反变换。

【例 6-10】 求 $E(z) = \dfrac{0.5z}{(z-1)(z-0.5)}$ 的 z 反变换函数。

解

$$\frac{E(z)}{z} = \frac{0.5}{(z-1)(z-0.5)} = \frac{1}{z-1} - \frac{1}{z-0.5}$$

$$E(z) = \frac{z}{z-1} - \frac{z}{z-0.5}$$

因为 $z^{-1}\left[\dfrac{z}{z-1}\right] = 1, z^{-1}\left[\dfrac{z}{z-0.5}\right] = 0.5^k$

所以 $e(nT) = 1 - 0.5^k$

$$e^*(t) = e(0)\delta(t) + e(T)\delta(t - T) + e(2T)\delta(t - 2T) + \cdots$$

$$= 0 + 0.5\delta(t - T) + 0.75\delta(t - 2T) + \cdots$$

第三节　脉冲传递函数

在连续系统的分析中，一般都不直接用微分方程，而是采用传递函数的概念，根据系统的传递函数，可以对连续系统进行分析和设计。同样，在采样系统的研究中，也不直接从系统的差分方程入手，而是借助于脉冲传递函数的概念，对采样系统进行分析和设计。

一、脉冲传递函数的定义

设线性定常采样系统如图 6-7 所示。$G(s)$ 是采样系统中连续部分的传递函数，脉冲传递函数的定义为：零初始条件下，离散输出信号的 z 变换与离散输入信号的 z 变换之比，即

$$G(z) = \frac{C(z)}{R(z)}$$

式中：$R(z) = Z[r^*(t)]$；$C(z) = Z[c^*(t)]$。

实际上大多数采样系统的输出信号往往是连续信号 $c(t)$，而不是离散信号 $c^*(t)$，如图 6-8 所示。在这种情况下，为了应用脉冲传递函数的概念，可以在输出端虚设一个采样开关，如图 6-8 中虚线所示。它与输入端采样开关同步，那么输出的离散信号就可根据下式求得

$$c^*(t) = Z^{-1}[C(z)] = Z^{-1}[G(z)R(z)]$$

这时，求得的只有输出连续函数 $c(t)$ 在采样时刻的函数值。

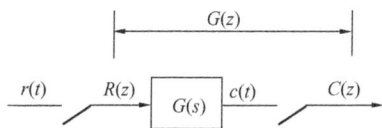

图 6-7　开环采样系统

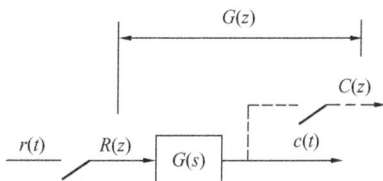

图 6-8　实际开环采样系统

二、开环系统的脉冲传递函数

采样系统中，各环节串联时，它们之间有无采样开关，脉冲传递函数是不相同的。

1. 串联环节之间无采样开关

传递函数分别为 $G_1(s)$ 和 $G_2(s)$ 的两个环节串联，如图 6-9 所示。

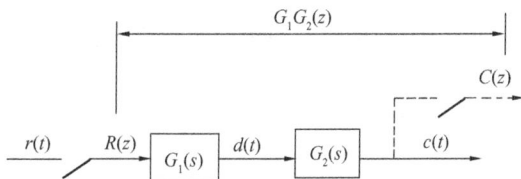

图 6-9　串联环节之间无采样的开环采样系统

由图可见 $G(s) = G_1(s)G_2(s)$

$$G(z) = \frac{C(z)}{R(z)} = z[G_1(s)G_2(s)] = G_1G_2(z)$$

【例 6-11】　设 $G_1(s) = \dfrac{1}{s+a}$，$G_2(s) = \dfrac{1}{s+b}$，求脉冲传递函数 $G(z)$。

解　　$G(s) = G_1(s)G_2(s) = \dfrac{1}{(s+a)(s+b)} = \dfrac{1}{b-a}(\dfrac{1}{s+a} - \dfrac{1}{s+b})$

$$G(z) = \frac{1}{b-a}\left[\frac{z}{z-\mathrm{e}^{-aT}} - \frac{z}{z-\mathrm{e}^{-bT}}\right] = \frac{1}{b-a}\frac{z(\mathrm{e}^{-aT}-\mathrm{e}^{-bT})}{(z-\mathrm{e}^{-aT})(z-\mathrm{e}^{-bT})}$$

2. 串联环节之间有采样开关

此种情况如图 6-10 所示。

由图可见　　$C(z) = G_2(z)D(z)$，$D(z) = G_1(z)R(z)$

则有　　　　　　　　　　　$C(z) = G_2(z)G_1(z)R(z)$

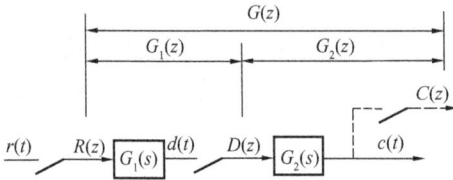

图 6-10　串联环节之间有采样开关的
开环采样系

【例 6-12】　设 $G_1(s) = \dfrac{1}{s+a}$，$G_2(s) = \dfrac{1}{s+b}$，求 $G(s)$。

解　$G_1(s) = \dfrac{z}{z-\mathrm{e}^{-aT}}$，$G_2(s) = \dfrac{1}{z-\mathrm{e}^{-bT}}$

$$G(z) = G_1(z)G_2(z) = \frac{z^2}{(z-\mathrm{e}^{-aT})(z-\mathrm{e}^{-bT})}$$

与上例相比，显然 $G_1(z)G_2(z) \neq G_1 G_2(z)$。

3. 有零阶保持器的开环系统脉冲传递函数

设有零阶保持器的开环系统如图 6-11 所示。图中，$G_1(s)$ 为零阶保持器传递函数，$G_2(s)$ 为连续部分传递函数，两个串连环节之间无采样开关。

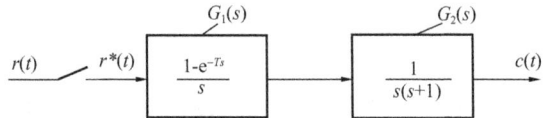

图 6-11　具有零阶保持器的开环系统结构图

开环系统脉冲传递函数为

$$G(z) = \frac{C(z)}{R(z)} = Z[G_1(s)G_2(s)] = Z\left[\frac{1-\mathrm{e}^{-Ts}}{s}G_2(s)\right]$$

由 z 变换的线性定理有

$$G(z) = Z\left[\frac{1}{s}G_2(s)\right] - Z\left[\frac{1}{s}G_2(s)\mathrm{e}^{-Ts}\right]$$

由于 e^{-Ts} 为延迟一个采样周期的延迟环节，所以由 z 变换的延迟定理，上式第二项可以改写为

$$Z\left[\frac{1}{s}G_2(s)\mathrm{e}^{-Ts}\right] = z^{-1}\cdot Z\left[\frac{1}{s}G_2(s)\right]$$

于是，有零阶保持器的开环系统脉冲传递函数为

$$G(z) = \frac{C(z)}{R(z)} = (1-z^{-1})Z\left[\frac{1}{s}G_2(s)\right]$$

三、闭环系统的脉冲传递函数

在连续系统中，闭环系统的传递函数和开环系统的传递函数之间有着确定的关系，而在采样系统中，由于采样开关在系统中的位置不同，系统脉冲传递函数也不同，因此，闭环脉冲传递函数与采样开关的位置有关。下面，求几种典型结构闭环系统的脉冲传递函数。

（1）采样系统结构如图 6-12 所示。因为 z 变换是对离散信号进行的一种数学变换，所以系统中的连续信号都假设离散化了。用虚线表示采样开关，均以周期 T 同步工作。

由图 6-12 可得 $E(s) = R(s) - B(s)$

$$B(s) = G(s)H(s)E^*(s)$$

采样后 $E^*(s) = R^*(s) - B^*(s)$

$$B^*(s) = [G(s)H(s)]^* E^*(s)$$

z 变换 $E(z) = R(z) - B(z)$

$$B(z) = GH(z)E(z)$$

得 $E(z) = R(z) - GH(z)E(z)$

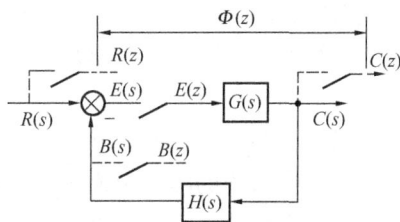

图 6-12 闭环采样系统结构图

$$E(z) = \frac{R(z)}{1 + GH(z)} \tag{6-8}$$

系统输出 $C(s) = G(s)E^*(s)$

离散后 $C^*(s) = G^*(s)E^*(s)$

z 变换后 $C(z) = G(z)E(z)$

把式 (6-8) 带入上式,得 $C(z) = \dfrac{R(z)G(z)}{1 + GH(z)}$

闭环系统脉冲传递函数为

$$\Phi(z) = \frac{C(z)}{R(z)} = \frac{G(z)}{1 + GH(z)}$$

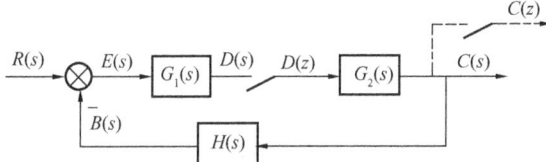

(2) 采样系统结构如图 6-13 所示。

信号偏差 $E(s) = R(s) - B(s)$

$$D(s) = E(s)G_1(s)$$
$$= [R(s) - B(s)]G_1(s)$$
$$= R(s)G_1(s) \tag{6-9}$$
$$- B(s)G_1(s)$$

图 6-13 闭环采样系统结构图

反馈信号 $B(s) = C(s)H(s) = D^*(s)G_2(s)H(s)$

代入式 (6-9) 得

$$D(s) = R(s)G_1(s) - D^*(s)G_1(s)G_2(s)H(s)$$

对上式进行采样

$$D^*(s) = [R(s)G_1(s)]^* - D^*(s)[G_1(s)G_2(s)H(s)]^*$$

得

$$D^*(s) = \frac{[R(s)G_1(s)]^*}{1 + [G_1(s)G_2(s)H(s)]^*} \tag{6-10}$$

系统的输出

$$C(s) = D^*(s)G_2(s)$$

离散化

$$C^*(s) = D^*(s)G_2^*(s)$$

由式 (6-10) 得

$$C^*(s) = \frac{G_2^*(s)[R(s)G_1(s)]^*}{1 + [G_1(s)G_2(s)H(s)]^*}$$

系统输出的 z 变换

$$C(z) = \frac{RG_1(z)G_2(z)}{1 + G_1G_2H(z)}$$

该系统的输入信号直接进入连续环节 $G_1(s)$，因此只能求出输出量的 z 变换表达式，而求不出系统的闭环脉冲传递函数。

通过上面两种情况可知，系统中采样开关的位置不同，闭环脉冲传递函数也不一样。

除以上介绍的求取方法外，还有一种简便的方法，其步骤如下：

（1）求出系统的闭环传递函数，写成 $C(s) = R(s)G(s)$ 的形式。

（2）在系统的输出端虚设一采样开关，并根据信号在前向通路和前向通路与反馈回路中的流向，按采样开关的位置，对上式进行采样。

（3）将采样记号换成 z 变换，就得到了输出量的 z 变换表达式 $C(z)$。

常见采样控制系统方框图及其输出信号的 z 变换如表 6-1 所示。

表 6-1　　　　　　　　　　常见采样控制系统方框图及其输出信号的 z 变换

方　框　图	$C(z)$
	$C(z) = \dfrac{G(z)R(z)}{1+G(z)H(z)}$ $\dfrac{C(z)}{R(z)} = \dfrac{G(z)}{1+G(z)H(z)}$
	$C(z) = \dfrac{GR(z)}{1+GH(z)}$
	$C(z) = \dfrac{G_2(z)G_1R(z)}{1+G_2HG_1(z)}$
	$C(z) = \dfrac{G(z)R(z)}{1+G(z)H(z)}$ $\dfrac{C(z)}{R(z)} = \dfrac{G(z)}{1+G(z)H(z)}$
	$C(z) = \dfrac{G_1(z)G_2(z)R(z)}{1+G_1(z)G_2H(z)}$ $\dfrac{C(z)}{R(z)} = \dfrac{G_1(z)G_2(z)}{1+G_1(z)G_2H(z)}$
	$C(z) = \dfrac{G_1(z)G_2(z)R(z)}{1+G_1(z)G_2(z)+G_2H(z)}$ $\dfrac{C(z)}{R(z)} = \dfrac{G_1(z)G_2(z)}{1+G_1(z)G_2(z)+G_2H(z)}$
	$C(z) = \dfrac{G_1(z)R(z)}{1+G_1(z)H_2H_3(z)+G_1H_1(z)}$ $\dfrac{C(z)}{R(z)} = \dfrac{G_1(z)}{1+G_1(z)H_2H_3(z)+G_1H_1(z)}$

【例 6-13】　系统的结构如图 6-14 所示，试求系统的脉冲传递函数。

解　系统输出的拉氏变换为

$$C(s) = \frac{G_1(s)G_2(s)R(s)}{1 + G_1(s)G_2(s)H(s)}$$

对照结构图,对上式进行采样

$$C^*(s) = \frac{G_1^*(s)G_2^*(s)R^*(s)}{1 + G_1^*(s)G_2^*(s)H^*(s)}$$

对上式 z 变换

图 6-14 闭环采样系统结构图

$$C(z) = \frac{G_1(z)G_2(z)R(z)}{1 + G_1(z)G_2(z)H(z)}$$

则闭环系统脉冲传递函数为

$$\frac{C(z)}{R(z)} = \frac{G_1(z)G_2(z)}{1 + G_1(z)G_2(z)H(z)}$$

【例 6-14】 系统的结构如图 6-15 所示,求系统的脉冲传递函数。

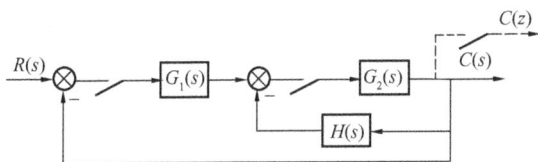

解 系统内环的传递函数为

$$G(s) = \frac{G_2(s)}{1 + G_2(s)H(s)}$$

系统输出的拉氏变换为

图 6-15 闭环采样结构图

$$C(s) = \frac{G_1(s)G_2(s)R(s)}{1 + G_2(s)H(s) + G_1(s)G_2(s)}$$

根据结构图中采样开关的位置,对上式进行拉氏采样,得

$$C^*(s) = \frac{G_1^*(s)G_2^*(s)R^*(s)}{1 + [G_2(s)H(s)]^* + G_1^*(s)G_2^*(s)}$$

将上式 z 变换

$$C(z) = \frac{G_1(z)G_2(z)R(z)}{1 + G_2H(z) + G_1(z)G_2(z)}$$

所以,该系统的闭环脉冲传递函数为

$$\frac{C(z)}{R(z)} = \frac{G_1(z)G_2(z)}{1 + G_2H(z) + G_1(z)G_2(z)}$$

【例 6-15】 系统结构如图 6-16 所示,求系统输出量的 z 变换 $C(z)$。

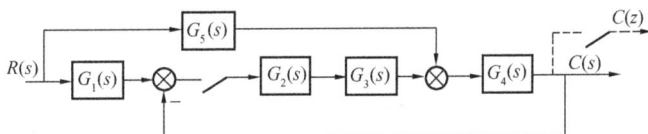

图 6-16 闭环采样系统结构图

解 由系统的结构图可得

$$C(s) = \frac{R(s)G_1(s)G_2(s)G_3(s)G_4(s) + R(s)G_5(s)G_4(s)}{1 + G_2(s)G_3(s)G_4(s)}$$

对上式采样得

$$C^*(s) = \frac{[R(s)G_1(s)]^*[G_2(s)G_3(s)G_4(s)]^* + [R(s)G_5(s)G_4(s)]^*}{1 + [G_2(s)G_3(s)G_4(s)]^*}$$

取 z 变换得

$$C(z) = \frac{RG_1(z)G_2G_3G_4(z) + RG_5G_4(z)}{1 + G_2G_3G_4(z)}$$

本例不能得到闭环系统的脉冲传递函数,只能得到系统输出量的 z 变换式。

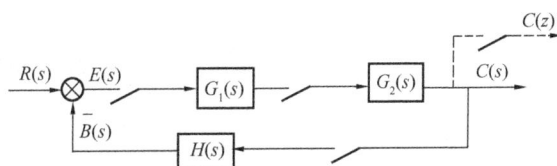

第四节 采样控制系统分析

一、稳定性判据

连续系统的劳斯稳定判据是通过系统特征方程的系数及其符号来判别系统稳定性的。这种对特征方程系数和符号以及系数之间满足某些关系的判据，实质是判断系统特征方程的根是否都在 s 左半平面。但是，在采样系统中需要判断系统特征方程的根是否都在 z 平面上的单位圆内。因此，连续系统中的劳斯判据不能直接套用，必须引入另一种 z 域到 w 域的线性变换，使 z 平面上的单位圆，在新的坐标系中映射为虚轴；使 z 平面上的单位圆内区域，映射成 w 平面上的左半平面。这种新的坐标变换，称为双线性变换，或称为 w 变换。

1. w 变换与劳斯稳定判据

如果令

$$z = \frac{w+1}{w-1} \tag{6-11}$$

则有

$$w = \frac{z+1}{z-1} \tag{6-12}$$

式(6-11)与式(6-12)表明，复变量 z 与 w 互为线性变换，故 w 变换又称双线性变换。令复变量

$$z = x + jy, w = u + jv$$

代入式（6-12），得

$$u + jv = \frac{(x^2 + y^2) - 1}{(x-1)^2 + y^2} - j\frac{2y}{(x-2)^2 + y^2}$$

显然有

$$u = \frac{(x^2 + y^2) - 1}{(x-1)^2 + y^2}$$

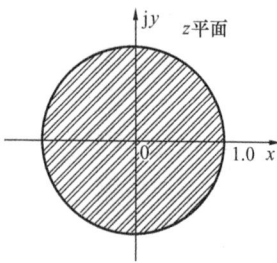
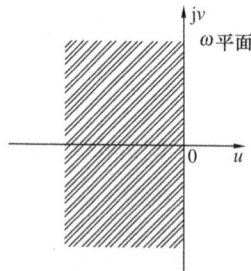

图 6-17 z 平面与 w 平面的对应关系

由于上式的分母 $(x-1)^2 + y^2$ 始终为正，因此 $u=0$ 等价于 $x^2 + y^2 = 1$，表明 w 平面的虚轴对应于 z 平面上的单位圆周；$u<0$ 等价于 $x^2 + y^2 < 1$，表明 w 左半平面对应于 z 平面上单位圆内的区域；$u>0$ 等价于 $x^2 + y^2 > 1$，表明 w 右半平面对应于 z 平面上单位圆外的区域。z 平面和 w 平面的这种对应关系如图 6-17 所示。

由 w 变换可知，通过式(6-11)，可将线性定常采样系统在 z 平面上的特征方程 $1 + GH(z) = 0$，转换为在 w 平面上的特征方程 $1 + GH(w) = 0$。于是，采样系统稳定的充分必要条件，由特征方程 $1 + GH(z) = 0$ 的所有根位于 z 平面上的单位圆内，转换为特征方程 $1 + GH(w) = 0$ 的所有根位于 w 左半平面。这后一种情况正好与在 s 平面上应用劳斯稳定判据的情况一样，所以根据 w 域中的特征方程系数，可以直接应用劳斯表判断采样系统的稳定性，

并相应称为 w 域中的劳斯稳定判据。

【例 6-16】 设闭环采样系统如图 6-18 所示,其中采样周期 $t = 0.1s$,试求系统稳定时 K 的临界值。

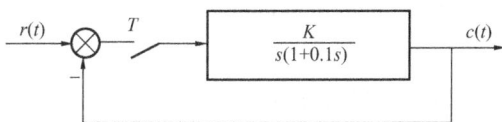

图 6-18 闭环采样系统

解 求出 $G(s)$ 的 z 变换

$$G(z) = \frac{0.632Kz}{z^2 - 1.368z + 0.368}$$

因闭环脉冲传递函数

$$\Phi(z) = \frac{G(z)}{1 + G(z)}$$

故闭环特征方程

$$1 + G(z) = z^2 + (0.632K - 1.368)z + 0.368 = 0$$

令 $z = \dfrac{w+1}{w-1}$,并化简,得 w 域特征方程

$$0.632Kw^2 + 1.264w + (2.763 - 0.632K) = 0$$

列出劳斯表

w^2	$0.632K$	$2.736 - 0.632K$
w^1	1.264	0
w^0	$2.736 - 0.632K$	0

从劳斯表第一列系数可以看出,为保证系统稳定,必须使 $K > 0$ 和 $2.736 - 0.632K > 0$,即 $K < 4.33$,故系统稳定的临界增益 $K_L = 4.33$。

2. 采样周期与开环增益对稳定性的影响

众所周知,连续系统的稳定性取决于系统的开环增益 K、系统的零极点分布和传输延迟等因素。但是,影响采样系统稳定性的因素,除与连续系统相同的上述因素外,还有采样周期 T 的数值。先看一个具体的例子。

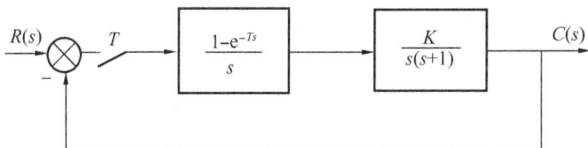

图 6-19 采样控制系统

【例 6-17】 设有零阶保持器的采样系统如图 6-19 所示。

试求:

(1) 当采样周期 T 分别为 1s 和 0.5s 时,系统的临界开环增益 K_L。

(2) 当 $r(t) = 1(t), K = 1, T$ 分别为 0.1、1、2、4s 时,系统的输出响应 $c(kT)$。

解 系统的开环脉冲传递函数为

$$G(z) = (1 - z^{-1})Z\left[\frac{K}{s^2(s+1)}\right] = K\frac{(e^{-T} + T - 1)z + (1 - e^{-T} - Te^{-T})}{(z-1)(z - e^{-T})}$$

相应的闭环特征方程为 $\quad D(z) = 1 + G(z) = 0$

当 $T = 1s$ 时,有 $\quad D(z) = z^2 + (0.368K - 1.368)z + (0.264K + 0.368) = 0$

令 $z = \dfrac{w+1}{w-1}$,得 w 域特征方程为

$$D(w) = 0.632Kw^2 + (1.264 - 0.528K)w + (2.736 - 0.104K) = 0$$

根据劳斯判据,易得 $K_{\mathrm{L}} = 2.4$。

当 $T = 0.5\mathrm{s}$ 时,w 域特征方程为

$$D(w) = 0.197Kw^2 + (0.786 - 0.18K)w + (3.214 - 0.017K) = 0$$

根据劳斯判据得 $K_{\mathrm{L}} = 4.37$。

由于闭环系统脉冲传递函数

$$\Phi(z) = \frac{C(z)}{R(z)} = \frac{G(z)}{1 + G(z)}$$

$$= \frac{K\left[(\mathrm{e}^{-T} + T - 1)z + (1 - \mathrm{e}^{-T} - T\mathrm{e}^{-T})\right]}{z^2 + [K(\mathrm{e}^{-T} + T - 1) - (1 + \mathrm{e}^{-T})]z + [K(1 - \mathrm{e}^{-T} - T\mathrm{e}^{-T}) + \mathrm{e}^{-T}]}$$

且有 $R(z) = z/(z-1)$,因此不难求得 $C(z)$ 表达式。

令 $K=1$,T 分别为 0.1、1、2、$4\mathrm{s}$,可由 $C(z)$ 的反变换求出 $c(kT)$,如图 6-20 所示。

由 [例 6-17] 可见,K 与 T 对采样系统稳定性有如下影响:

(1) 当采样周期一定时,加大开环增益会使采样系统的稳定性变差,甚至使系统变得不稳定。

(2) 当开环增益一定时,采样周期越长,丢失的信息越多,对采样系统的稳定性及动态性能均不利,甚至可使系统失去稳定性。

二、稳态误差的计算

在连续系统中,稳态误差的计算可以利用两种方法进行:一种是建立在拉氏变换终值定理基础上的计算方法,可以求出系统的稳态误差

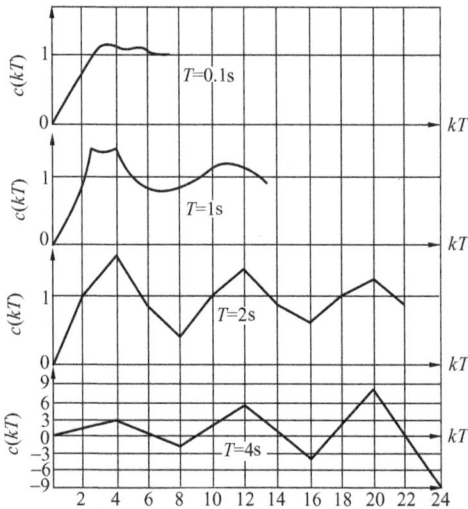

图 6-20 离散系统在不同采样周期下的阶跃响应

;另一种是从系统误差传递函数出发的动态误差系数法,可以求出系统动态误差的稳态分量。这两种计算稳态误差的方法,在一定条件下都可以推广到采样系统。

由于采样系统没有唯一的典型结构图形式,所以误差脉冲传递函数 $\Phi_{\mathrm{e}}(z)$ 也给不出一般的计算公式。采样系统的稳态误差需要针对不同形式的采样系统来求取,这里仅介绍利用 z 变换的终值定理方法,求取误差采样的采样系统在采样瞬时的稳态误差。

设单位反馈误差采样系统如图 6-21 所示,其中 $G(s)$ 为连续部分的传递函数,$e(t)$ 为系统连续误差信号,$e^*(t)$ 为系统采样误差信号,其 z 变换函数为

$$E(z) = R(z) - C(z) = [1 - \Phi(z)]R(z)$$
$$= \Phi_{\mathrm{e}}(z)R(z)$$

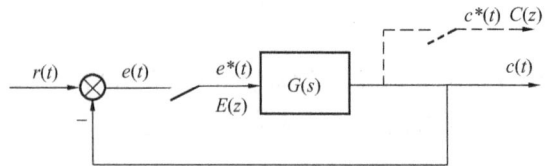

图 6-21 单位反馈采样系统

式中 $\Phi_{\mathrm{e}}(z) = \dfrac{E(z)}{R(z)} = \dfrac{1}{1 + G(z)}$ ——系统误差脉冲传递函数。

如果 $\Phi_{\mathrm{e}}(z)$ 的极点全部位于 z 平面上的单位圆内,即若采样系统是稳定的,则可用 z 变换的终值定理求出采样瞬时的稳态误差

$$e(\infty) = \lim_{t \to \infty} e^*(t) = \lim_{z \to 1}(1 - z^{-1})E(z) = \lim_{z \to 1}\frac{(z-1)R(z)}{z[1+G(z)]} \qquad (6\text{-}13)$$

式（6-13）表明，线性定常采样系统的稳态误差，不但与系统本身的结构和参数有关，而且与输入序列的形式及幅值有关。除此以外，由于 $G(z)$ 还与采样周期 T 有关，以及多数的典型输入 $R(z)$ 也与 T 有关，因此采样系统的稳态误差数值与采样周期的选取也有关。

【例 6-18】 设采样系统如图 6-21 所示，其中 $G(s) = \dfrac{1}{s(0.1s+1)}$，$T = 0.1\mathrm{s}$，输入连续信号 $r(t)$ 分别为 $1(t)$ 和 t，试求采样系统相应的稳态误差。

解 不难求出 $G(s)$ 相应的 z 变换为 $\quad G(z) = \dfrac{z(1-\mathrm{e}^{-1})}{(z-1)(z-\mathrm{e}^{-1})}$

因此，系统的误差脉冲传递函数

$$\Phi_e(z) = \frac{1}{1+G(z)} = \frac{(z-1)(z-0.368)}{z^2 - 0.736z + 0.368}$$

由于闭环极点 $z_1 = 0.368 + \mathrm{j}0.482$，$z_2 = 0.368 - \mathrm{j}0.482$，全部位于 z 平面上的单位圆内，因此可以应用终值定理方法求稳态误差。

当 $r(t) = 1(t)$，相应 $r(nT) = 1(nT)$ 时，$R(z) = \dfrac{z}{z-1}$，于是由式(6-13)求得

$$e(\infty) = \lim_{z \to 1}\frac{(z-1)(z-0.368)}{z^2 - 0.736z + 0.368} = 0$$

当 $r(t) = t$，相应 $r(nT) = nT$ 时，$R(z) = \dfrac{Tz}{(z-1)^2}$，于是由式(6-13)求得

$$e(\infty) = \lim_{z \to 1}\frac{T(z-0.368)}{z^2 - 0.736z + 0.368} = T = 0.1$$

如果希望求出其他结构形式采样系统的稳态误差，或者希望求出采样系统在扰动作用下的稳定误差，只要求出系统误差的 z 变换函数 $E(z)$ 或 $E_d(z)$。在采样系统稳定的前提下，同样可以应用 z 变换的终值定理算出系统的稳态误差。

三、时域响应分析

在已知采样系统结构和参数的情况下，应用 z 变换法分析系统动态性能时，通常假定外作用为单位阶跃函数 $1(t)$。

如果可以求出采样系统的闭环脉冲传递函数 $\Phi(z) = \dfrac{C(z)}{R(z)}$，其中 $R(z) = \dfrac{z}{z-1}$，则系统输出量的 z 变换函数

$$C(z) = \frac{z}{z-1}\Phi(z)$$

将上式展成幂级数，通过 z 反变换，可以求出输出信号的脉冲序列 $c^*(t)$。$c^*(t)$ 代表线性定常采样系统在单位阶跃输入作用下的响应过程。由于采样系统时域指标的定义与连续系统相同，故根据单位阶跃响应曲线 $c^*(t)$ 可以方便地分析采样系统的动态和稳态性能。

如果无法求出采样系统的闭环脉冲传递函数 $\Phi(z)$，但由于 $R(z)$ 是已知的，且 $C(z)$ 的表达式总是可以写出的，因此求取 $c^*(t)$ 并无技术上的困难。

【例 6-19】 设有零阶保持器的采样系统如图 6-19 所示，其中 $r(t) = 1(t)$，$T = 1\mathrm{s}$，$K = 1$，试分析该系统的动态性能。

解 先求开环脉冲传递函数 $G(z)$。因为

$$G(s) = \frac{1}{s^2(s+1)}(1 - e^{-s})$$

对上式取 z 变换,并由 z 变换的位移定理,可得

$$G(z) = (1 - z^{-1})Z\left[\frac{1}{s^2(s+1)}\right]$$

查 z 变换表,求出

$$G(z) = \frac{0.368z + 0.264}{(z-1)(z-0.368)}$$

再求闭环脉冲传递函数

$$\Phi(z) = \frac{G(z)}{1 + G(z)} = \frac{0.368z + 0.264}{z^2 - z + 0.632}$$

将 $R(z) = \dfrac{z}{z-1}$ 代入上式,求出单位阶跃序列响应的 z 变换

$$C(z) = \Phi(z)R(z) = \frac{0.368z^{-1} + 0.264z^{-2}}{1 - 2z^{-1} + 1.632z^{-2} - 0.632z^{-3}}$$

通过综合除法,将 $C(z)$ 展成无穷幂级数

$$C(z) = 0.368z^{-1} + z^{-2} + 1.4z^{-3} + 1.4z^{-4} + 1.147z^{-5} + 0.895z^{-6} + 0.802z^{-7} + 0.868z^{-8} + \cdots$$

基于 z 变换定义,由上式求得系统在单位阶跃外作用下的输出序列 $c(nT)$ 为

$c(0) = 0$	$c(6T) = 0.895$	$c(12T) = 1.032$
$c(T) = 0.368$	$c(7T) = 0.802$	$c(13T) = 0.981$
$c(2T) = 1$	$c(8T) = 0.868$	$c(14T) = 0.961$
$c(3T) = 1.4$	$c(9T) = 0.993$	$c(15T) = 0.973$
$c(4T) = 1.4$	$c(10T) = 1.077$	$c(16T) = 0.997$
$c(5T) = 1.147$	$c(11T) = 1.081$	$c(17T) = 1.015$

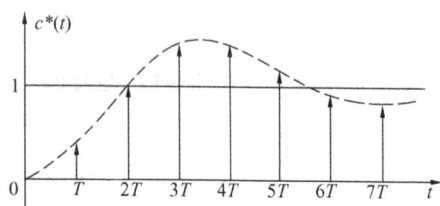

图 6-22 采样系统输出脉冲

根据上述 $c(nT)(n = 0, 1, 2, \cdots)$ 的数值,可以绘出采样系统的单位阶跃响应 $c^*(t)$,如图 6-22 所示。由图可以求得给定采样系统的近似性能指标:上升时间 $t_r = 2\text{s}$,峰值时间 $t_p = 4\text{s}$,调节时间 $t_s = 12\text{s}$,超调量 $\sigma\% = 40\%$。

应当指出,由于采样系统的时域性能指标只能按采样周期整数倍的采样值来计算,所以是近似的。

第五节 基于 MATLAB 的采样控制系统分析

MATLAB 在采样控制系统的分析和设计中起着重要的作用。z 变换、采样系统的离散化、采样系统的分析与设计都可通过 MATLAB 方便地完成。下面举例简要介绍 MATLAB 在采样控制系统分析中的应用。

一、基于 MATLAB 的 z 变换

在 MATLAB 中,利用符号工具箱所提供的两个函数 ztrans ( ) 和 iztrans ( ),可以分

别求解 z 变换和逆 z 变换。

【例 6-20】 求 $G(s)=\dfrac{1}{s(s+1)}$ 的 z 变换。

解 ≫syms s；a=1/(s*(s+1))；ft=ilaplace(a)；fz=ztrans(ft)；simplify(fz)

ans＝z*(−1+exp(1))/(z−1)/(z*exp(1)−1)

这里 $T=1$，simplify( )用于化简。

【例 6-21】 求 $E(z)=\dfrac{0.5z}{(z-1)(z-0.5)}$ 的 z 反变换。

解 ≫syms z；e=iztrans(0.5*z/((z−1)*(z−0.5)))

$$e=1-(1/2)\hat{\ }n$$

二、连续系统的离散化

在 MATLAB 语言中对连续系统的离散化是应用 c2dm ( ) 函数实现的，c2dm ( ) 函数的一般格式为

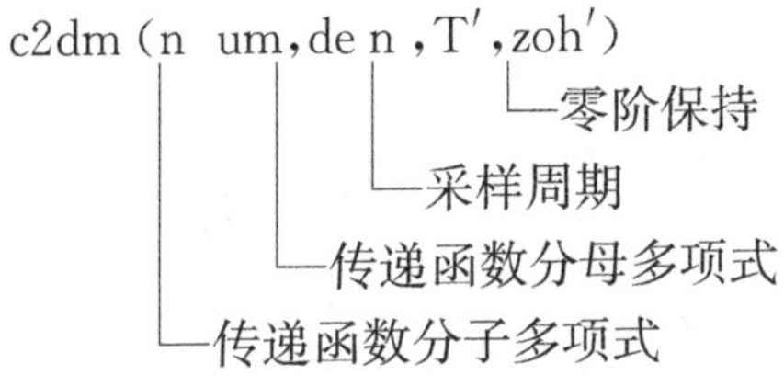

c2dm（n um，de n，T′，zoh′）
—— 零阶保持
—— 采样周期
—— 传递函数分母多项式
—— 传递函数分子多项式

【例 6-22】 已知采样系统的结构如图 6-23 所示，求开环脉冲传递函数(采样周期 $T=1$s)。

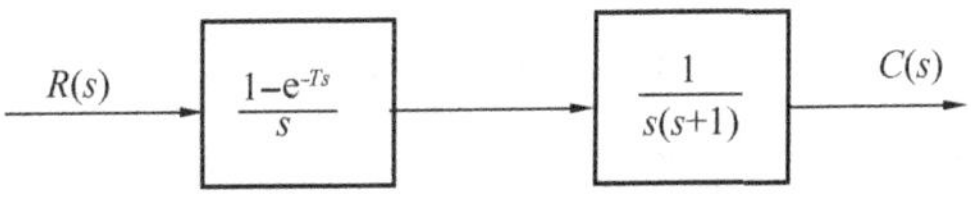

解 在 MATLAB 命令窗口中输入如下指令即可得出结果

≫num=[1]；den=[1 1 0]；T=1；

≫ [numZ，denZ] = c2dm (num，den，T，′zoh′)；

≫printsys(numZ,denZ,′z′)

num/den＝

0.36788 z＋0.26424

—————————————————————

z^2−1.3679z＋0.36788

图 6-23 ［例 6-22］系统方框图

三、采样系统的稳定性分析

在采样系统中，判断系统的稳定性是通过系统特征方程的根是否都在 z 平面上的单位圆内判断的。下面介绍用 MATLAB 直接求特征方程的根来判断系统的稳定性。

图 6-24 ［例 6-23］系统方框图

【例 6-23】 设闭环采样系统的结构如图 6-24 所示，设采样周期 $T=1$s，$K=10$。试求该闭环采样系统的稳定性。

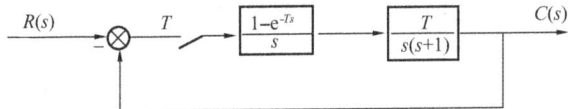

解 在 MATLAB 命令窗口中输入如下指令

≫num=[10]；den=[1 1 0]；T=1；

≫[numZ,denZ]=c2dm(num,den,T,′zoh′)；

```
≫ssy=tf(numZ,denZ);
≫sys=feedback(ssy,1);
≫roots(sys.den{1})
ans =
    -1.1555 + 1.2943i
    -1.1555 - 1.2943i
```

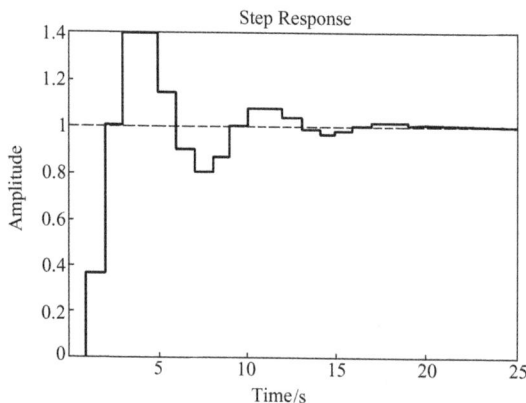

图 6-25　采样系统阶跃响应

```
≫[numZ,denZ]=c2dm(num,den,T,'zoh');
≫ssy=tf(numZ,denZ);
≫sys=feedback(ssy,1);
≫dstep(sys.num{1},sys.den{1},25)
```
程序运行结果如图 6-25 所示。

可以看出，根在单位圆外，因此系统是不稳定的。

四、采样系统的响应

在 MATLAB 中，求采样控制系统的响应可运用 dstep( ),dimpulse( ),dlsim( )函数来实现。下面通过例题来说明其应用。

【例 6-24】　设闭环采样系统的结构如图 6-24 所示，输入为单位阶跃响应，设采样周期 $T=1s$，$K=1$。求输出响应。

解　在 MATLAB 命令窗口中输入如下指令

```
≫num=[1];den=[1 1 0]；T=1；
```

本 章 小 结

在采样系统中，通过采样开关，将连续信号转换成离散信号的过程称为采样。而经过采样后的信号是一个脉冲序列，可以通过保持器使其复现为原来的连续信号，条件是：采样角频率与被采样信号中最高次谐波角频率之间应符合 $\omega_s \geqslant 2\omega_{max}$。这就是香农采样定理。

为分析问题的方便，假设采样开关是理想的采样开关。常用的保持器为零阶保持器，其传递函数为 $G_h(s) = \dfrac{1-e^{-Ts}}{s}$，在 T 很小时 $G_h(s) \approx \dfrac{T}{Ts+1}$。零阶保持器具有相位滞后，对系统稳定性有不利影响。

z 变换是分析采样系统的一个有力工具。对离散信号 $e^*(t)$ 可进行 z 变换得 $E(z)$。求 z 变换的方法主要有级数求和法和部分分式展开法等。也可由 $E(z)$ 求得原函数 $e^*(t)$，即求 z 反变换。求 z 反变换的方法主要有长除法，部分分式法等。此外，还可利用 z 变换的基本定理来求某些函数的 z 变换和 z 反变换。

对于采样系统来说，常用的数学模型之一是脉冲传递函数，其定义为：在零初始条件下，离散输出信号的 z 变换与离散输入信号的 z 变换之比 $G(z) = \dfrac{C(z)}{R(z)}$。

对一个系统来说，根据有无采样开关，采样开关位置的不同，可以得到不同的脉冲传递函数。一般来说，系统输出量的 z 变换式总是可以得到的，但系统的闭环脉冲传递函数不都总是可以得到的。通过对输出量的 z 变换式或系统的脉冲传递函数的分析，就能分析采样控制系统的性能。

采样控制系统的稳定性是系统正常工作的首要条件。它由系统的结构和参数决定，同时，采样周期也会影响系统的稳定性。当且仅当其闭环特征根均分布于 z 平面内以原点为圆心的单位圆内时系统稳定。利用修正的劳斯判据，可以方便地判定系统的稳定性。

采样控制系统的稳态误差是系统的重要性能指标，标志着系统可能达到的精度。稳态误差既与系统的结构、参数有关，也与外作用的形式和大小有关。

思　考　题

(1) 什么叫信号的采样？

(2) 实际的采样与理想采样有什么区别？对系统会产生什么影响？

(3) 对连续时间信号进行采样，应满足什么条件才能做到不丢失信息？

(4) 用零阶保持器恢复的连续时间信号有何显著特征？

(5) 为什么采样信号的数学描述采用 z 变换而不采用拉氏变换？

(6) z 反变换有哪几种方法？各有什么优点？

(7) 脉冲传递函数是如何来描述采样系统的？

(8) 对于用闭环脉冲传递函数描述的采样控制系统，系统稳定的充分必要条件是什么？

(9) 如何采用变换域劳斯判据来确定采样系统的稳定性？

(10) 试叙述采样时间 T 的变化对系统稳定性的影响。

习　　题

6-1　求下列函数的 z 变换。

(1) $e(t)=a^{t/T}$　　(2) $e(t)=t^2 e^{-3t}$　　(3) $E(s)=\dfrac{1}{(s+1)(s+2)}$　　(4) $E(s)=\dfrac{s+1}{s^2}$

6-2　求下列函数的 z 反变换。

(1) $E(z)=\dfrac{2z}{z^2-z+2}$　　　　　　(2) $E(z)=\dfrac{2z}{2z^2-3z+1}$

(3) $E(z)=\dfrac{z(1-e^{-T})}{(z-1)(z-e^{-T})}$　　　(4) $E(z)=\dfrac{-3+z^{-1}}{1-2z^{-1}+z^{-2}}$

6-3　求如图 6-26 所示系统的开环脉冲传递函数 $G(z)$。

6-4　试求如图 6-27 所示闭环采样系统的脉冲传递函数 $\Phi(z)$ 或输出的 z 变换 $C(z)$。

6-5　设有单位反馈误差采样的采样系统，连续部分传递函数为 $G(s)=\dfrac{1}{s^2(s+5)}$，输入 $r(t)=1(t)$，

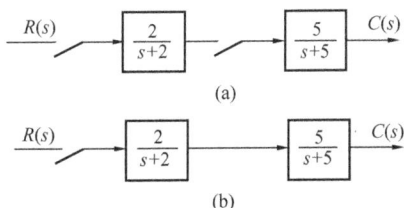

(a)

(b)

图 6-26　题 6-3 图

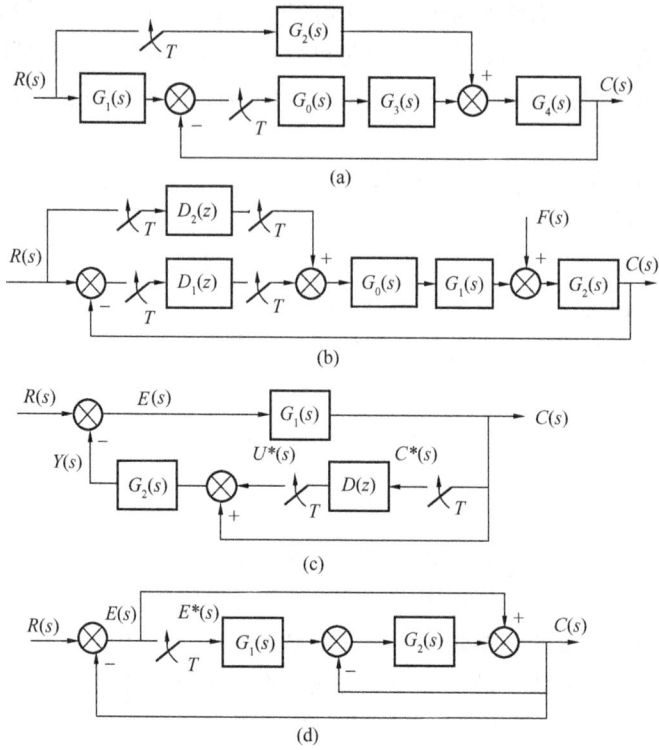

图 6-27　题 6-4 图

采样周期 $T = 1\mathrm{s}$。试求：

　　（1）输出信号的 z 变换 $C(z)$；

　　（2）采样瞬时的输出响应 $c^*(t)$；

　　（3）输出响应的终值 $c(\infty)$。

附录 A　拉普拉斯变换基础知识

一、拉普拉斯变换

拉普拉斯变换是一种数学变换方法。对于常系数线性微分方程式的运算和求解，它是很有用的数学工具。在线性控制理论中，元件或系统的动态特性都是用常系数线性微分方程式来描述的。为研究自动控制系统的工作性能，最直接的方法是在输入信号为已知的典型时间函数的情况下，求解出输出信号的时间响应函数。但对于用高阶常系数线性微分方程式描述的系统，用直接求解方法是较复杂和困难的。应用拉普拉斯变换，将使运算和求解过程得到简化。拉普拉斯变换可将实数域中的微分、积分运算变换为复数域内简单的代数运算，而且在变换过程中，还很容易将初始条件的影响考虑进去。另外，应用拉普拉斯变换法分析控制系统时，可以同时得出响应过程的瞬态分量和稳态分量，这给分析系统带来了很大的方便。

（一）拉普拉斯变换的定义

函数 $f(t)$，t 是实变数——时间。设 $t \geq 0$ 时下列积分有意义

$$\int_0^\infty f(t)\mathrm{e}^{-st}\mathrm{d}t < \infty \quad (s = \alpha + \mathrm{j}\omega)$$

则称 $f(t)$ 为可变换的函数，左边的积分式定义为 $f(t)$ 的拉氏变换式，用符号 $F(s)$ 表示。

$$F(s) = L[f(t)] = \int_0^\infty f(t)\mathrm{e}^{-st}\mathrm{d}t$$

这样就用拉普拉斯变换将 $f(t)$ 变换成以复变数 s 为自变量的函数 $F(s)$，式中，$f(t)$ 称为原函数，$F(s)$ 称为 $f(t)$ 的象函数（或拉普拉斯变换式）。复变数 $s = \alpha + \mathrm{j}\omega$，其中 α 和 ω 都是实数。

（二）常用函数的拉普拉斯变换

下面以几个常用函数为例，说明求其拉普拉斯变换的方法。

【例 A-1】　求阶跃函数 $r(t) = \begin{cases} 0 & t < 0 \\ R & t \geq 0 \end{cases}$ 的拉氏变换。

解　阶跃函数 $r(t)$ 的拉氏变换为

$$R(s) = L[r(t)] = \int_0^\infty R\mathrm{e}^{-st}\mathrm{d}t = R\int_0^\infty \mathrm{e}^{-st}\mathrm{d}t = -\frac{R}{s}\mathrm{e}^{-st}\Big|_0^\infty = -\frac{R}{s}(0-1) = \frac{R}{s}$$

当 $R = 1$ 时，$R(s) = \dfrac{1}{s}$，即单位阶跃函数的拉氏变换式等于 $\dfrac{1}{s}$。

【例 A-2】　求斜坡函数 $r(t) = \begin{cases} 0 & t < 0 \\ Rt & t \geq 0 \end{cases}$ 的拉氏变换。

解　斜坡函数 $r(t)$ 的拉氏变换为

$$R(s) = L[r(t)] = \int_0^\infty Rt\mathrm{e}^{-st}\mathrm{d}t = R\int_0^\infty t\mathrm{e}^{-st}\mathrm{d}t = R\left[-\frac{t}{s}\mathrm{e}^{-st} - \frac{1}{s^2}\mathrm{e}^{-st}\right]_0^\infty = \frac{R}{s^2}$$

当 $R = 1$ 时，$R(s) = \dfrac{1}{s^2}$，即单位斜坡函数的拉氏变换式等于 $\dfrac{1}{s^2}$。

【例 A-3】 求指数函数 $f(t) = \mathrm{e}^{-at}$ 的拉氏变换。

解 指数函数 $f(t)$ 的拉氏变换为

$$F(s) = L[f(t)] = \int_0^\infty \mathrm{e}^{-at} \mathrm{e}^{-st} \mathrm{d}t = \int_0^\infty \mathrm{e}^{-(a+s)t} \mathrm{d}t = \frac{1}{s+a}$$

【例 A-4】 求正弦函数 $r(t) = A\sin\omega t$ 的拉氏变换。

解 由欧拉公式

$$A\sin\omega t = \frac{A}{2\mathrm{j}}(\mathrm{e}^{\mathrm{j}\omega t} - \mathrm{e}^{-\mathrm{j}\omega t})$$

得正弦函数的拉氏变换为

$$R(s) = L[r(t)] = \int_0^\infty \sin\omega t\, \mathrm{e}^{-st} \mathrm{d}t = \frac{1}{2\mathrm{j}} \int_0^\infty (\mathrm{e}^{\mathrm{j}\omega t} - \mathrm{e}^{-\mathrm{j}\omega t}) \mathrm{e}^{-st} \mathrm{d}t$$

$$= \frac{1}{2\mathrm{j}} \left[\frac{1}{s - \mathrm{j}\omega} - \frac{1}{s + \mathrm{j}\omega} \right] = \frac{\omega}{s^2 + \omega^2}$$

【例 A-5】 求单位冲激（脉冲）函数 $\delta(t) = \begin{cases} \infty & t = 0 \\ 0 & t \neq 0 \end{cases}$（且 $\int_{-\infty}^{+\infty} \delta(t)\mathrm{d}t = 1$）的拉氏变换。

解 单位冲激（脉冲）函数 $\delta(t)$ 的拉氏变换为

$$L[\delta(t)] = \int_0^\infty \lim_{t_0 \to 0} \frac{1}{t_0} [1(t) - 1(t - t_0)] \mathrm{e}^{-st} \mathrm{d}t = \lim_{t_0 \to 0} \frac{1}{t_0} \int_0^\infty [1(t) - 1(t - t_0)] \mathrm{e}^{-st} \mathrm{d}t$$

$$= \lim_{t_0 \to 0} \frac{1}{t_0 s} [1 - \mathrm{e}^{-t_0 s}] = \lim_{t_0 \to 0} \frac{\mathrm{d}(1 - \mathrm{e}^{-t_0 s})/\mathrm{d}t_0}{\mathrm{d}(t_0 s)/\mathrm{d}t_0} = 1$$

由于原函数 $f(t)$ 与象函数 $F(s)$ 有一一对应的关系，因此可以用拉氏变换式求出各种函数 $f(t)$ 的象函数 $F(s)$，列出拉普拉斯变换对照表。在进行拉普拉斯正、反变换时，就可查用现成的拉普拉斯对照表而不需进行积分运算。表 A-1 所示为经常用到的一些函数的拉普拉斯变换对照简表。

表 A-1   **常用函数拉普拉斯变换和 z 变换对照表**

$F(s)$	$f(t)$	$F(z)$
1	$\delta(t)$	1
e^{-kTs}	$\delta(t - kT)$	z^{-k}
$\dfrac{1}{s}$	$1(t)$	$\dfrac{z}{z-1}$
$\dfrac{1}{s^2}$	t	$\dfrac{Tz}{(z-1)^2}$
$\dfrac{1}{s^3}$	$\dfrac{1}{2}t^2$	$\dfrac{T^2 z(z+1)}{2(z-1)^3}$
$\dfrac{1}{s+a}$	e^{-at}	$\dfrac{z}{z - \mathrm{e}^{-aT}}$
$\dfrac{1}{(s+a)^2}$	$t\mathrm{e}^{-at}$	$\dfrac{Tz\mathrm{e}^{-aT}}{(z - \mathrm{e}^{-aT})^2}$
$\dfrac{1}{s(s+a)}$	$1 - \mathrm{e}^{-at}$	$\dfrac{(1 - \mathrm{e}^{-aT})z}{(z-1)(z - \mathrm{e}^{-aT})}$

续表

$F(s)$	$f(t)$	$F(z)$
$\dfrac{1}{s-\dfrac{1}{T}\ln a}$	$a^{\frac{t}{T}}$	$\dfrac{z}{z-a}$
$\dfrac{\omega}{s^2+\omega^2}$	$\sin \omega t$	$\dfrac{z\sin \omega T}{z^2-2z\cos \omega T+1}$
$\dfrac{s}{s^2+\omega^2}$	$\cos \omega t$	$\dfrac{z(z-\cos \omega t)}{z^2-2z\cos \omega T+1}$
$\dfrac{\omega}{(s+a)^2+\omega^2}$	$e^{-at}\sin \omega t$	$\dfrac{ze^{-aT}\sin \omega T}{z^2-2ze^{-aT}\cos \omega T+e^{-2aT}}$
$\dfrac{s+a}{(s+a)^2+\omega^2}$	$e^{-at}\sin \omega t$	$\dfrac{z^2-ze^{-aT}\cos \omega T}{z^2-2ze^{-aT}\cos \omega T+e^{-2aT}}$
$\dfrac{a-b}{(s+a)(s+b)}$	$e^{-bt}-e^{-at}$	$\dfrac{z(e^{-bT}-e^{-aT})}{(z-e^{-aT})(z-e^{-bT})}$

（三）拉普拉斯变换的性质和定理

下面介绍几个常用的基本性质和定理，只作叙述，不予证明。

1. 线性性质

拉普拉斯变换也像一般线性函数那样具有均匀（齐次）性和叠加性，总称为线性性质。

（1）均匀性。一个时间函数乘以常数的拉普拉斯变换，等于该时间函数的象函数乘以同一个常数，即 $L[af(t)]=aL[f(t)]=aF(s)$。

（2）叠加性。原函数 $f_1(t)$、$f_2(t)$ 之代数和的拉普拉斯变换等于各原函数拉普拉斯变换之代数和，即 $L[f_1(t)\pm f_2(t)]=F_1(s)\pm F_2(s)$。

2. 微分定理

原函数的导数的拉普拉斯变换为

$$L\left[\frac{\mathrm{d}f(t)}{\mathrm{d}t}\right]=sF(s)-f(0)$$

式中：$f(0)$ 为 $f(t)$ 在 $t=0$ 时的值。同样，可得 $f(t)$ 各阶导数的拉普拉斯变换为

$$L\left[\frac{\mathrm{d}^2 f(t)}{\mathrm{d}t^2}\right]=s^2 F(s)-sf(0)-f^1(0),L\left[\frac{\mathrm{d}^3 f(t)}{\mathrm{d}t^3}\right]=s^3 F(s)-s^2 f(0)-sf^1(0)-f^2(0)$$

$$\cdots$$

$$L\left[\frac{\mathrm{d}^n f(t)}{\mathrm{d}t^n}\right]=s^n F(s)-s^{n-1}f(0)-s^{n-2}f^1(0)-\cdots-f^{n-1}(0)$$

式中：$f(0),f^1(0),f^2(0),\cdots,f^{n-1}(0)$ 为 $t=0$ 时函数 $f(t)$ 及其各阶导数 $\dfrac{\mathrm{d}f(t)}{\mathrm{d}t},\dfrac{\mathrm{d}^2 f(t)}{\mathrm{d}t^2},\cdots,$ $\dfrac{\mathrm{d}^{n-1} f(t)}{\mathrm{d}t^{n-1}}$ 的初始值。如果所有的初始值都等于零，则各阶导数的拉普拉斯变换为

$$L\left[\frac{\mathrm{d}f(t)}{\mathrm{d}t}\right]=sF(s),L\left[\frac{\mathrm{d}^2 f(t)}{\mathrm{d}t^2}\right]=s^2 F(s),$$

$$L\left[\frac{\mathrm{d}^3 f(t)}{\mathrm{d}t^3}\right]=s^3 F(s),\cdots,L\left[\frac{\mathrm{d}^n f(t)}{\mathrm{d}t^n}\right]=s^n F(s)$$

在这种情况下，对原函数 $f(t)$ 进行 $n(n=1,2,3,\cdots)$ 次微分运算，其对应的象函数为 $F(s)$ 乘以 s^n。

3. 积分定理

原函数 $f(t)$ 积分的拉普拉斯变换为

$$L\left[\int_0^t f(t)\mathrm{d}t\right] = \frac{F(s)}{s} + \frac{\int_0^t f(t)\mathrm{d}t\Big|_{t=0}}{s}$$

式中：$\int_0^t f(t)\mathrm{d}t\Big|_{t=0}$ 是 $f(t)$ 在 $t=0$ 时的初始值。当初始值为零时，有 $L\left[\int_0^t f(t)\mathrm{d}t\right] = \frac{F(s)}{s}$。

同样，可写出初始值为零时 $f(t)$ 的 n 重积分的拉普拉斯变换式

$$L\left[\int_0^t \cdots \int_0^t f(t)\mathrm{d}t^n\right] = \frac{F(s)}{s^n}$$

即对函数 $f(t)$ 进行 n 次积分运算，其对应的象函数为 $F(s)$ 除以 s^n。

4. 初值定理

原函数 $f(t)$ 的初始值可以从它的拉普拉斯变换式 $F(s)$ 中求得，这个关系为

$$\lim_{t \to 0} f(t) = \lim_{s \to \infty} sF(s)$$

按上式求 $f(t)$ 的初始值比较方便，不需进行拉普拉斯反变换。在自动控制系统分析中常研究外作用在 $t \geqslant 0^+$ 时输入系统输出的变化情况，所以输出函数的初始值是指 $\lim_{t \to 0^+} f(t)$。

5. 终值定理

原函数 $f(t)$ 的终值也可以从它的象函数 $F(s)$ 中求得，这个关系是

$$\lim_{t \to \infty} f(t) = \lim_{s \to 0} sF(s)$$

此定理常用来求系统输出的稳态值。

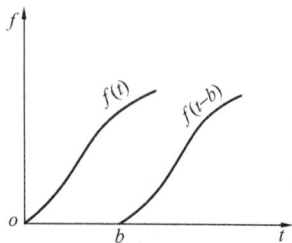

图 A-1 $f(t)$ 和 $f(t-b)$ 曲线

6. 迟延定理（平移定理）

设原函数 $f(t)$ 的拉普拉斯变换式为 $F(s)$。将 $f(t)$ 沿时间轴平移 b，成为函数 $f(t-b)$，如图 A-1 所示，则平移函数 $f(t-b)$ 的拉普拉斯变换式为

$$L[f(t-b)] = \mathrm{e}^{-bs}F(s)$$

上式说明，原函数 $f(t)$ 向右平移 b，则平移函数 $f(t-b)$ 的象函数为 $F(s)$ 乘上 e^{-bs}（e^{-bs} 为纯延迟环节）。

在过程自动控制中，某些参数的变化表现出明显的纯延迟现象，这时就可应用上式求它的象函数。

二、拉普拉斯反变换

拉氏变换将时域函数 $f(t)$ 变换成为复变函数 $F(s)$，相应地它的逆运算可以将复变函数 $F(s)$ 变回原时域函数 $f(t)$。拉氏变换的逆运算称为拉普拉斯反变换，简称拉氏反变换。由复变函数积分理论，拉氏反变换的计算公式为

$$f(t) = L^{-1}[F(s)] = \frac{1}{2\pi\mathrm{j}} \int_{\alpha-\mathrm{j}\omega}^{\alpha+\mathrm{j}\omega} F(s)\mathrm{e}^{st}\mathrm{d}s$$

上式所指明的拉氏变换，由于是复变函数的积分，计算复杂，一般很少采用。因此已知 $F(s)$ 反求 $f(t)$ 时，通常采用的方法是部分分式法。

由于工程中常见的时间信号 $f(t)$，它的拉氏变换都是 s 的有理分式。因此，可以将 $F(s)$ 分解为一系列的有理分式 $F_i(s)$ 之和，再利用拉氏变换表确定出所有的有理分式项 $F_i(s)$ 所对应的时域函数 $f_i(t)$，合成时域函数 $f(t)$。上述过程遵循拉氏变换的线性定理。

拉氏变换 $F(s)$ 通常为 s 的有理分式，可以表示为

$$F(s) = \frac{B(s)}{A(s)} = \frac{b_m s^m + b_{m-1} s^{m-1} + \cdots + b_1 s + b_0}{s^n + a_{n-1} s^{n-1} + a_{n-} s^{n-2} + \cdots + a_1 s + a_0}$$

式中：$B(s)$ 是分子多项式；$A(s)$ 是分母多项式；系数 a_0，a_1，$\cdots$，a_{n-1} 和 b_0，b_1，$\cdots$，b_{m-1}，b_m 均为实数，m、n 为正整数，而且 $n \geqslant m$。

在复变函数理论中，分母多项式所对应的方程 $A(s) = 0$ 其所有的解 $s_i (i = 1, 2, \cdots, n)$ 称为 $F(s)$ 的极点。这样 $F(s)$ 可以另表示为

$$F(s) = \frac{B(s)}{(s-s_1)(s-s_2)\cdots(s-s_n)} = \frac{c_1}{s-s_1} + \frac{c_2}{s-s_2} + \cdots + \frac{c_n}{s-s_n}$$

$$= F_1(s) + F_2(s) + \cdots + F_n(s) = \sum_{i=1}^{n} F_i(s)$$

由复变函数的留数定理，可以确定 $F(s)$ 各分解式 $F_i(s)$，求得拉氏反变换为

$$f(t) = L^{-1}[F(s)] = \sum_{i=1}^{n} L^{-1}[F_i(s)]$$

下面以 $A(s) = 0$ 为单根的情况举例说明拉氏反变换的计算。当 $A(s) = 0$ 为单根时，$F(s)$ 可以分解为 $F(s) = \frac{c_1}{s-s_1} + \frac{c_2}{s-s_2} + \cdots + \frac{c_n}{s-s_n}$。其中 $c_i = [F(s)(s-s_i)]|_{s=s_i}$，为复变函数 $F(s)$ 对于极点 $s = s_i$ 的留数，则拉氏反变换为 $f(t) = \sum_{i=1}^{n} c_i e^{s_i t}$。

【例 A-6】 已知 $F(s) = \frac{s+1}{s^2+5s+6}$，求拉氏反变换 $f(t)$。

解 将 $F(s)$ 分解为部分分式 $F(s) = \frac{s+1}{s^2+5s+6} = \frac{s+1}{(s+2)(s+3)} = \frac{c_1}{s+2} + \frac{c_2}{s+3}$

极点为：$s_1 = -2$，$s_2 = -3$，则对应极点的留数为

$$c_1 = [F(s)(s+2)]_{s=-2} = \frac{s+1}{s+3}\bigg|_{s=-2} = -1, \quad c_2 = [F(s)(s+3)]_{s=-3} = \frac{s+1}{s+2}\bigg|_{s=-3} = 2$$

则分解式为

$$F(s) = \frac{-1}{s+2} + \frac{2}{s+3}$$

查拉氏变换表可得

$$f(t) = L^{-1}[F(s)] = L^{-1}\left[\frac{-1}{s+2} + \frac{2}{s+3}\right] = -e^{-2t} + 2e^{-3t}$$

三、基于 MATLAB 的 Laplace 变换

在 MATLAB 中，利用符号工具箱所提供的两个函数 laplace（）和 ilaplace（），可以分别求解 Laplace 变换和逆变换。

在符号工具箱下，首先用 syms 命令来声明符号变量，如 syms a b c d 则变量 a，b，c，d 将被声明为符号变量。须注意的是，在 syms 命令中，各个变量之间是不加逗号分隔的。

【例 A-7】 系统的输出为 $c(t) = 1 - e^{-2t} + e^{-t}$，试求其 Laplace 变换。

解   ≫syms t;c=laplace(1−exp(−2*t)+exp(−1*t))
c=1/s−1/(s+2)+1/(1+s)

【例 A-8】   已知：$F(s) = \dfrac{s+1}{s^2 + 5s + 6}$，求 Laplace 反变换 $f(t)$。

解   ≫syms s;f=ilaplace((s+1)/(s^2+5*s+6))
f=2*exp(−3*t)−exp(−2*t)

附录 B 常用控制理论术语中英文对照表

中　文	英　文	中　文	英　文
绝对稳定性	Absolute Stability	微分方程	Differential Equation
加速度函数	Acceleration Function	微分环节	Differentiation Element
准确性	Accuracy	离散控制系统	Discrete Control System
自动控制	Automatic Control	扰动	Disturbance
自动控制理论	Automatic Control Theory	动态结构图	Dynamic Block Diagram
方框图	Block Diagram	动态偏差	Dynamic Deviation
经典控制理论	Classical Control Theory	误差传递函数	Error Transfer Function
闭环控制	Close Loop Control	反馈	Feedback
闭环传递函数	Closed Loop Transfer Function	反馈控制	Feedback Control
复合校正	Composite Correct	反馈控制系统	Feedback Control System
复合控制	Compound Control	反馈校正	Feedback Correct
控制系统计算机辅助设计	Computer-Aided Control System Design, CACSD	前馈控制系统	Feedforward Control System
连续控制系统	Continuous Control System	定值控制系统	Fixed Set Point Control System
控制作用	Control Action	频率特性	Frequency Characteristic
控制机构	Control Mechanism	频域分析法	Frequency Domain Analysis Method
控制量	Control Variable	惯性环节	Inertial Element
被控对象	Controlled Object	积分环节	Integration Element
被控量	Controlled Variable	智能控制理论	Intelligent Control Theory
校正	Correct	线性控制系统	Linear Control System
校正装置	Correct Unit	幅频特性	Magnitude-Frequency Characteristics
计算机控制系统	Computer Control System	数学模型	Mathematical Model
延迟环节	Delay Element	现代控制理论	Modern Control Theory

续表

中　文	英　文	中　文	英　文
非线性控制系统	Nonlinear Control System	串联	Series Connection
一阶微分环节	One-Order Differentiation Element	串联校正	Series Correct
开环控制	Open Loop Control	随动控制系统	Servo Control System
开环传递函数	Open Loop Transfer Function	给定值	Set Point or Set Value
振荡环节	Oscillating Element	调节时间	Settling Time
超调量	Overshoot	香农采样定理	Shannon's Sampling Theorem
并联	Parallel Connection	正弦函数	Sine Function
峰值时间	Peak Time	快速性	Speedability
相频特性	Phase-Frequency Characteristics	稳定性	Stability
极点	Pole	静态偏差	Steady State Deviation
程序控制系统	Programmed Control System	稳态误差	Steady State Error
比例环节	Proportional Element	阶跃函数	Step Function
PID 控制器	Proportional-Integral-Differential Controller	系统	System
斜坡函数	Ramp Function	系统辨识	System Identification
比值控制系统	Ratio Control System	时域分析法	Time Domain Analysis Method
相对稳定性	Relative Stability	传递函数	Transfer Function
上升时间	Rise Time	过渡过程	Transient Process
根轨迹法	Root Locus Method	单位冲激函数	Unit Impulse Function
劳斯稳定判据	Routh Criterion	z 变换	Z Transform
采样控制系统	Sampling Control System	零点	Zero

附录 C　常用 MATLAB 指令与函数

函数名	含　　义	函数名	含　　义
abs（）	绝对值、复数模值	hidden	网格线隐含线设置开关
acos（）	反余弦	hold	当前图形保护模式
all（）	测试向量中所有元素是否为真	i	虚数单位
angle（）	相角	imag（）	虚部
ans	当表达式未给定时的答案	inf	无穷大（∞）
any（）	测试向量中是否有为真元素	input（）	带有提示的键盘输入函数
asin（）	反正弦	inv（）	矩阵求逆
atan（）	反正切	j	虚数单位
axis（）	坐标轴标度设定	length（）	向量长度
break	中断循环执行的语句	linspace（）	构造线性分布的向量
bode（）	伯德图	load	从文件中读入变量
clc	清除命令窗口显示	log（）	自然对数
clear	从工作空间中清除变量和函数	log10（）	以 10 为底的对数
clf	清除当前图形窗口	loglog（）	对数坐标绘图
conj（）	共轭复数	logspace（）	构造等对数分布的向量
conv（）	卷积和多项式乘积	lookfor	对 help 信息中的关键词查找
corrcoef（）	相关系数	max（）	取最大值
cos（）	余弦	mean（）	取均值
cot（）	余切	median（）	求中值
deconv（）	逆卷积、多项式除法	min（）	取最小值
det（）	求矩阵的行列式	NaN	不定式
diag（）	建立对角矩阵或获取对角向量	nargchk（）	检查输入变量的个数
diff（）	差分函数与近似微分	nargin	函数中实际输入变量个数
eig（）	求特征值和特征向量	nargout	函数中实际输出变量个数
exp（）	指数函数	nyquist（）	奈奎斯特频率响应图
expm（）	矩阵指数函数	ones（）	产生元素全为 1 的矩阵
eye（）	产生单位阵	path	设置或查询 MATLAB 的路径
figure（）	生成绘图窗口	pi	圆周率（π）
filter（）	一维数字滤波	plot（）	线性 x-y 图形
find（）	查找非零下标	polar（）	极坐标图形
format	设置输出格式	poly（）	特征多项式
get（）	获取对象属性	polyfit（）	多项式曲线拟合
grid	给图形加网格线	polyval（）	多项式求值
gtext（）	在鼠标指定的位置加文字说明	polyvalm（）	多项式矩阵求值
help	启动联机帮助文件显示	quit	退出 MATLAB 环境

参 考 文 献

[1]　于希宁，刘红军主编. 自动控制原理(第二版). 北京：中国电力出版社，2006.

[2]　王恩荣主编. 自动控制原理. 北京：化学工业出版社，2001.

[3]　谢克明主编. 自动控制原理. 北京：电子工业出版社，2004.

[4]　胡寿松主编. 自动控制原理(第四版). 北京：科学出版社，2001.

[5]　(美)尾形克彦(Ogata，K.)著. 现代控制工程(第三版). 北京：电子工业出版社，2000.

[6]　孙扬声主编. 自动控制理论(第三版). 北京：中国电力出版社，2004.

[7]　孔凡才主编. 自动控制原理与系统. 北京：机械工业出版社，2007.

[8]　薛定宇著. 反馈控制系统分析与设计——MATLAB 语言应用. 北京：清华大学出版社，2000.

[9]　何衍庆等编著. 控制系统分析、设计和应用——MATLAB 语言的应用. 北京：化学工业出版社，2003.